JN127526

武蔵野大学
シリーズ
11

アドリア海の風

風土的環境観の調査研究

矢内秋生

武蔵野大学出版会

執筆にあたって

本書はアドリア海沿岸において，地域の人々に共有される自然現象に関する“ことば”の調査を行った内容を紹介します．筆者はこれまで日本海(注)沿岸で同様の調査をしてきたのですが，これらの結果とともに比較・検討して新たな知見を得ようとします．

地域の人たちの使うことばなので，多くの知られていない地域の民俗語彙が原語のまま唐突に現れることがあります．その際には単語そのものの文法的誤りや奇異な表現に注目するのではなく，そのようなことばを使う地域の人々の自然現象の体験や快・不快などの感覚を疑似体験して，表現されている自然現象の時々刻々の変化を想像してほしいと思います．もちろん，地域の人々が語るあるいは仲間と交わす会話のようすが分からないとリアリティがないので読み方やおよその語源的な意味を付け加えて理解しやすいように工夫していくつもりです．

対象とする地域の性格上，本書で使われる文字は英語，クロアチア語，イタリア語，韓国語そして日本語などとなります．そこである程度表記のルールを設けました．それぞれの国の伝承表現（Folk terminology）はイタリック体，あるいは“…”などで表記し，初出の発音は必要に応じてローマ字の発音記号とその発音に近い日本語のカタカナを〔　，　〕内に併記します．出現頻度が多いものは単に（　）にカタカナ読みをつけ，さらに頻出語の場合には原語のままにしているものもあります．

クロアチア語の発音はカタカナにしにくいので，次の IPA による発音を参考にするとより正しい発音が得られると思われます．そこで，発音記号を併記したものもありますが，無理を承知で発音に近い日本語のカタカナ読みをつけて便宜を図っています．

参考）IPAによるクロアチア語音声表記の一覧

文字	呼称	IPA
A, a	a（ア）	a
B, b	be（ベ）	b
C, c	ce（ツェ）	ts
Č, č	če（チェ）	tʃ
Ć, ć	će（チェ）	tɕ
D, d	de（デ）	d
Dž, dž	dže（ジェ）	dʒ
Đ, đ	đe（ジェ）	dʑ
E, e	e（エ）	e
F, f	ef（エフ）	f
G, g	ge（ゲ）	g
H, h	ha（ハ）	x
I, i	i（イ）	i
J, j	je（イェ）	j
K, k	ka（カ）	k
L, l	el（エル）	l
Lj, lj	elj（エリ）	ʎ
M, m	em（エム）	m
N, n	en（エン）	n
Nj, nj	enj（エニ）	ɲ
O, o	o（オ）	o
P, p	pe（ペ）	p
R, r	er（エル）	r
S, s	es（エス）	s
Š, š	eš（エシュ）	ʃ
T, t	te（テ）	t
U, u	u（ウ）	u
V, v	ve（ヴェ）	ʋ
Z, z	ze（ゼ）	z
Ž, ž	že（ジェ）	ʒ

よく知られたフェーン現象に対して，もしこの表現がドイツ語圏のある地域の自然現象に関する“ことば”として採集されたものであるときには，*Föhn*〔foehn，フェーン〕と発音表記することができます．あるいは，こちらも比較的よく知られた南風シロッコ系の風のことばが採集されたときには，*Xlokk*〔ʃlɔk，シュロック〕や*Scirocco*〔shuhrokoh，シロッコ〕などのように表記できると思われます．この場合には前者はマルタ，後者はイタリアの地域での調査から得られたものです．

また，日本語の場合には，オロシ（颪）のようにまず，カタカナ表記をして括弧で読みの音や漢字表現を加えようと思います．韓国語の場合には原則的にハングル文字，括弧でアルファベットの音読み，次にカタカナ読みを加えます．칠석바람〔Chilseok-baram，チルソク・パラム〕などです．

人名・地名などの固有名詞はカタカナになりにくいものが多かったので，なるべく原語の記述に従うことにします．すでに気象用語として使用されているボラやシロッコなどの用語は，現地で調査されたことば以外はカタカナを優先的に使い，現地で採集されたことばは原語で表記します．また，よく知られた地名のヴェネチアなどはVeneziaと混在していることがあります．ご寛容にお願いします．

聞き取り調査の検討，不明確なクロアチア語の校閲はザグレブ大学哲学部 Kamelija Kauzlarić さんおよび龍谷大学大学院博士課程の Theo Šlogar さんにお願いしました．しかし，本書には筆者の知識不足や回答者の思い違いなど，言語的に不正確な部分や誤った解釈をしているものがあると思われます．また，聞き取り時の発音をそのまま使ったものも多くあります．しかも地域の人々の口承的なことばや教訓的なフレーズは厳密には文法的に正しくないものが多いということも承知の上で，なるべく取材の聞き取り音のまま掲載しています．もし，言語的に不正確あるいは不十分な点があれば，それは Kamelija さん，Theo さんではなく，ひとえに筆者が責を負うべきものです．

本書は日本語で書かれていますが，民俗語彙や教訓的なフレーズは現地のことばや英語での聞き取り会話，クロアチア語の解説などが生かされています．その意図は，クロアチアの人々にとっても珍しい表現が発見されるのではないかという期待からです．欲張った話ですが，むしろクロアチアの研究者，地中海の歴史や文化を研究する海外の研究者の方々にも興味をもっていただきたいと思いつつ，このような変則的な本になりました．

細部の瑕疵ではなく，大局からこのようなテーマについて意義があると共感していただき，さらに各地域で詳しい調査をしようという各分野の研究者が現れることを願っています．

2019 年 1 月 1 日

著者

注）韓国では東海というが本書では日本海を使う

目次…………アドリア海の風

◉装丁・本文デザイン……………田中眞一
◉撮影……………矢内秋生(2013年)

序章

フェーン現象は比較的よく知られた気象現象である．フェーンというのはもともとスイスアルプスのドイツ語圏で使われていたことばで，*Föhn*〔foehn，フェーン〕は炎あるいは火が語源であるといわれる．ことばのとおり吹き下りてきた風は熱風となる．

フェーンの発生メカニズムは中学校の理科や高校の地学で解説されているのでご存じの方も多いだろう．

風が山脈を越すとき，風上側からの大気が雲をつくりながら上ると100m上昇するにつれて約0.5℃気温が下がる．雲ができて雨を降らせながら山頂を越えた大気は低温になると同時に水分を失って乾燥した状態になっている．つまり気温の低い乾燥した大気が山頂に達するのだ．次に山を下るときには大気は乾燥しているので100 m下降するにつれて約1.0℃気温が上がる．この気温の上がり方は上昇するときの100mあたり約0.5℃という気温の下がり方よりも大きいため，風下の山の麓に風が下りてきたときには気温は高く，乾燥した大気となっている．これがフェーンの最も簡単な理論的解説である．

フェーンは春先に多いとされるが，山の近くなど地形が大いに関係しているので毎年のようにフェーンが吹いてくる場所は世界各地でだいたい決まっている．そしてこの一連の天候の変化（フェーン現象）は地域の人々によってパターンとして観察されてきた．そのため，常襲地域の人たちはフェーンの前兆現象からフェーンが強まって乾燥した熱風が地域を覆い，やがて収まるまでをイベントとして共通認識することになる．

フェーンの前兆は山の向こう側から気流が山を越えようとすることから

始まる．つまり，目標とされる山に独特の雲ができ始めることで知ることができる．ドイツ語圏の人々はこの雲を *Föhn wall*〔føːn vall，フェーン・ファル〕や *Föhnmauer*〔føːn mauer，フェーン・マウア〕という（Meyer 大辞典，1906）[注1]．どちらも「フェーンの壁」という意味で，壁のような雲が山にかかるのである．

フェーンは大気の流れなのでちょうど水が地形の低い所を選んで流れるように通りやすい場所がある．フェーンが通りやすい場所は山の峡谷や川筋である．この峡谷や川筋の近くの集落がフェーンの常襲地帯となる．周辺の地域と常襲地帯の気候を比較すると，フェーンの通りやすい地域には春が早く訪れるといわれる．強風の被害というマイナス面ばかりではなく，恩恵もあることが分かる．フェーンの恩恵をドイツ語圏の人々は *Traubenkocher*（トラウベンコッハァ）「ぶどう料理人」といって、ぶどうの成熟を早める風と喜ぶ．また，この通り道は *Föhn gaße*（フェーン・ガッセ）「フェーンの通路」などといわれる．

このようにフェーンという風を気象学的なメカニズムだけで理解するのではなく，ここで紹介した地域語の数々とその使われ方，あるいは共有されているストーリーから，人々が自然現象と共生するようすを理解することができる．

さらにそこに住む人びとの自然現象や環境全般あるいは世界観までを垣間見ることができる．

地域語には天候の呼び方，風の名前，海岸現象や波の名前，歴史に残るような顕著な現象につけられた名前など，自然現象全般についての呼称がある．その代表はフェーンのような風にまつわる名前である．世界各地の類似した風を情報検索してみると，かなりの数が見いだせる．そのいくつかを紹介しよう．

近年アメリカ西海岸で山火事が発生し，しばしば広範囲の類焼がおこっているというニュースがあるが，その原因風は *Santa Ana*（サンタ・アナ）である．サンタ・アナはテキサス独立運動のときに敵対していたメキシコの将軍の名前でもあるので，南部のアメリカ人にとっては，「強風による山火事が発生しています」というよりは「サンタ・アナによる火の手が迫っています」という方がニュースとしてはインパクトがある．このためかこのような地域語を使った気象情報なども増えつつあるようだ．

日本の四国の愛媛県大洲市から瀬戸内海に流れ出る肱川には，ヒジカワアラシ（肱川あらし）と呼ばれる現象がある．肱川あらしは，夜間に上流の大洲盆地にたまった冷気が早朝に川沿いに大量の霧となって流れ出す現象である．時には強風となり，霧は沖合数 km にまで達するという．大洲市はこの幻想的な光景を新たな観光資源としてアピールしたいようである．現代人の観光と体験というニーズは時に寒く過酷な自然であっても，あるいは耐えがたい高温であっても，自然に触れたいという思いが打ち勝つのかもしれない．しかし，その地域に住む人々にとっては不快であったり，季節病を引き起こしたり，被災したりと切実である．

ロッキー山脈の風 *Chinook*（チヌーク）はカナダとアメリカ合衆国にまたがるロッキー山脈の東側に吹く暖かく乾いた下降風をいう．チヌークは吹き始めて発達すると山の麓の地域では 1 日のうちに 20℃以上も気温が上がることがあるといわれ，人々は *Snow eater*（雪喰い）ともいう．頭痛や耳鳴りなどの健康障害を訴える人が出る厄介な風でもある．

英国の気象サービス weather online によると，チリ南部のアンデス山脈には *Puelche*（プェルチェ）といわれる温暖な下降風があるという．また，夜間に陸側から吹き出す風を *Terral*（テラル）ともいう．これは大地(Terra)からきた呼称である．スペインでも同様に陸風を *Terral*（テッラ）という．日本でも陸から吹き出す風をヂカゼ（地風）という地域がある．

日本海で低気圧が発達するとき，日本海側の各地で吹くダシやダシ風がフェーンの性質をもつことがある．また，関東地方では台風が通過した後の西風がフェーンとなることがある．日本海側の広範囲で使われるヒカタあるいはシカタと呼ばれる風もフェーン系の風を意味することがある．北海道の小樽やオホーツク海沿岸でいわれるヒカタも春の強い南風で，フェーンである．その他，ジモンカゼ（新潟県青海町），ボウボウカゼ（石川県穴水町）などちょっと変わった地域語もあり，これらは高温で乾燥しているために「頭痛風」といわれる．乾燥して温度の高い強風が吹くようすを「ボウボウ」という擬音で表現しているところにリアリティを感じる(矢内，2005)．

地中海の南の地域では高温多湿の風が長く吹くときに，やはり人々は不快になって，心身共に影響を受けるといわれる．

特定の風が吹くという現象ひとつをとっても人々の身体，心理に影響を与え，具合が悪くなったり，名前を聞いただけでやる気が失せたり，自然が恨めしくなったりする．

最近は気象観測衛星の高精度の動画像によって雲のできるようすやその下の地形によって上下左右に動く大気の流れも分かるようになってきた．「大陸からの強い寒気にともなう筋状の雲が…」などと良く耳にするようになっている．気象衛星の鮮明な画像のおかげで局地現象も従来とは違った高みから手にとるように分かるようになった．

このような観測データ，とくに雲画像や雲の動きから再検討されているのが山岳波つまり山を越える気流に関わる諸現象である．凸地形を越えて上昇する気流，下りる気流，あるいは迂回する気流が雲画像で判別でき，最近は高さも推定できる．山を越えようと上昇する風は谷風といわれる．山の斜面が先に暖められると麓から山に向かって風が吹くのである．午前中にバイエルンの低地からアルプスに向かって吹くこの風は *Bayerischen Wind*（バィエリシェン・ヴィント）「バイエルンの風」と呼ばれ，パラ・グライダーやハングライダーをする人にとっては格好の風となっている．このようなスポーツをする人たちにとっては局地的な天候や風の変化は重要なので，地域の人々が培ってきた知恵を頼りにすることが多い．風の吹き方にクセがあるのだ．ヨットのクルージングでも全く同じで地域語の理解と対応方法が重要となる．オーストリア・アルプスでは谷風を *Jochwind*（ヨホウィント）という．joch（ヨホ）はドイツ語で「山の背」の意味もあり，天気が良い日に斜面が暖まって起こるメカニズムは前述と同じである[注2)]．

人々にとっては耐え難い強風にも独特の名前がつけられている．ポーランドのタトラ山脈から吹く *Halny wiatr*（ハルニ・ヴィアトル）[注3)]は「悪魔の風」と恐れられている．

このような生死に関わるような過酷な風については，日本海沿岸各地にタマカゼ，タバカゼ，タバカチなどがある．これらの語源は「魂をとる風」つまり「命を奪われる風」という意味合いがこめられていると考えられる（矢内，op.cit.）.

さらにフェーンと同じような山越えの風であっても気温が低いまま麓に下りてくる現象も世界各地にはある.

齋藤（1994）は気温が低い下降気流の代表的な風 *Bora*（ボラ）とオロシ（おろし：颪）について紹介し，「おろし風は極めて地形の影響の強い現象のため，発生する場所や強さがある程度決まっており，その地方に独特の局地風として名称がつけられていることが多い」，「有名なおろし風としては，愛媛県のやまじ風，岡山県の広戸風，兵庫県の六甲おろし，北海道の日高しも風・羅臼おろしなどがある」，「世界的にはアルプスの *Foehn*，ユーゴスラビアの *Bora*，北米ロッキー山脈の *Chinook* などが挙げられる」と紹介している.

このように風の名前を文献やネット情報だけで調べても多くの名前が検索できる.

あらゆる情報が世界のネット上に溢れている現在，なぜわざわざ現地に出向いて調査するのか，暇をもて余したもの好きではないのか，と思われてしまうかもしれない．ここで本書が紹介するような自然現象に関わることばを現地に出向いて詳細に調べる意義について述べておかなければならないだろう.

現代のわれわれは気温が高い，低い，強い風，弱い風，あるいは乾燥した風というときに科学的尺度で確認する．気温が何℃，湿度が何%，風速が何 m/s という自然科学的測定データのもとで日々暮らしている．しかし，実際に気温の寒暖や風速の心地よさや快不快を感じるのは人間である．気温 20℃といっても，春から初夏にかけての 20℃はとても暖かく感じるが，夏から秋にかけての 20℃は涼しく感じる．同じ 30℃でも美しい緑に包まれた場所の 30℃と殺風景な場所での 30℃では感じ方が違う．そよ風は気持ちが良いが寒風はたまらない。このように人間の体験はその時の身体の状態，周囲の環境のようすなどによって大いに違ってしまう.

一方でわれわれが実際に体験する自然も変化する．揺らぎといってもよい．自然は場所によって揺らぎ，その時々に揺らぎ，とても複雑で定常的な姿を見せることは稀である．その上，その自然現象を体験するわれわれの心理状態も複雑で機械のようにいつも同じではないので相互の関係はいっそう複雑になる．そのようなときに頼りになるのが客観的な気温の数値である．客観的データがあればわれわれは納得する．時には，「ちょっと寒く感じるけど気のせいだろう」などと自分の身体をその数値に適合させようとする．このようにして人間は感覚と科学的測定値との間で折り合いをつけてきた．

現代の人々はこの自然科学を学習し，自然科学のデータをいかに正しく理解して客観的にものごとを説明できるかを科学的能力として重視する．今日は寒いのか暖かいのかについても外気のようすを肌で感じて判断するのではなく，気温という数値で判断して身体感覚とのズレを感じつつも，「今日は気温のわりには寒く感じる」などと状況を理解するのがあたりまえになっている．

われわれはこのように自然科学の方法を使って自然現象を理解することに慣れ親しんできた．むしろあまりにも慣れ親しみすぎたというべきだろう．

さて，ここで自然科学の先入観をいったん捨てて，自然現象をありのままに体験してみることに挑戦してみよう．科学的用語で語る前に身体で感じることを日常のことばで語ってみよう．過小評価してはいけない．昔はこのような認識の仕方が地域の知恵として豊富に存在していたのだから．ありのままに表現することに成功すれば，現在でも地域社会には自然体験がありのままに表現されて，知恵として蓄積したものを活用している人々が存在していることに気がつくだろう．何世代にもわたる歴史の中で人々の体験が蓄積され，知恵となって残っているのである．

フェーンがアルプスの北側斜面で起こる場合には *Nordföhn*（ノルトフェーン：北フェーン），南側斜面で起こる場合には *Südföhn*（ズートフェーン：南フェーン）といったりする．また，弱いフェーンを *Dimmerföhn*（ディンマフェーン：暗いフェーン）と呼び，強風のフェーンとは微妙に区別している地域がある（Meyers op. cit.）．

なぜ人々はこのように細部にこだわって，あるいはことばのニュアンスを変化させて使ってきたのだろうか．

ヨーロッパ・アルプスでフェーンが吹くことが予想される場合，人々はまず火事を起こさないように気をつけて強風対策をする．また，フェーンが吹くと高温で湿度が異常に低い天気になることから，頭痛を起こしたり，気分が悪くなったりすることも覚悟する．

このような体験をしてきた人々にとってはフェーンの前兆が過去に体験した不快なものか，それほどでもない弱いものかが大いに気になるのだ．

地域の人々にとってフェーンは，これから起こる劇場空間での一大イベントとそこに臨場するためのシナリオを思い起こさせる有用な地域語なのだ．被害を少なくするための生活上の備え，心の準備，さらにそれら全てをもとに恐怖を軽減させてくれて安心感をもたらしてくれるのがこの地域語なのである．このことから地域の人々にとってフェーンは長い生活史の中で繰り返し体験し，その現象の推移をイメージするための重要な地域語なのである．フェーンということばを聞いただけでこれから起こる現象を頭の中でシミュレーションできるのである．

このような知恵を知ってもそこに住まないわれわれにとってはあまり役に立たない．気象観測データが精密になるわけではない．しかし自然をありのままの姿で受容する覚悟，あるいは自然現象に臨場しつつ共感する高揚感は教えてくれるはずだ．

本書はこのような知恵を掘り起こし，あわよくば知恵以上のものを探ろうと試みたものである．この知恵以上のものはひとまず“歴史記述的な科学”と呼んでおこう．歴史記述的な科学を知ることによって，自然の認識の仕方には一般にいわれる自然科学による認識方法以外のものがあることを再確認したいのである．

歴史記述的な科学を構成する知識は地域社会の人々の自然現象に関する体験の蓄積から生まれたものなので，通常は仲間うちでの日常的なことばとして表明されている．そして，彼らはそのことばから派生する一連の自然現象の中身をお互い同士で理解している．

本書では，この地域社会でお互い同士が了解している共通のことばを“伝承表現（Oral-tradition representation ＝ 口承・伝承的な表現）”という．さらに取材すると伝承表現は特有の単語ばかりではなく，簡単なフレーズさらに共通語も含んで自由に自然現象を語っていることが分かる．ここで伝承表現の構造を分かりやすい例で具体的に示してみよう．

今，伝承表現としてアメ（雨）ということばが地域の呼称にあったとしよう．アメと書いたのは共通語の雨と区別するためである．さてこのアメという表現をことばの語幹と考え，これを民俗的語彙とみなして伝承表現の造語パターンをみることにする．

この「雨が降る」という自然現象に対してさらにそのときの状況を詳細に表現したいときに，特有の造語が登場する．まず，雨量の多寡を表現したいとき，オオアメ（大雨）やコサメ（小雨），コヌカアメ（小糠雨）というように接頭語表現する．小糠は細かなようすを表すことばである．このとき接頭語は名詞であったり形容詞であったりする．接続詞や語尾変化で表現を変えることもできる．これが装飾語，接続語・語尾変化をさせた表現である．

形容詞をつける場合には人々の知覚体験が加わることがある．冷たいという皮膚感覚を表現に加えたヒサメ（氷雨），はっきりと見えないという視覚情報を取り入れたアメガスミ（雨霞），さらに知覚体験にそのときの感情を込めたものとしては，悲しく涙を流すときのような気分にさせる雨という意味のナミダアメ（涙雨）がある．これらも装飾語による変化表現である．擬音を交えた表現にドシャブリ(土砂降り)，ザーザーブリ(ざぁざぁ降り）などがある．同時にこれらは降るという動詞を降りと名詞化している．季節の周期性を取り入れたものにサミダレ（五月雨＝旧暦５月の雨期・梅雨），卯の花の咲く季節と雨を重ねたウノハナクタシ（卯の花腐し＝旧暦５月の雨期･梅雨)，ブリの漁期と冬の雷を重ねたブリオコシ(鰤起こし）などがある．言い換え語としては，ユウダチ（夕立）などを挙げることができる．ランドマークなどの地名を冠したものとしては，京都北部の山から降るキタヤマシグレ（北山時雨）など地域固有の地名が入ったものがある．擬人化や神格化の部類としてはキツネノヨメイリ（狐の嫁入り）あるいは雷雨の前兆となることが多いニュウドウグモ（入道雲）は擬人化や神格化とともに天気の予測でもある．同じく天気の予測の表現にアメモヨウ（雨模様）のように空の観察が根拠になったものもある．

このように気象現象の降雨を民俗的語彙の語幹“アメ”を例にして，

造語パターンにあてはめてみたが，そのほか，風や海のようす天候などを含めると方向の表現，象徴語，感嘆符あるいは寓話などから連想された造語が豊富にできてくる．

地域の人々は，伝承表現にさまざまなヴァリエーションをもたせてそのときの自然現象の詳細を語ろうとしてきたのである．このようなイベント・ストーリーを構成する伝承表現のヴァリエーションは次のように類別できる．

民俗的語彙（Folk terminology）
- ・特有の造語（Specific coined word）
  - 装飾語（Modifier）
  - 接続語・語尾変化（Connection word，Suffix）で表現
  - 風位の中間表現（Intermediate wind，Intermediate wind names rose）
  - ランドマーク（Landmark）による表現
- ・記号的語彙（Symbolic terminology）
  - 象徴語（Symbolic word）
  - 言い換え語（Paraphrase）
  - 感嘆符（Exclamation point）
  - 擬音（Imitative sounds）
- ・合言葉（Watchword）
- ・擬人化（Personification ）神格化（Deification）

など．

いいかえれば，このようなさまざまな地域語が自然現象の一大イベント物語に登場する役者の役割をする．

本書で紹介される数多くの伝承表現もこのような造語パターンによっておおよそ類別されて解説されている．

もちろん伝承表現には回答者の言い間違い，発音差異などあいまいさがつきまとうためにこのようにきれいに分類されるわけではない．しかし，現象の総体を形成するようにアレンジされた伝承表現を聞き取っていくと，そこから人々が生々しい体験をしていることが分かる．

その地域のコミュニティに行くと民俗語彙や符丁が飛び交い，伝承表現の数々を身近に聞くことができる．短いフレーズの中にも独特の言い回しがされる．さらに注意深く取材すると，通常の標準語の中でも特殊な意味内容が込められて使われているものもある．方言なのか，標準語でありながら伝承表現として使われているのかなどは，人々の語る文脈から判断することになる．

本書の調査対象とする伝承表現とそこから派生する関連語はおもに気象現象と海象現象に対してのものである．

気象現象と海象現象を対象とする理由はこれらの現象は繰り返して起こるため，人々の体験が繰り返され，体験と知識が地域社会に歴史的に蓄積されていることが期待されるからである．

繰り返される現象や稀にしか起こらないが顕著な現象を人々が体験したとき，かれらはその体験をほかの人に物語る．そして繰り返して物語ることによって現象体験のパターン化と共有が始まる．物語の中にはキーワードとなることばが使われるようになり，日常的に繰り返される自然現象の体験の物語が伝承表現を生み出す．やがて，ことばを中心に人々は現象体験のパターンをイメージして現象が展開する世界を共通認識するようになる．伝承表現の数々はその内容と共に世代から世代に語り継がれていく．これらは沿岸の人々が蓄積してきた体験の歴史やお互いの伝承の共有から生まれた「有益な果実」なのである．

繰り返し体験されて蓄積された知識は繰り返しによって吟味され洗練されるので科学の一種になりえると考える．この“歴史記述的な科学”は伝承表現によって語られる歴史あるいは異変の記憶の物語でもある．したがって本書の伝承表現の数々あるいは体系は科学であり文化でもある．

現在の発達した自然科学にあっても，自然現象のうち顕著現象—旱魃や豪雨，台風などの暴風雨，高潮，地震，火山噴火などの現象を法則で理解し，条件を整えて理論から次に起こる現象を正確に予測することは難しい．

もちろん現在の天気予報は流体力学と熱力学の理論によって近い将来の大気現象をかなり正確に予測することができる．しかし，局地的な予報や中期予報，長期予報に関しては理論的予測のほかに過去の類似した天気パターンを参照しながら，その後の時間変化を重ねて，精度を上げたりする．過去の歴史的天気パターンを参考にするのである．ここでは過去のデータという歴史記述型の科学の助けを借りていることになる．稀にしか起こらない気象現象についてはさらに過去の資料を参考にすることが多くなる．「十数年前の大雪と良く似た気圧配置となっていますのでお気をつけください」などといわれるのがこのような例である．

発生する確率がさらに低い大きな旱魃や豪雨，桁違いな暴風雨，予想を超えた高潮，地震，火山噴火などに対しては数百年の人々の歴史からの体験やそのときの惨状の記録，あるいは防災の知恵などが生きてくる．このような地域社会が災害体験から生まれた記憶と教訓などの“地域文化＝下位文化”は災害文化といわれ，今日の災害科学の分野ではとても重要視されている．

歴史記述型の科学の物語が広義の科学であり，文化でもあるといってもよい根拠がここにある．

人々が自然現象を繰り返し体験した結果，地域社会には各種の自然現象に応じた伝承表現が多様に存在する．その多様な伝承表現によって人々はさまざまな自然現象の具体的イメージを共通し，想い起こすことができる．そのようなとき，地域社会には多様な伝承表現が組み合わさって多くの“現象の物語”ができている．伝承表現による多くの現象の物語が地域文化すなわち下位文化をつくるので，筆者はこの下位文化を“環境文化（Environment culture）”と呼ぶことにしている．

このような下位文化をもつ地域社会に暮らす人々は，当然，自然科学的見方とは違う自然を見る見方をしているはずである．このような人々は自然と人の営みとを一体のものと見ているだろうから，自然観ではなく環境観という用語を用いて，「環境文化のもとに暮らす人々は風土的環境観（Folk environmental view）をもっている」ということができる．

このように本書は，地域社会の歴史的体験から生まれた伝承表現を調査し，その自然現象と伝承表現の関係を吟味し，地域文化の中から人々の風土的環境観を探ろうとする．さらに伝承表現がつくられている環境文化を概観しようとする．これは地域社会における知識の体系を探ろうとする試みである．

つまり本書は科学を柔軟にしようと意図しているともいえよう．柔軟な科学（Flexible science）という概念の構図を示そう．

柔軟な科学　Flexible science：Natural science in the broad sense
　　法則定立型科学　　Nomothetic science
　　歴史記述型科学　　Idiographic historical science

本書の提示する柔軟な科学の科学的知見の役割は自然科学（とくに法則定立型科学）のそれとは異なることがお分かりいただけるだろう．

自然科学の目指すところは「自然現象が如何にして起こるか」を探ることである．自然現象の因果関係を探求し，自然現象に対処する方法などをわれわれに提供する．

歴史記述型の科学による科学的知見の目指すところは「自然現象に如何にして適応するか」を探ることである．自然現象に共存する知恵を生み出し，時には自然現象に対処する方法を教えてくれる．さらに自然科学とは適用される場も異なる．自然科学は普遍的であろうとするが，局所的な個別事例には向かない．

柔軟な科学の中で法則定立型の科学が要素還元主義によって得られた用語で語られるとすれば，歴史記述型の科学は自然の総体を記述する全体的（ホーリズム的）な用語で語られる．法則定立型科学が従来の純粋な自然科学のアプローチから数式によってもたらされるとすれば，歴史記述型の科学は局所的，個別的体験によって構成され，物語として共有される．ただし，本書の事例の数々は，永い人間の歴史を対象としているわけではなく，地域社会のたかだか数百年の蓄積をみようとするので，歴史記述型の科学という用語よりは“知覚経験科学”という方がふさわしいであろう．そこで以降は知覚経験科学ということばを使うことにしよう．

人々の伝承表現では「恐ろしい」，「心地よい」など主観的印象が含まれるので現象学的である．さらに環境文化について論じようとするときには現象学的地理学，現象学的社会学に多くの共通点がある．

ここでE. Husserlの主張（1936）を援用させてもらって本書の対象とする自然現象が人々にもたらす伝承表現の世界も示しておこう．

> 人々が自然現象を統一的な姿（Universum：現象世界）として捉えようとするときには，それぞれの人間－自我と人々相互は，現象世界の中で相互に生きていると同時に，その現象世界に属することになる．自然現象という対象に傾注する人々は彼らの関心に従って，観察行為はあれこれの対象に向けられるが，その態度は受動的でありながら能動的に関わり合うことになる（第28節から筆者援用）．

現象学的社会学（Phenomenological sociology）に倣うと，本書の伝承表現の数々は「知識の社会的在庫（stock of knowledge)」に相当し，風土的環境観は相互主観性（inter-subjectivity）に相当する．すなわち，われわれはその社会がつくりだしてきた「知識の社会的在庫（stock of knowledge)」にもとづいてものごとを観ようとする．このような見方は自然的態度（Natürliche Einstellung）といわれる行為である．そして，これは人々が体験をことばで表そうとする行為に相当する．日常生活においてわれわれは他人が確かに存在し，自分と同じような意識をもち，同じように世界を見ていると思っている．これが相互主観性(inter-subjectivity）である．

以上のような思想とことばに対する方法論にもとづいて本書は，

- 自然認識の伝承表現パターンによって，民族や文化に関係なく，人間の本質的な知覚機能に由来する自然認識の共通性を見いだす．
- 自然科学にあっても知覚経験科学の存在とその重要性，実用性を具体的に提示する．
- 風土的環境観が人間にとっての世界の見方であり，環境文化の重要性を示す．

ことを明らかにしてみたい．

本書のあつかうテーマは自然科学，地域文化論，環境思想そして言語学あるいは民俗学・文化人類学などにまたがっている．いわゆる分野俯瞰的な学際分野(Trans-discipline)の内容である．しかしながら筆者は気象・海象分野の自然科学を学んだ後，本書で紹介するフィールド調査をもとに地域文化の視点から環境文化論を議論するに至ったいわば外様の研究者である．それぞれの分野には長い蓄積と知見があり，各分野には専門の研究者がいらっしゃる．そのような中であえて本書をまとめたのはこれまでほとんど紹介されなかった伝承表現の数々をアドリア海沿岸において調査することができたためである．

注 1）Meyers Großes Konversations-Lexikon, Band 6. Leipzig 1906, S. 743-744.
注 2）http://www.wetter-suedtirol.net/wetter-lexikon/（南チロル気象局用語集）
注 3）http://glossary.ametsoc.org/wiki/Halny_wiatr

◉第 1 章◉

沿岸地域の伝承的な知恵

1-1. 自然現象を受容する地域の生活

1-1-1. 宏観的な自然理解

人々が海や空模様から近い将来の天候を予想するやり方は日本の気象用語では“観天望気(かんてんぼうき)”と呼ばれる．観天望気というのは科学的な観測機器を使わないで，人間の視覚，聴覚，皮膚感覚，嗅覚などを総合的に使って外界を観察して近い将来のおもに天気を判断することをいう．したがって，観天望気は人間が本来もっている全感覚を総動員して行う自然との対話といってよいだろう．この方法は近代的な気象予報が始まる以前はどの地域社会でも行われていた．

農業に関わる人々は農作業を行うときにあしたの天気のようすを予測した．あるいは彼らは数カ月後の収穫期の天候を気にかけた．気象情報のなかった時代，彼らは年配者の経験豊かな人からその地域特有の自然のクセをアドバイスしてもらった．

漁業に関わる人々の場合，天気を予測する行為は農業従事者よりもっと重要だった．なぜなら嵐を予測できなかったときには，命を落とす危険があるからである．

漁業従事者は出漁前に観天望気を行い，その日の仕事の計画を決めた．これから波が高くなるのか，風が強くなるのか，あるいは収まるのか，潮の流れはどのようになっているのか，このような全ての海や気象条件によって，彼らのその日の漁獲量までが決まる．その日の仕事の手順は，水温や風向き・風速を個々に測っても判断できない．漁の計画は全ての状態を統合した予測とベテランの経験によって決定される．

このような統合的な判断は村の長老の役目であったかもしれない．もちろんその村の長老は経験豊かで天気の予測にも長けた人物である．自然現象をこまかく観察する能力は現代の天気予報に劣らず優れていたかもしれない．とくに慣れ親しんだ地元の海域の気象・海象現象に関しては，現代の最新のコンピュータを使った数値予報より実用的なはずだ．

現在でも漁業関係者は総観的な予報は気象予報を見るが，局所的な地域特有の変化に関しては地域社会がもつ言い伝えや体験によって判断していることが多い．そのようにしないと局地的な気象変化や海象の急変には対応できない．

このように考えると，農業より漁業の方が短期的な気象現象や自然現象に対してはきめ細かい注意が払われているといえるだろう．

地球の中・高緯度地域は偏西風の影響も受け，また，寒気と暖気が前線をつくり，移動性の温帯低気圧や高気圧などによって天気が周期的に変わりやすい．天気の移り変わりとともに海の状態も変化する．したがって，この地域の沿岸に暮らす人々は繰り返される気象現象や海象現象を何度も体験している．ゆっくりした変化としては１年周期の現象の変化がある．季節の変化がその代表的な現象である．１年の中で四季の変化を体験し，さらに四季の移り変わりのときに起こる節目の変化を体験している．月周期の変化としては大潮・小潮など．そして日周期の変化では，陸風と海風の交代がある．もちろんそのほかにもさまざまな周期的な変化がある．さらに数年に１度の体験もあるかもしれない．高潮被害や津波は数十年，数百年に１度という頻度で体験されたりする．

1-1-2. 自然現象の消長と時間・空間

一般に自然現象は繰り返し起こる．その繰り返しは，正確な周期で繰り返される現象とあまり規則性が明瞭でない現象がある．ただし，われわれにとって幸いなのは規則的に繰り返される現象が多いことだ．人々は雨が降ってもやがて晴れるということを知っている．激しい嵐であってもやがて止むということを経験的に知っている．このことがわれわれの生活を楽観的にしてくれる．快方に向かうだろうという予測が希望をもたらすからだ．

しかし，規則的に繰り返されないものもある．大規模災害や飢饉，旱魃などである．これらはいつ起こるか予測できない自然現象である．これらは人知の及ばない出来事とされ，警戒されるが，このような現象に対しても人々は何世代にもわたる歴史の中で教訓を得ている．

自然現象の中でも気象現象と海象現象に限ると，現象の規模（スケール）と周期，あるいは現象の規模（スケール）とその現象が影響し続ける時間との間にはある程度の規則性がある．

その一般的な特徴を「自然現象を時間と空間という視点で整理」すると；

・小さな現象は確率的に頻繁に起こる．
・大きな現象は確率的に起こりにくい．
・小さな現象は現象の継続時間が短い．
・大きな現象は現象の継続時間が長い．
・小さな現象はその影響する範囲が空間的に小さい．
・大きな現象はその影響する範囲が空間的に大きい．

となる．

人々は個々の自然現象を体験するごとにその体験を記憶するのだが，印象に残る体験か，残らない体験かはこの自然現象の特徴と関係がある．

温帯低気圧や移動性高気圧による影響を考えるとき，それらの影響する空間スケールはシノプティック気象のスケールといわれ，その影響範囲は $5 \times 10^2 km$ ～ $4 \times 10^3 km$ オーダーである．そして，その再現周期（繰り返し周期）はおおよそ *10* 日オーダーである．低気圧の接近と通過による天気の変化はだいたい *1* 週間くらいで繰り返されている．さらに時々起こる災害を起こすような猛烈な低気圧は数年（約 *1000* 日）に 1 度くらいの頻度とみなすことができる．

日本海の空間スケールは $1 \times 10^3 km$ ～ $2 \times 10^3 km$ のオーダーの海域であるため，温帯低気圧が通過したり，高気圧が張り出したりすれば，その影響がほぼ全ての範囲に及ぶ．本書でおもに紹介される地中海のアドリア海は日本海よりスケールが小さいから，なおさらである．

さまざまな具体的な自然現象を再現周期で見れば，短いものから長いものまである．短いものは海岸に打ち寄せる波，毎日の昼と夜の繰り返し，海陸風の運動などである．長いものは数年に 1 度起きるような高潮や洪水，数年に 1 度くらいに起こる旱魃や日照り，あるいは夏の異常高温や冬の異常低温である．そしてもっと長いものは数十年に 1 度あるいはそれ以下の頻度で起こる大地震や火山の大噴火などもある．

自然現象がどのくらいの長さにわたって地域社会に影響を及ぼし続けるかを見ることも重要である．その自然現象を地域社会が共有して記憶にとどめることができるかどうかに関係するからである．これは社会科学分野のテーマだが本書のテーマにとっても重要である．

そこで，自然現象が起こったときにその地域に影響を及ぼす期間について，おおよその時間スケールを考えてみよう．例えば，海陸風は *1* 日周期であるが，実際に海風あるいは陸風が吹いている時間は *5* 時間ぐらい．数百年に１度の地震災害であれば，完全な修復には *25* 年（1 世代）くらい，語り継がれる期間は *75* 年（3 世代）くらいであろう．数年に１度の気象災害であれば，「人のうわさも *75* 日」，数十日程度と考えてよいだろう．このように考えると，自然現象が起こったときにその地域に影響を及ぼす期間は再現周期のおよそ *1/5* から *1/10* くらいではなかろうか．もちろん，この見積もりでは，地域社会が出来事の記憶を文書に特別に残したり，それを研究して意図的に伝えようとしたりすることは考慮されていない．

この関係を簡単な模式図に示したのが Fig.1-1 である．縦軸右の民間伝承として保持される確率（*Probability to be retained as a folklore*）は，地域社会がある自然現象を体験したとき，どのくらいの人がその体験を次世代に伝えることができるかの程度，つまり比率である．

頻繁に起こる現象であれば人々の記憶に定着しやすいから，その現象がどのような経過をたどって起こるかについても人々は良く分かっている．ということは，頻繁に起こる現象の伝承される確率は高い．一方，大規模な自然現象の場合は体験したときの印象は大きいが，稀にしか起こらない．したがって，地域社会の歴史で見たときには，その体験をした世代の人しか体験を語ることができないであろう．つまり伝承される確率は一部の人だけとなる．

同じ自然現象が繰り返して起こる周期は小さい現象ほど頻繁で大きな現象ほど稀なのでこれを横軸の自然現象の繰り返し周期（*Repeated period of the natural event*）と伝承される確率（右縦軸目盛り）との関係を描くと右上がりの曲線となる．図ではおよその傾向として破線で示している．

また，一般的に大きな現象は影響が残る時間が長く，小さな現象は影響の残る時間が僅かであるので，左縦軸目盛りの事象の影響の持続時間（*Duration of influence of the event*）つまり，ある自然現象が地域社会に与えた影響が残存する期間と自然現象の繰り返し周期との関係を描く

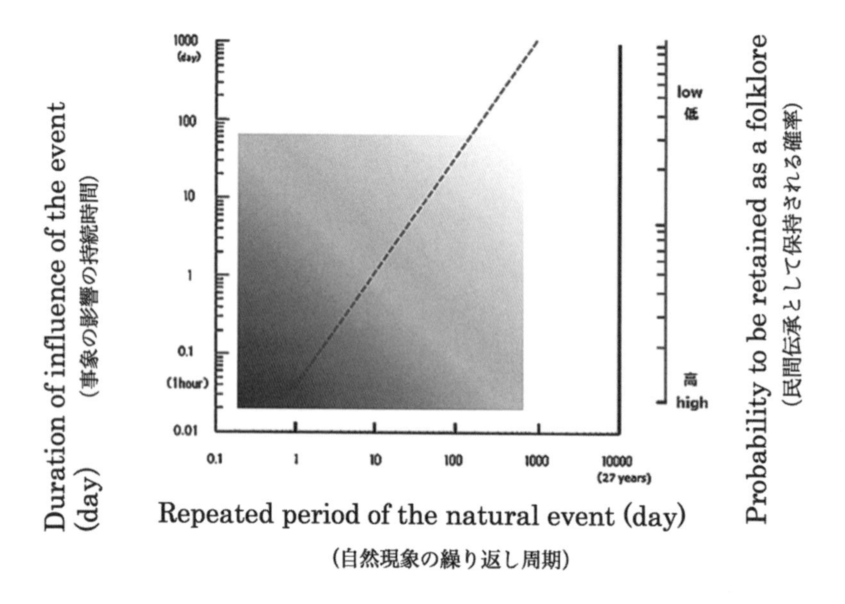

Fig.1-1 Relation between the cycle of natural phenomena and the social storage.
自然現象の繰り返される周期と伝承される程度を示す領域の図.
右縦軸の Probability to be retained as a folklore は「地域社会が現象をパターン化して語れる程度」を意味する．この比率は頻繁に起こるかどうかに関係している．頻繁に起こる規模の小さい現象であれば誰でもが語れるだろうから，値は 1（100％）に近くなり，稀にしか起こらない現象は語れる人は少ないので 0 に近くなる．

と，やはり右上がりの曲線となる．

さらに人間の寿命や世代間の伝承力を考えると，この図の四角の濃淡で示した部分が自然現象の体験を伝承できる領域となる．濃淡の度合が伝承力の強弱を表す．

繰り返し起こる現象の中で，生活に密着した現象に対して，地域社会が知恵をもつことはとても重要である．同様に稀にしか起こらないが人為的に危険を回避できる現象に対しても地域社会が知恵をもつことは重要である．

つまり人々が体験する自然現象を（客観的に）「日常言語で語れる」ことが地域社会での共通の財産になる．文書などで記録することを除けば Fig. 1-1 の網掛け部分は地域社会が現象を「日常言語で共有することが有効」な領域を示している．

この領域の中でも印象深い現象，あるいは重要な現象の体験が伝承表現を生むということになる．何を重要な自然現象とみなすかは地域社会の機能によって異なる．雨期の始まるタイミングであるのか，ブドウの収穫時期の乾燥した天候であるのか，農業の豊作や凶作に関わる荒天であるのか，沿岸の冷水塊や暖水塊による回遊魚の漁獲量が重要であるかなど，さまざまである．

歴史上の記録に残る大地震なども重要であるが，いつ起こるか分からない現象についてはパターン化して日常言語で語ることは難しい．「地域社会が現象をパターン化して語れる」対象は一生の間に何回も体験するような再現性のあるものが適している．数年に 1 度ぐらいの頻度で起こる顕著現象や年に数回の頻度で地域を襲う大きな嵐などであれば，科学的に精緻ではなくともそのパターンを客観的に日常言語で語ることが可能となる．さらに現象の体験者が多ければ地域社会で共通の話題として語り合うことができる．

日本海の周辺の西側と東側の沿岸に住む韓国人と日本人は，住まう場所は違うもののその沿岸現象という四季の変化において，共通した自然現象を体験していることが多い．

彼らは多くの伝承表現をもっており，その伝承表現は毎年の穏やかな季節変化や時々体験する激しい自然変化の体験の積み重ねから地域で共通されてきたものである．筆者の調査（矢内，*op. cit.*）から一部を紹介しよう．

韓国沿岸に伝わる伝承表現칠석바람〔*Chilseok-baram*，チルソク・ナブル〕は，*7* 月 *7* 日に吹く北風を意味する．彼らはこの時季に北風が吹くことをたびたび体験し，その結果，毎年この時季になると，北風が吹くことを期待した結果，このような伝承表現を共有することになったのである．

彼らの経験だけでは正確な気象の予測には役立たないが，この時季の気圧配置が顕著な北風の特異日となりやすいことは，現代の気象データベースでも説明がつくのである．

日本でも同様の例としてボンキタ（盆北）という表現がある．盆は 7

月または8月の仏教行事であり，また，北は北風を意味する．ボンキタというのはこの時季になるとその地域では頻繁に北風が吹くという経験則を表している．

伝承表現は，地域社会が自然災害を避ける知恵としても使われる．冬の日本海では激しい風や高波がしばしば起こり，各地に甚大な被害をもたらしてきた．このような災害体験から生まれた伝承表現はその前兆や雲行きの変化，波の方向の変化など細かい観察眼から生まれたもので，韓国や日本には多くの教訓や激しい風や波の表現が残っている．とくに日本海を通過する温帯低気圧による嵐に関しては，その風向きの変化や波の変化に注目した防災上の知恵が言い伝えられている．彼らは決して精密な気象測器を駆使してデータを得ているのではなく，宏観的観察と体験の積み重ねによって知識を得たのである．その知識は歴史の中で繰り返され，パターン化され，より普遍性をもったエッセンスとなって伝承されてきたものである．したがって，歴史的に修正され続けてきたために定性的ではあるが，地域社会にとっては正確な情報となりえるのである．

しかし，ひとたび自然現象が激しさを増して，人々の体験を超えるような稀にしか起こらない現象となるとき，あるいはこれまでの体験的な予測を超えた長い周期性をもった現象であるようなときには，伝承表現は有効な知恵をもたらさず，人々は戸惑いや不安を抱くことになる．そのような状況に対しても人々は伝承表現を共有しようとする．この場合の伝承表現は戸惑いの経験を表明したもので，防災や近未来の予測には役立たない．ところがこのような状況に陥ってしまった地域の人々は，その最中でも体験として伝えられる歴史的な伝承表現を思い起こすことで不安から解放されたりする．

日本の沿岸に伝わるナベワリギタ（鍋割り北）は，このような状況を表す伝承表現で，長く続く荒れた海象を意味する．ナベワリは鍋を壊す行為を意味し，ギタ（＝北）は、北風を意味する．つまり，この表現には，先の見通しが立たない長い荒天が続く状況を前にして「えーぃ，鍋を壊してしまえ」とやけくそな絶望的感情が表明されている．しかし，その一方で歴史的にみればこのような状況が地域社会で体験されたことがあるということを人々に教え，「つらい思いをしたけれど，やがて天候が回復する体験を先人はしてきたのだ」という希望も抱かせる役割をしている．

얼핀이〔*Eolpini*，ヲルチニ〕，あるいは얼핀이붕〔*Eolpini-bung*，ヲルチニプン〕という韓国東部沿岸に伝わる表現は，とてつもない大風あるいは原因不明の自然災害が歴史的に体験されたようすを伝えている．*1985* 年の筆者の調査では，임원（*Imwon*，イモン：臨院）地域を襲った津波の前兆音やそのときの異変に対して，ごく稀に起こった体験を表現することばとしてこのことばを伝え合っているようすが得られた．このような伝承表現は恐怖におののく地域の人々に，長い人々の暮らしの中ではすでに先人が体験した出来事があったこと，そしてそのような災害体験であってもやはり自然は回復し，人々も生き延びてきたという教訓を教える．伝承の数々が人々にレジリエンス(*resilience*)をもたらす役割を果たしている．

Table 1-1　Weather and ocean phenomena, their scale and life cycle

Weather Phenomena	Ocean phenomena	Order of life-cycle	Order of spacial scale
Climate change (Global scale) Seasonal wind	Annual variation of sea surface Sea currents	90 days	1×10^{6} ～ 1×10^{7}
Stagnation of the front	Seasonal variation Tide (Flood tide)	10～40 days	
Overhang of high pressure Passage of low pressure	Wind waves, swell Strong wind at sea	2～7 days	5×10^{5} ～ 2×10^{6}
Passage of small cyclone local wind	Wind waves, swell Strong wind at sea	1～2 days	1×10^{4} ～ 1×10^{5}
Small scale weather Local wind	Tide diurnal tide) Wind waves, swell	From few hours to half a day	5×10^{3} ～ 1×10^{4}
–	Surf beat Breaking waves at coast	Few minutes	1×10^{2}

In the column, [-] shows no direct event. Each order is approximate.

沿岸漁業の危険，過酷な環境，災害体験にもかかわらず地域の人々が営々と生活してきた理由として，筆者は地域社会にはある種の楽観主義があるのではないかと考えている．数十年に 1 回の頻度の大災害に直面するとしても自然現象はやがていつかは落ち着くという地域社会の教訓と経験的知識によって彼らの希望が導かれていると思われるからである.

沿岸地域を対象にして地域社会がどのように自然現象を受容して，自然に対する認識がどのようなものかを調査するときには時間スケールと空間スケールそして再現周期，現象のライフ・サイクルによって整理することが重要なポイントとなる．沿岸地域を対象に身近に起こる現象のいくつかとその空間スケール・現象のライフ・サイクルとの関係を示したのが，*Table 1 - 1* である.

1-1-3. 自然現象の受容パターン

人々の受容パターンを季節変化の体験（*Experiences of seasonal phenomena*）という周期現象でみることにしよう．人々は季節体験を３つの季節リズムによって受容している.

それは,

皮膚感覚リズム *(Rhythm of skin sensation)*

地域文化リズム *(Rhythm of regional culture)*

文明化リズム *(Rhythm civilized)*

である.

まず，皮膚感覚リズムは，気温の変化などに対して反応した皮膚感覚の記憶によって形成された年周期から日周期のリズムである．このリズムによって季節の変化やその日の天気の移り変わりを認識する.

次の地域文化リズムは，季節の観察によって地域に生まれた言葉（日常言語）を通して，現象の変化を認識する.

この典型的な例は中国の“二十四節気（*Twenty four divisions of the solar year*）”に見ることができる．二十四節気は１年を *24* に分けて季節名を付けることによって人々に自然の変化のリズムを生活のリズムに適合させて，変化を意識させる方法である．二十四節気は中国から韓国，日本に伝えられて現在に至っている.

そして３つめは文明化リズムである.

科学的な学習を受けた現代の人々はこの文明化リズム *(Rhythm civi-*

lized) によって季節の変化を認識する．文明化リズムは現在最も普及したやり方であるとともに最も信頼されている．「今年の *8* 月は過去 *30* 年間の平均気温より *1.2*℃高かった」などというデータが示されることによってわれわれは皮膚感覚リズムで体験していたことを再確認する．

とくに本書が注目し，筆者の調査結果と共に明らかにしていくのは，これらのうち，皮膚感覚リズムと地域文化リズムである．

1-2. 環境文化

1-2-1. 自然現象に関する地域文化の形成

地域社会が自然現象を体験し，その後にその現象を日常言語で語り，地域の人々が共通のことばで体験した現象をイメージしているとき，この共通のことばを本書では伝承表現ということにしたが，この伝承表現は世代から世代に受け継がれているので，民俗的語彙（*Folk terminology*）ばかりではなく，記号的語彙（*Symbolic terminology*），合言葉や符丁あるいは象徴語（*Symbolic word*），言い換え語（*Paraphrase*），そして時には感嘆符（*Exclamation point*）や擬音（*Imitative sounds*）も含んでいる．もちろん適当な表現が見つからないときには特有の造語（*Specific coined word*）も含んだ多様なものとなる．

ある現象に対して伝承表現がある場合，もし，再びその現象に人々が出会ったならば人々の記憶が再確認され，伝承表現はさらに強化されて定性的な客観性を帯びてくる．

さまざまな現象，あるいはその現象の変化に対して伝承表現が豊富に存在する地域社会はそのことばの蓄積から生まれる下位文化を形成する．

この下位文化が環境文化 *(Environment culture)* であるが，一般に伝承表現が豊富な地域は自然現象を身近なものと捉える人々の多い地域であり，環境文化の豊かな地域といえる．逆に伝承表現の少ない地域は環境文化が乏しい地域である．

さらに環境文化は自然環境に対する独特の見方や愛着をもたらすので，その結果育まれた「その地域の人々特有の自然を見る見方」すなわち風土的環境観（*Folk environmental view*）が地域の人々の世界観にも影響を与えていると思われる．

1-2-2. 風土的環境観の調査手法

風土的環境観を調べるためには，「環境文化が豊かな地域」でなければならない．環境文化の成立には地域社会の自然現象の体験と歴史的な蓄積が必要である．

その結果生まれた伝承表現は独特のことばであり，時にはフレーズである．方言を転用したものもあり，古語を独特に解釈したものもある．仲間どうしの符丁もある．さらに共通語でありながらその意味と内容は限られた自然現象が表現されて象徴的な使われ方をしている場合もある．例えば，京都府と山口県での筆者の調査によると，“のた”は西日本の地域での波の方言(昔は共通語)である．したがって地域の人々が使っている“大のた”は方言学者が調べれば「大きな波」という意味になる．しかし，われわれは，その地域で“大のた”という表現がされているときの気象・海象条件に注目する．その結果，“大のた”は単なる大きな波ではなく，温帯低気圧が通過した後に天気が回復し，海が穏やかになったときにその地域に津波のようなうねりがくることを意味しているという事実を発見する．したがって，この地域では“大のた”という伝承表現は津波のような波の来襲を意味し，人々はその波による被害があるかもしれないという恐れと備えをする．これが伝承表現によって培われた環境文化である．

ある地域で使われていたことばが別の地域で新たに使われるようになって違った意味をもってくることもある．

“波の華（なみのはな）”という石川県能登半島特有の伝承表現が近年メディアで紹介され，類似した現象にこのことばが各地に広がった．しかし，それぞれの場所でこの伝承表現の意味する現象は微妙に違う．オリジナルの石川県の場合には，高波によって海中のプランクトンが破砕されて海水の粘性が大きくなった結果，さらに続く沿岸の高波の砕波によって安定泡沫（*Stable sea foam*）ができる現象で，この安定泡沫が沿岸に大量に生成されて堆積し，さらに強風で飛散するようすを意味している．千葉県の工業地帯沿岸で近年使われるようになった“波の華”ということばは工場排水などによって富栄養化した海水が安定泡沫をつくる光景を指している．新しい伝承表現が生まれるケースである．人々にとっては“波の華”を見ることは海水の汚染状況を確認し，そのような自然の状況を連想することに結びついている．このように伝承表現によって連想される風土的環境観は地域によって異なることがある．

外部の調査者が伝承表現を調べようとするときには，その地域の人々に自然現象の体験から生まれた「独特のことば」を語ってもらう必要がある．調査者はそれを解釈し，伝承表現であることを判断する．このときに調査者に求められるのは，その地域に入って人々の使っている伝承表現とその表現している現象の内容，とくに気象・海象現象を確認し，さらにその心象風景までを推測するという調査技法である．したがって，このような調査には地域文化の調査手法と気象・海象現象による類別という自然科学的知識が必要である．いずれにせよ，その背景になっている現象に関連する広範な想像力が必要である．

このようにして得られ伝承表現の数々，あるいは伝承表現の体系から地域の人々の風土的環境観に迫ることができる．

1-3. 調査地域としての沿岸

1-3-1. 背景

地球上の中緯度のほとんどの地域では四季の変化が訪れる．１年を夏と冬に分かつ大きな周期的な変化や春夏秋冬というその半周期の変化など顕著な気象変化が繰り返される．中緯度の地域ではしばしば移動性高気圧や移動性の温帯低気圧が発達して通過する．このときの気象の変化は四季の変化よりかなり短い周期で起こる．しかしその変化のパターンは類似した生成･消滅を繰り返す．例えば，移動性の温帯低気圧が通過する場合には，弱い風から強い風に変化し，その際，風向きは時々刻々と回るように向きを変える．また，雨も降り出し，やがて収まるというパターンである．

人々はこのような周期的な現象を生活の中であるいは地域の歴史の中で体験することによって，その現象の大まかなパターンを記憶する．

農業をおもな生業にする内陸部の人々にとっては日々の天気の変化や一時的な低気圧の通過よりは，季節サイクルの変化に関心が高い．作物の種をいつ蒔くかという判断は，季節変化の兆候を正確に見極めて最適なタイミングを逃さないよう作業をしたいという要求からきている．あるいは，育った作物に適度な降水があるかどうか，数カ月後の収穫時に収穫に適した気候になっているか，という中期的な変化に関心がある．おそらく試行錯誤に近い経験を積み重ねることが有益な記憶や言い伝えとして地域社会の存続に役立ってきた．内陸部の人々にとっての自然現象への関心は農作物が育つくらいの時間変化に即した中・長期的な自然現象に関心を払ってきたといえるだろう．

一方，沿岸に暮らす漁業関係者や航海に従事する人々は，短時間の波の変化や風の変化に始まって，稀に起こる暴風や異常潮位などの長期的な現象まで，ほとんど全ての現象が関心の対象になっている．つまり沿岸の人々にとっては，ミクロスケールからメソスケール，そしてマクロスケールまでの短時間の変化から中・長期的な自然現象にまで関心を払わざるを得ないということになる．したがって沿岸の人々の方が内陸の人々よりは多くの伝承表現を共有しているはずである．さらに，気象現象と海象現象という両面の変化を目の当たりにするのであるから，その体験の記憶は内陸の人々より鮮明に刻印されているはずである．

筆者が沿岸地域を調査対象にしている理由がここにある．

実際にこれまでの筆者の日本海沿岸部の調査では，沿岸地域の自然現象を表明する伝承表現が数多くあり，日々の生活で有効に使われていることが分かった．

さらにつけ加えると，日本海の規模であればメソスケールからマクロスケールの自然現象は，時間のズレと規模の強弱を別にすれば，かなりの地域が同じ現象を体験するのである．このメリットはある地域が「*A*」という伝承表現を使い，別の地域が「*B*」という伝承表現を使うときにその背景になっている自然現象が同じものであるならば，調査者はその原因となっている現象の科学的知見から，彼らの体験のパターンを分かり易いストーリーで補うことができる点にある．つまり，「この伝承表現」は海域を発達しながら通過する温帯低気圧での体験を語っているのだ，あるいは海陸風について語っているのだ，などとその背景となっている現象を明確にできるのである．

このような日本海での調査の結果，沿岸の人々は局地現象に関して気象予報以上にきめ細かい判断をし，災害に備えることが分かった．また，何より興味深いのは，韓国と日本の沿岸地域の人々が使っている自然現象に関する伝承表現とその変化を表す造語のパターンには偶然以上の共通点が見いだせることである．それは言葉の類似性や文化の歴史的交流を差し引いても，それ以上の共通性ではないかと思われた．

さらに沿岸の人々が選んだことばという表現自体がある種の共通する心情を吐露していたり，変化の形が類似していたりするのである．どのような民俗語彙を選んだのか，どのような装飾語をつけたのか，接続語・語尾変化はどうか，象徴語や言い換え語，感嘆符や擬音などをみていくと表現方法が類似しているものが多いのである．類似しているということは心情が似ているということであり，自然現象を受容している心理が似ているということである．

逆にいえば，沿岸の人々は文化や言語を超越して自然現象の伝え方が共通しているということであり，さらに環境や世界を見る見方すなわち「環境観に共通性があると考えられる」ということである．

1-3-2. 地中海と縁海

大陸周辺の海で一方が島や列島あるいは半島に囲まれて，その海域が閉じた形になっている場所を縁海（*marginal sea*）という．したがって日本海はユーラシア大陸と日本列島などによってある程度囲まれた海になっているので縁海といえる．

一方，いくつかの大陸に囲まれた比較的小さな海を地中海（*Mediterranean Sea*）という．ユーラシア大陸とアフリカ大陸に囲まれたヨーロッパ地中海（*European Mediterranean Sea*）が代表的であるが，そのほかには，北アメリカ大陸と南アメリカ大陸に囲まれている海域はアメリカ地中海（*American Mediterranean Sea*）と呼ばれる．アメリカ地中海はカリブ海（*Caribbean Sea*）とメキシコ湾（*Gulf of Mexico*）から構成されている．

その他，東インド諸島，ニューギニア島，フィリピン諸島，台湾に囲まれた海をアジア地中海(*Asiatic Mediterranean Sea*)と呼ぶこともある．

本書ではとくに断わらない限りヨーロッパ地中海（*European Mediterranean Sea*）を地中海という．

世界の縁海と地中海の沿岸地域が中緯度に存在すれば，季節変動や日々の気象現象あるいは沿岸海洋現象は，空間スケールで見ても時間スケールで見ても分かりやすく明瞭なことが多い．

1-3-3. 風土的環境観の調査地

環境文化および風土的環境観を育むためには，自然現象の空間スケールと時間スケール，とくに現象のライフ・サイクルあるいは再現周期が地域住民に共有されることが重要ということが分かった．また，この住民の環境観は国や民族特有のものだけではなく，国を越えての共通性が見られるように思われた．そこで風土的環境観をもつと考えられる地域の特徴をもう一度整理してみると，次のようになる．

1) 四季の変化があること（すなわち中緯度地域）
2) 対象となる地域がシノプティック・スケール，あるいはそのスケールよりも若干小さいこと
3) 人間の日常生活に対して，その地域で起こる自然現象の多くが容易に再確認でき，追体験できる時間スケールの周期現象であること
4) 自然現象のライフ・サイクルが長くても，数世代の人間の生存時間に適合していること
5) 大気現象による自然現象の体験が気象の変化ばかりでなく海象変化の体験によって，さらに現象が補強されること
6) 気象現象が周期的でパターン化されるだけでなく，海象現象もパターン化されやすく，そのために対象地域の海域が閉鎖海域（地中海や縁海）であること
7) その地域での人々の居住がある程度一貫した歴史性を有していること，つまり稀な自然現象に対してでも地域の歴史的記憶として伝承機能をもっていること
8) 自然現象に関する地域固有の「ことば」が共有されるための言語的文化が存在すること

このように調査地域を考えると日本海地域のほかにはヨーロッパの地中海が思い当たる．地中海は東西 *3,500km*, 南北 *1,000* ～ *1,500km* であり，イタリア半島で *2* つに分断されたとみても日本海の *2* 倍程度である．その空間的なスケールは気象現象を想定すると，シノプティック・スケールとしての現象でおさまる範囲である．緯度は中央部の海域で北緯 *35* 度から *40* 度で日本海の緯度にほぼ同じ中緯度である．日本海の場合には，中国大陸から朝鮮半島を経て，日本海の海域を日本列島に向かって，温帯低気圧が通過し，沿岸地域に影響する．地中海にも同様の現象が起こる．

さらに地域を絞り込むとすれば，ヨーロッパの地中海沿岸のとくにアドリア海沿岸が良さそうである．上の *1)* から *6)* の地理的条件は十分満たしている．

地域社会が自然現象に対して顕著な体験を伝承するためには，いくつかの条件が必要である．その条件とは，その自然現象が地域のほとんどの

人が共有できるような強さと大きさを示すこと，体験が共有された後に追体験できるように再現周期（再現時間－ある期間内で考えれば発生頻度）が人の寿命に対して適当であることなどが求められるが，アドリア海はその条件を満たしている．

7), 8) についてもアドリア海沿岸には古代ギリシャ，ローマ時代以来，中世にはヴェネチアを中心にした海上交通の場という歴史があり，その後もさまざまな言語と文物が行きかう歴史と文化が豊富に蓄積しているので，これらの条件も満たしている．

このような条件のそろった地域の人々の関心が自然現象に及ばないはずはない．沿岸各地で生き延びてきた人々の生活史には必須の知識が残っているはずである．

これまで筆者が行っていた日本海の沿岸調査では古くから韓国と日本の間に言語的，文化的の交流があったために多くの共通性が見られるのは当然という側面があった．しかし，遠く離れた地中海と日本海では，直接的な言語的･文化的交流があったという前提がほとんどない．したがって，アドリア海の調査では「不明確な仮説・推測」を明確にしてくれる可能性がある．もし，ここにも伝承表現の共通性があれば，そこから沿岸に住む人々には地域性を超えた共通の風土的環境観－これは人間としての共通性に根ざす環境観－の存在が示唆されることになるだろう．差異についても，白紙の状態に近いところから風土的環境観の違いを議論できるだろう．

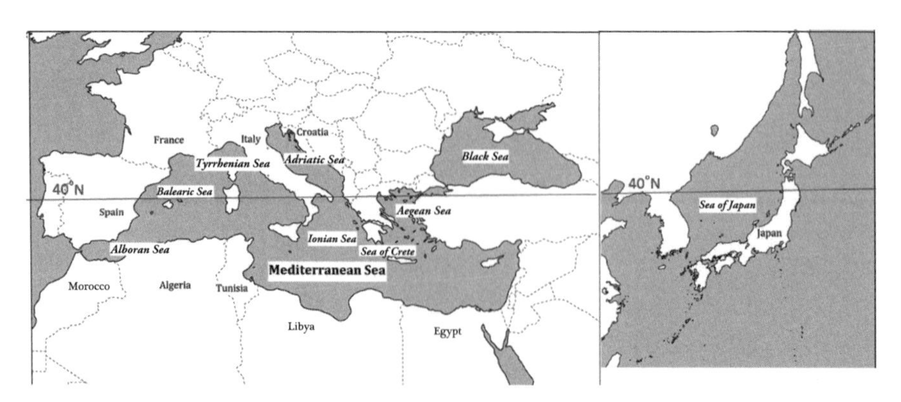

Fig.1-2 Comparison view of the Mediterranean and the Sea of Japan.

1-4. アドリア海の地理

さらに詳細に地中海の東部アドリア海に注目してみよう．

ヨーロッパ地中海と日本海の緯度はほぼ同じである．この緯度帯では年間を通じて四季が移り変わり，温帯低気圧，移動性高気圧の影響を受ける．海域の広さは，日本海は約 *978,000 km²*，地中海は約 *2,500,000 km²* である．つまり地中海は日本海の約 *2.5* 倍の広さがある．

その東に位置するアドリア海は長さ *783km*，平均幅 *170km*．面積 *138,595k*㎡で，日本海の *1/7* の広さである．筆者がこれまで調査した日本海の範囲は南半分であったので，調査対象地域の比較では *1/4* 程度である．この空間スケールであればひとつの自然現象に対して海域全体が影響を受けることが予想される．そのため，ある伝承表現の発端となる自然現象が見いだされやすい．加えて，アドリア海沿岸は古代からさまざまな

Fig. 1-3 Italian Peninsula and the Adriatic Sea

民族が行き交い，居住し，多様な文明が築かれた場所である．つまり人が住み，歴史があり，文化が蓄積されている．

さらに注目しなければならないのは地形の特徴である．日本海の西側の朝鮮半島東側の地形，日本海東側の日本列島西側の地形，そしてアドリア海東側の地形と大気の動きについても，類似性という観点から見ることができる．

朝鮮半島東側には脊梁（せきりょう）山脈としての太白（テーベク）山脈が南北に走行している．このため沿岸は西側がなだらかであるのに対して，日本海に沿った東側の沿岸地域は高い山々から急激に海岸に落ち込むように傾斜地が多い．日本側の沿岸も多くの地域が山脈に沿って急斜面になっている海岸が多い．東北地方から南に向かって見ていくと，出羽山地，新潟山脈，飛騨山脈と続き，西日本では方向が東西になるが中国山地と沿岸の地域のほとんどが後背地として高い山を擁する．

アドリア海はイタリア半島とバルカン半島に挟まれた海域で東のクロアチア沿岸は世界的な観光地となっている．沿岸の街は夏のリゾート地として有名で欧米の人々がヨット，クルージングを楽しみにやってくる．

その大きな理由は *1,000* 以上あるといわれる島々と海岸の複雑さと歴史的建造物の数々，海水の透明度，外洋の太平洋や大西洋とは違った比較的穏やかな海の魅力であろう．*2013* 年時点で *500* カ所以上のヨットハーバーがあり，*10* 万隻以上のセーリング・ボートが登録されているという．

一方で，災害救助件数も多く，年間約 *800* 人，約 *200* 隻が救助されているという（*Klarić,2013*）．この中には後述される *Bura*（ブーラ）や *Jugo*（ユーゴ）などの強風，高波，あるいは天候の急変や竜巻，雷雨によるものが少なくないと思われる．

第 *3* 章で紹介される調査結果の各地点に対する土地勘を得ておくためにも，おもな沿岸地域を辿ってみよう．

アドリア海はイタリア半島とバルカン半島に挟まれた海域で，北西の端には世界的に有名なイタリアの観光地ヴェネチア（Venezia），その東には軍港として知られたトリエステ（Trieste）がある．

クロアチアに入ってアドリア海の東側沿岸に沿って南下すると伊豆半

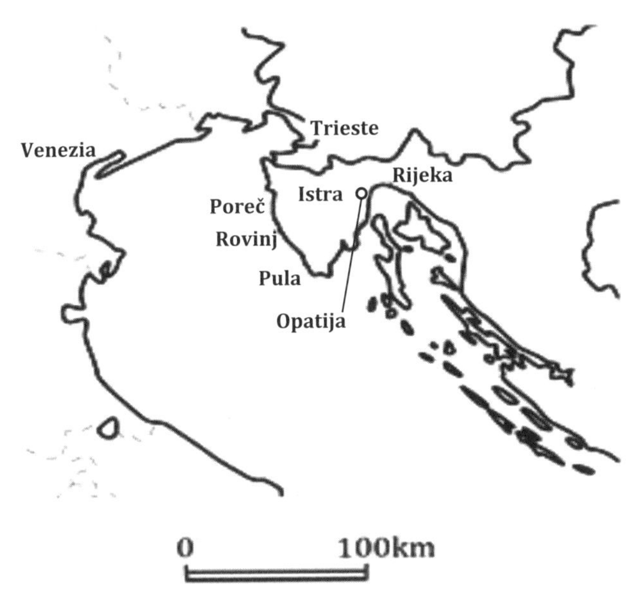

Fig.1-4 Istria peninsula.

島を連想させるイストラ半島の町々が複雑な地形の中に点在する．

伊豆半島に例えれば，西伊豆の土肥あたりに相当するのが Poreč（ポレチ），松崎あたりに相当するのが Rovinj（ロヴェニ），半島の南端近くに Pula（プーラ），そして半島の東，熱海あたりに相当するのがオーストリア・ハンガリー帝国の時代からリゾート地として発展した Opatija（オパティィヤ）である．オパティィヤと東に隣接する町 Rijeka（リエカ）はイストラ半島の付け根にあたり，クロアチア有数の港湾都市である．ここから沿岸を南下していくと風光明媚なダルマチア海岸となり，夏はヨーロッパ各地や世界中からリゾート客を集める町々が連なる．

リエカから程遠くない Bakar（バカル），この町は *13* 世紀から *18* 世紀にかけてはアドリア海交易の重要な港として発展した．ここの地形は *T* 字湾となっていて天然の良好で，かつてはマグロの追い込み漁が行われていた．*19* 世紀中ごろにはクロアチアの海洋学校が設立され，海事関係専門家の養成が行われた．第 *2* 章で紹介されるモホロビチッチ（*Andrija Mohorovičić*）もここで気象学者として教鞭をとっていたことがある．しかし，*1970* 年代にコークス生産のプラントがつくられ，環境破壊の地として打ち捨てられるように衰退したという数奇な運命の場所でもある．

ただ，付近の山地では，急峻な地形にもかかわらず良質なワイン用のブドウが採れたため，*Bakarska vodica*（バカルスカ・ヴォディツァ）などの良質なワインの産地でもある．この一帯がワインの産地であることを記憶しておくと第 *3* 章で紹介される「強風がワイン畑を刈り込んでいく」といった地域の表現が身近になると思われる．

さらに南下するとクロアチアの人々にとって身近なリゾート地，Crikvenica（ツリクヴェニツァ），Selce（セルツェ），Senj（セニ）が続く．

この地域は強いブーラが吹くことで有名であるが，とくに，*Senj* のブーラは有名である．

そしてローマ時代の城壁遺跡が有名な Zadar（ザダル），Šibenik（シベニク），Split（スプリト），Dubrovnik（ドブロヴニク）と有数の観光地が続く．

Zadar 周辺の地域は俗に *Paška rebra*（パシュカ・レブラ，パグの肋骨）

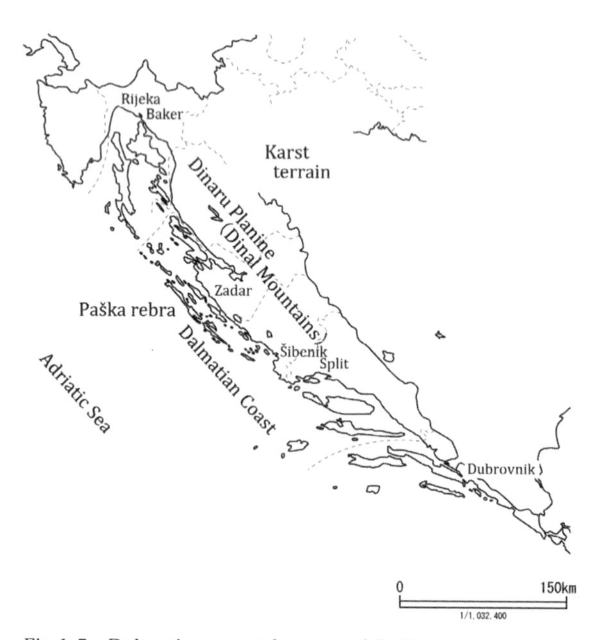

Fig.1-5　Dalmatian coastal area and Paška rebra

と呼ばれる地形が特徴的で，北西から南東方向に平行な洗濯板のような凹凸地形があり，その多くが海と隔たれた島を形成している（*Klarin, M. , et al., 2003*）．

したがって島々の多くは *Fig. 1-5* にみられるように細長い．Zadar から最も近い島に Ugljan（ウグリャン）島がある．

Šibenik の近傍の地形も複雑で Jezera（イェゼラ），Betina（ベティナ），Murter（ムタ）などの小さな漁村がある．これらの小さな町はここ半世紀の間に貧しい漁村から富豪が所有するような豪華なクルーザーのヨット・ハーバーに変わりつつある．

Šibenik からさらに約 *40km* でクロアチア第 *2* の都市 Split，さらに *150km* 南下すると近年とみに観光地として有名になってきた Dubrovnik となる．

アドリア海は現在でも多くの航路が発達しているが，対岸のイタリアまで最も近い航路は Split から西に約 *230km* の Ancona（アンコーナ）である．

やり方は違ってもゴールが同じというようなときに，「全ての道はローマに通じる」ということがある．ローマ帝国が全盛のころは世界中の物資がローマに向かう道路で結ばれていた．その象徴が松並木で有名なアッピア街道である．この街道はローマを基点として，イタリア南部，アドリア海の入り口に近い Brindisi（ブリンディジ）という港町で終わる．ローマ街道はここからは海路が使われたのである．

イタリア側の Brindisi，さらにその南の Lecce（レッチェ）がアドリア海の西の入り口にあたり，バルカン半島側の東の対岸はアルバニアである．

アドリア海の海域を語るとき，北のヴェネチアの辺りをヴェネチア湾，オパティヤとリエカ，ツリクヴェニツァの辺りをクヴェルナル湾，そこからドブロヴニクあたりまでの海岸をダルマチア海岸，そしてアドリア海の出口にあたる海峡をオトランド海峡，その外がイオニア海，さらにギリシャの東がエーゲ海という位置関係である．

アドリア海の沿岸を中心に紹介したが，地理的な特徴からはバルカン半島をほぼ南北に連なるディナル・アルプス（*Dinaru Planine*）の存在を忘れることはできない．バルカン半島の北部クロアチアの地形は東部が牧歌的な草原，内陸部がカルスト台地，そして西に進んで急峻な山々を越えるとさらに急な地形を経てアドリア海の海岸の町や漁村に達する．歴史的には，ローマ時代，ヴェネチアの全盛期，それ以降の数世紀までは海上がおもな交通手段であったためにアドリア海の町や都市といえば，要塞，交易船の立ち寄る場所，あるいは航海する船や軍船，漁船の避難する沿岸の場所が町となって栄えた．

この海岸に沿った東側の脊梁山脈の存在が局地風の特徴を見るときに極めて重要である．

ユーラシア大陸の西と東という違いはあっても，大陸に優勢な高気圧が発生すると，その吹き出しがアドリア海ではディナル・アルプスを越えた山越え気流となり，韓国では太白山脈（태백산맥）から吹き下ろす気流となる．さらに日本海を越えて影響を及すときには，各地で「おろし」系の風となり，季節は違うが，夏の太平洋高気圧に覆われた日本であれば日本海側の地域には山から吹き下ろす山風（やまかぜ）となる．しかもこれらに共通するのは，いずれの地域とも後背の山地の地形が複雑なことである．

これを周期的な自然現象の変化と重ねてみれば，夏や冬の高気圧の張り出しと季節風あるいは温帯低気圧の通過など周期性が明確な地域となる．

すでに日本海の調査はいくつかの興味深い結果をもたらしてくれているので，同じような地理的条件，気象・海象的条件のもとで比較や共通性を確認できるのではないか，これがアドリア海沿岸調査への期待である．

筆者の調査の内容はその伝承表現の数々すなわち風に対する表現，波に対する表現，気象変化など宏観的観察にもとづく伝承表現である．

伝承表現は自然現象体験と結びついているために，その地域社会でこそ意味をもつ．個々の伝承表現は異なっていてもその表現の発想のもと，地理的条件あるいは同じような条件下の自然現象を受容する人々の心情には類似性がある．

これまで筆者が行った日本海の西沿岸の韓国と東沿岸の日本，あるいは地中海での限られた文献調査から，言語文化の異なる各地であってもおもな伝承表現の特徴から類似性が見いだされている．そうであれば，おそらくアドリア海沿岸の人々も類似した表現をしているのではないか，自然現象の変化という環境を受容する人間としての共通性があるのではないか．

地域の沿岸の村や町をひたすら歩き，時には人々に不審者のように思われながら，また時には名所旧跡にはあまり興味を示さない風変わりな旅人のように思われながらの地味なフィールド調査が「新たな発見」と犯人探しの「謎解きの旅」のようになって，しかも哲学的な「認識論の具体的証拠」の数々を提示できるという少しばかり崇高な目的をもった，好奇心に駆られる楽しみになるといっても過言ではない．

1-5. 日本海の風土的環境観

1-5-1. 風の古い呼称と現在の呼称

i）韓国の事例から

著者の既往調査（矢内, *1999*, *2000*）から，韓国の古い方位の呼称と各地で実際に使われている呼称の違いを紹介する．この図表のハニ(ハヌ)は寒意と漢字があてられているように寒い風が吹く方向という意味の風位の呼称である．この寒意は中国の漢字例では「西風がとても強い」と使われるように「緊」がついて「緊寒意」(北西＝とても寒い)という意味になり，緩やかという意味の「緩」がついて「緩寒意」(南西＝穏やかだが寒い)となっている．

Table1-2 および *Fig. 1-6* は韓国における古い羅針図（*Compass rose*）の呼称である．

これらの呼称のうち，現在，韓国の *13* カ所の東部沿岸地域で実際の風の呼称として使われているものを調査すると，古い方位の呼称のうち使われているのは，마〔*Ma*, マ〕と사〔*Sa*, サ〕，そして하늘〔*Haneul*, ハヌ〕である．それ以外の調査では現れず，呼称は廃れたと思われる．

現在でも使われている呼称の中で하늬바람〔*Hanui-baram*, ハヌバラム〕

Table1-2 Korean old wind names

風向 Wind direction	漢文字 Chinese characters	ハングル表記 Hangul notation
N	高，後	고, 후
NE	高沙	고사
E	沙	사
SE	緊麻	긴마
SE	麻	마
SW	緩寒意	안하늬, 안하의
W	寒意	하늬, 하의
NW	緊寒意	긴하늬, 긴하의

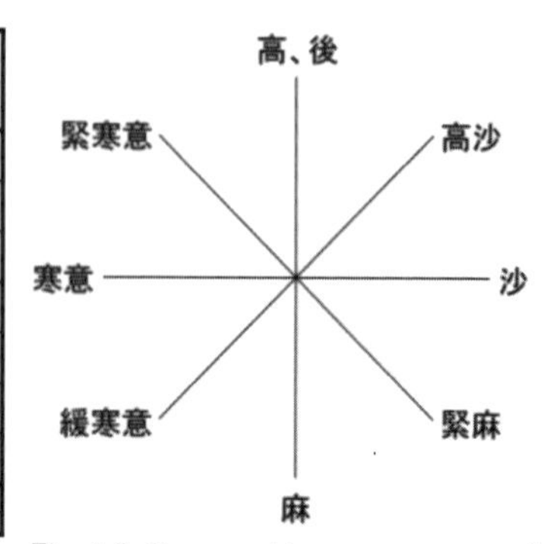

Fig. 1-6. Korean old compass rose and directions

および하의바람〔*Haui-baram*，ハニバラム〕に注目してみよう．

하늬바람〔*Hanui-baram*〕，하의바람〔*Haui-baram*〕はどちらも寒いという意味の韓国語하늬，하의と風という意味の바람からなる．この名称は冬の季節風すなわち寒い風が吹く方向という象徴的な意味から *W* の呼称となった．

しかし，沿岸地域の人々が認識しているこの風は方向というより風の性質であり，その方向は，*13* カ所の調査地域のうち，本来の *W* 風という地域が *4* カ所，*NW* の方向から来る風であるという認識が *4* カ所，*WNW* が *1* カ所，*NNW* が *2* カ所となっている．また，호미곶（*Homi-got*，ホーミ岬）ではバラつきが大きく *NNE* 風という．

さらに特徴的なのは，南部の釜山近郊の地域では，この寒風という意味の呼び方が存在しない．これは南部の地域ではこのような寒い風が吹かないため，人々はこの呼称を使うことがなくなり，廃れたと思われる．

つまり，風位の呼称はその風が吹かない地域では無視されるということである．

風の名前は方位を示す *Compass rose* に由来するが地域社会で使われるうちに風の伝承表現になり，さらに地域の地理的特徴によって無関心な呼称は欠落していく．逆に注目すべき方向に対しては多くの伝承表現が存在する．

韓国に伝わった風の古語のうち，마바람〔*Ma-baram*，マバラム＝南風〕という風位の呼称は，韓国の東南部釜山近郊では使われるが，南風があまり体験されない北部の東海岸地域ではこの古語は廃れてしまって，現在使われることがほとんどない．同様に日本の沿岸でも関心の少ない，あるいはほとんど地域ではその方向から吹かずに体験されない風に対しては伝承表現がないことがある．

また，風位の呼称は地域の生活に関係しないものも欠落していく．

風の名前は東西南北などの方位と対応させて名付けられる．しかし，その名称が各地域に伝えられていても，個々の地域の地形や風向特性から日常的に風の吹く方向の名前しか残らない．これまでの筆者の調査研究では日本の沿岸地域，韓国の沿岸地域ではほぼ立証できる．

ii）日本の方位の呼称と風の名前

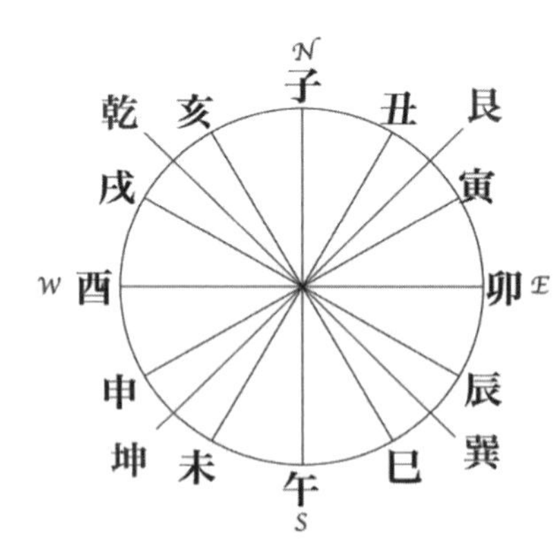

Fig. 1-7 Japanese traditional direction, by the twelve zodiac signs in Chinese geomancy.

日本では方位の分割のし方として，中国から伝わった *12* 方位が使われ，その名称には暦に使われる干支（えと）（*the twelve zodiac signs in Chinese astrology*）が当てられている．

この方向と名称を示した（*Fig. 1-7*）．

また，易（*divination by Chinese geomancy*）と呼ばれる占いに用いられている方向の名称も使われた．この名称は *8* 方位に一致している．

このような文化的背景のもとで，基本的な *4* 方位を表現する東西南北ということばが一般に普及していた．干支をもとにした方位と易で用いられた名称を方位にあてはめたもの，さらに東西南北の関係を *Table 1-3* に示した．

日本では方位の呼称である干支をもとにした風の呼び方は乾（イヌイ）

Table 1-3 日本の伝統的な方位と東西南北の関係

	N	NE		E	SE		S	SW		W	NW	
Classical 12-directions	子 Ne	丑 Ushi	寅 Tora	卯 U	辰 Tatsu	巳 Mi	午 Uma	未 Hitsuji	申 Saru	酉 Tori	戌 Inu	亥 I
Cardinal directions (Oriental Zodiac)	坎 Kan	艮 Kon		震 Shin	巽 Son		離 Ri	坤 Kon		兌 Da	乾 Ken	
Cardinal directions	北 Kita			東 Higasi			南 Minami			西 Nishi		
One of the traditional wind names	北気 Kitage			東風 Kochi			南風 Hae			西気 Nishige		

と丑寅（ウシトラ：艮）が現在も使われているが，それ以外はほとんど廃れている．

つまり，日本の古い方位の呼称と風の名前はもともと区別されている傾向がある．そのために地域社会では風の一般的な呼称である東西南北よりも，地域独特のさまざまな呼称が数多く存在し，実際に使われるようになっている．もちろんこれらの多くは歴史的な呼称も踏襲している．

日本における方向の表現と日本海沿岸の風の呼称を比較したのが *Table 1-3* である． *Table 1-3* は，方向が干支によって示されている．下の欄は風の名前の例である．東西南北がそれぞれ東・東風（ヒガシ・コチ），西・西気（ニシ・ニシゲ），南風・南（ハエ・ミナミ），北・北気（キタ・キタゲ）と名前が付けられている．

さらに地域による違いも数多くある．日本全国各地の風の名前に関しては関口（*1985*）が事典を出版している．しかし，調査結果の分類を見ると，*8* 方位や *16* 方位まで示す細かい区別をした全国共通の伝統的な標準名はないと考える方が各地の調査結果に一致する．

日本の日本海側沿岸においても風の名前は方位の呼称と多くが混同しなかったために地域特有のさまざまな風の呼び方が展開された．

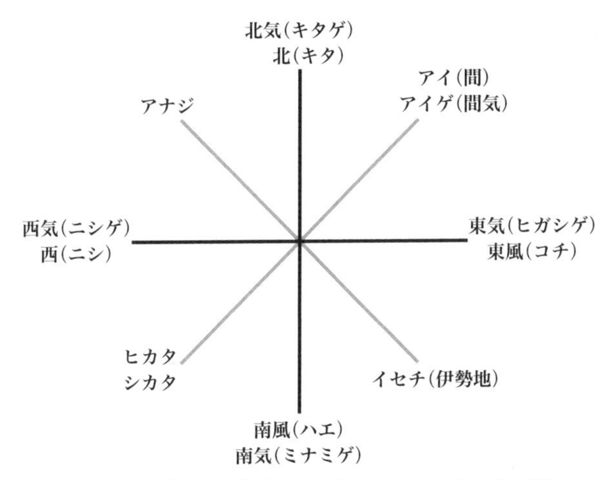

Fig. 1-8 Azimuth and wind names (some regions) in the Edo era. Illustration by the author from “Tsuda family’s document” (Maizuru City, Kyoto Prefecture)

東西南北からの風の標準的な伝承的呼称は，コチ（*E*），ニシ（*W*），ミナミ（*S*），キタ（*N*）とそれぞれ方位の呼称と併用されているが，そのほかに風そのものの呼称として，ヒガシゲ，ニシゲ，ハエ（ミナミゲ），キタゲ，ヒカタ（シカタ，*SW*），アナジ（*NW*），アイ（アイゲ，*NE*）などが使われている．

しかし，これがそのまま各地に行きわたり一律に普及したわけではない．東西南北の呼称は地域ごとに異なり，各地にさまざまな風の呼称がある．

京都は古くから日本の文化の中心であり，全国各地への知識の発信地でもあった．その京都府舞鶴市の津田家には，海洋観測資料『夏汐満干伝』という江戸時代（安政*3*年，*1858*）の文書が残されている．その中に風向きについての記述があり，それぞれの風の解説がされているが，それを抜粋し，*8*方位に描いたのが*Fig. 1-8*である．

ⅲ）地域風と柔軟な方位

日本列島は中部の能登半島を境に折れ曲がっており，北側は南北に沿って長く，南側はむしろ東西に長い．すなわち北部分の日本海側は，東側が山あるいは陸，西側が海となっている．一方，南部分は南側が山あるいは陸，北側が海となっている．この地形的特徴を理解した上で能登半島を境に北日本と西日本に日本を分けて特徴を整理すると，風の名前と方向の分析に役立つ．

*Figure 1-9*と*Fig. 1-10*は陸からの風：ヤマセ，アラシ，ダシの西日本と北日本における吹いてくる方向の分布である．

西日本における陸風（ヤマセ，アラシ，ダシ）はほぼ南（*S*）から吹き，北日本における陸風（ヤマセ）はほぼ東（*NE*と*E*）から，同じ陸風のアラシ，ダシは東から南（*E*，*SE*，*S*）から吹くとみなされていることが分かる．このように地域が使う風の呼称はその地域の地形によって，方向が変化することが分かる．

このようなことから，風位の呼称はやがて地域特有の使われ方となることが分かる．

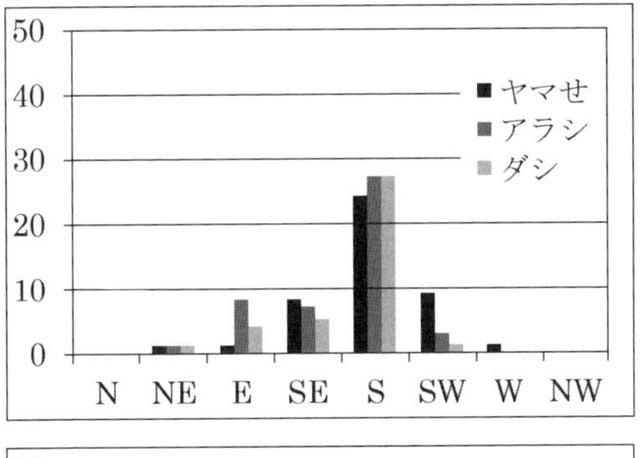

Fig.1-9 Winds distribution of Western Japan

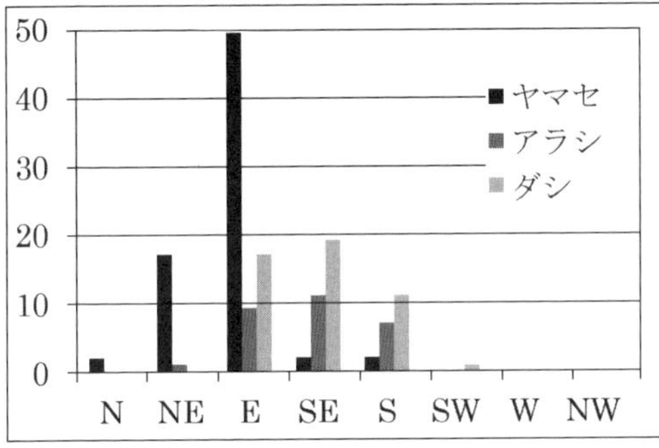

Fig.1-10 Winds distribution of Northern Japan

地域での風位の呼称は方位を表していたものが，各地域に伝わるうちに柔軟な使われ方をする．したがって，風の呼称からは，正確な方向を特定することはできないことになり，むしろ風の呼称はおよその風向範囲を示し，時にはかなり広い領域を指すことがある．

1-5-2. 風の呼称と語彙の変化

ｉ）伝承表現の類似性

現象の変化などは伝承表現に接頭語や接尾語などをつけて表現される．例えば，オオクダリ（大下り:下り方向から来る大波），ドクダリ（ど下り:下り方向からの強風），シロハエ（白南風:天気のよい南風），クロハエ（天気の悪い南風），オオバエ（南の強風），アオアラシ（天気の良い日の陸風），アオキタ（晴れた日の強い北風）などである．韓国にも，왁새바람〔*Wak-*

sae-baram，ワクセパラム：強いセパラム〕，독새바람〔*Dok-sae-baram*，トクセパラム：強いセパラム〕などがある．

大気現象の変化や性質の違いは，風の呼称に接頭語や接尾語などをつけて表現される．そのヴァリエーションは直感的に意味が分かるものが多い．すでに，いくつかの文献ではヨーロッパ地中海やアドリア海においても同じような表現が見いだされる．さらに詳細な調査を行えば，この変化形の体系が見いだされるだろう．そこで，「伝承表現に接頭語や接尾語などをつける方法には地域を超えた類似性がある」と仮説を立ててみることができそうである．これらについてはアドリア海の調査と比較して第*4*章でさらに詳しく考察される．

ii）統合感覚による観察

視覚ばかりでなく，聴覚，嗅覚，皮膚感覚などを総動員して印象を知らせようとする表現がある．すなわちホリスティックな現象の受け止め方をしている結果，共通感覚から生まれた伝承表現がある．

寒い，暑い，ジメジメするなど，皮膚感覚（体感）による印象を直接的に表現する呼称がある．日本ではアカ - カゼ（赤風：海を赤い色にする風）．ジュル - キタ（じゅる北：湿った北風）がある．

変わったところでは，ドウドウドン（擬音），뭉달나블〔*Mungdaldabul*，モンダルナブル〕がある．뭉달（モンダル）は棍棒，나블（ナブル）は波で，棍棒で海岸をたたくような音がする波という．これらは音響などを擬音化したものもある．

また、皮膚感覚で環境を知覚する伝承表現も数多くの類似性がある．ただし，五感のうち視覚，聴覚，嗅覚，皮膚感覚のどれに重点がおかれるかは若干異なる．ボンボロカゼ（擬音：乾いた熱風が粗末な屋根を揺らしている光景），더비나블〔*Deobi-nabeul*，トピナブル：暑い波〕などは暑さに注目している．

自然観察では，視覚ばかりでなく聴覚や皮膚感覚が重視される．むしろこれらの感覚を統合した観察を経て伝承表現を生み出している傾向がどちらの沿岸の人々にもいえるようである．

Table 1-4 Similarity between the sensitive wind names of Japan and Korea

Types of feeling	Japanese expression	Korean expression
低温体験 Low temperature experiences	ボウズゴロシ (Bouzu-gorosi) クロギタ (Kurogita)	수영강내기 〔Suyeonggangnaegi, スヨンカンネギ〕 원산내기 (Wonsannaegi, ウォンサンネギ) 정갈기 (Jeonggalgi, チョンガルギ) 찬질 (Chanjil, チャンジル)
高温体験 High temperature experiences	ボンボロ風 (Bonboro-kaze) ボウボウ風 (BouBou-kaze)	더비멀기 (Deobimeolgi, トピモルギ)
触覚・皮膚感覚 Tactile sense	ナメタレオトシ (Nametareotoshi)	
湿り気体験 Moist experiences	シブキタ (Shibu-kita) ジュルキタ (Juru-kita)	샌날졌다 (Saennaljeotda, センナルチョッタ)

さらにこのような皮膚感覚の体験から生まれる伝承表現は，その地域の自然環境の過酷さや生活スタイルとともに人間としての感性に結びつくので，「日本人の感性は濃(こま)やかで…」という固定観念を覆すような結果が得られるかもしれない.

iii）海象現象に関する伝承表現

当然ながら，地域の人たちは海象現象も観察しているのであるから，風のケースのように波に対しても地域特有の呼び方があるはずである．日本および韓国沿岸には波の伝承表現が豊富であることは筆者の既往調査で明らかになっている（矢内 , *op. cit. 2005*）.

海洋現象に関しては，とくにうねり（*swell*）は韓国沿岸にも日本の沿岸にも到達するために，同じ波浪現象の観察から良く似た伝承表現が存在する．例えば，うねりについて日本海沿岸でよく知られた「寄り回り波」[注1)] という伝承表現があるが，おなじうねりを韓国では군등나블

〔*Gundungnabeul*, クンドゥン・ナブル〕と呼ぶ．また海底の内部まで海水が動くようなエネルギーの大きなうねりに対しては，웅둥나블〔*Ung-dungnabeul*, ウンドン・ナブル〕という表現があり，日本の「根強い波」という表現に相当する．

iv）宏観現象への関心

植物や動物の生育や行動を含んだ宏観的観察からの伝承表現がある．

特有の自然現象に対して，注意深い宏観的な観察と経験の蓄積から，その宏観的な変化をする植物・動物，その他に因んだことがらを見いだして，その現象の呼称にしているものがある．韓国沿岸には，미역나블〔*Miyeogwi-nabeul*, ミヨキナブル：ワカメナミ，昆布波〕，호박나블〔*Hobang-nabeul*, ホバクナブル：カボチャ波…カボチャの収穫期の波〕，해당나블（*Haedang-nabeul*, ヘダンナブル：椿の咲く頃の波〕などがある．洋の東西を問わず，その地域の農産物や動植物特性を包括的に含んだ現象理解がされている可能性もあるだろう．

v）天候変化に関する伝承表現

観天望気の一番の有効性は地域社会において翌日の気象や海象の予測ができるということであった．もちろん今日の科学技術的な予測とは精度も適用範囲も違う．地域の人々は天候変化に注目して観察しているのであるから，天候やその変化に対しても地域特有の伝承表現があるはずである．いわゆる“天気の俚諺（りげん）”である．

そしてこれらの天気の俚諺は，伝承表現のヴァリエーションから組み立てられている．

時々刻々と変化する風という自然現象は風の呼称のヴァリエーションによって表現される．海象の変化は波の呼称や海面の状態などによって表現される．ごく狭い範囲を対象にすれば，これらの地域社会の経験の蓄積は予測として実用的である．“天気の俚諺 ”に関しては，すでに日本の研究者が事例を報告しているが，アドリア海では，さらに多くの事例が得られるだろう．

人々が自然現象の変化を風の変化で認識するとき特別の認識をする風があり，その名前は同じでも他の地域では違った意味で使われていないか．筆者のこれまでの調査では，オヤカゼ（親風）はこれから起こる現象のもとになる方向の重要な風という認識をする地域があった．とくに顕著な自然現象の前兆などでは，その前兆風が特別なものになる場所があったりする．

1-5-3. 風は何を連れてくるのか

i）彼方への“おもい”と地域愛

風は寒暖や気候の変化，天気の変化を告げる使者のようでもあり，見えないだけに想像力を刺激する存在である．このような人間の心情のもとで伝承表現を見てみると，風そのものを「雰囲気」，「人・者」，「人智を超える存在」という見方が現れてくる．われわれの調査によると地域社会で使う「風」という言葉もこのようなニュアンスが見いだせる．

日本語では風は，“風”(かぜ）あるいは“風”(ふう)，韓国語で風は，“바람”〔*Param*〕が共通語である．しかし，伝承表現を見ると昔の人々の自然観が現れる．

まず，雰囲気についてはゲ（気）という空気や呼吸を意味する気（き）から変化した日本の伝承表現が思い出される．カミゲ（上気)，シモゲ（下気），オキゲ（沖気），ニシゲ（西気）などである．韓国にも갈바람〔*Gal-baram*, カルパラム〕を갈기〔*Gal-gi*, カルギ〕という地域があり，風を気(기)と同様に捉えているようすが伺える．

日本では，モン（*Mon*）やモノ（もの）を風の呼称につけることが多い．例えば,“越中もん”（エッチュウモン）や“大山もん”（オヤマモン，ダイセンモン)，“ヒノシタモノ”（ひのしたもの）などである．

韓国では“내기”（*Naegi*）がつく수영강내기〔*Suyeonggang-naegi*, スヨンカンネギ〕, 원산내기〔*Wonsan-naegi*, ウォンサンネギ〕などが“바람”（*Param*, パラム）以外にしばしば使われる．この“내기”（*Naegi*）は日本語の“者”（もの，もん）と同じ人を指し示すことばと同じ語調の

口承・伝承表現である．このことから風の吹く方向に対して，彼方の人に思いをはせる人々の心情があるものと思われる．

韓国沿岸には東風を일본바람〔*Ilbonbaram*，イルボンパラム〕という伝承表現がある．“일본”は日本のことであり，日本から吹いてくる風という意味である．同様に북촌바람〔*Bukchon-balam*，プッチョンパラム，東海上政里〕，원산내기〔*Wonsan-naegi*，ウォンサンネギ，大浦九萬二里〕がある．“북촌”（プッチョン）は北の村のことであり，원산は朝鮮半島北東の最高峰원산（元山）を指している．もちろんその方向から吹く風である．

日本の沿岸でもトヤマモン（富山者：石川県門前町から見た東の方向の風），エッチュウモン（越中者：石川県，新潟県から見た北東方向からの風），ダイセンモン（大山者：鳥取県沿岸では背後に伯耆大山がそびえていてこの方向からのおろし風），ナオエツモン（直江津者：直江津の方から海岸沿いに吹く風），など地名を冠した風の伝承表現は多い．

さらに局所的には，風の吹いてくる場所の名前を詳細につけて，吹きだし方やその風の性質の違いを表現しようとする．ヒメカワダシ（姫川ダシ）は新潟県青海町の表現だが，姫川は近く川の名前），同じようにセキカワダシ（関川ダシ）などまさにローカルである．

地名との関係でつけられた風の呼称には，海を隔てた対岸への思いや遠方の「未だ見ぬ地」への思いが込められる場合と狭い範囲の吹き出し口などに由来する「ご当地もの」があるようだ．このような*2*つの見方に対する人々の心情に地域を超えた共通性があるように思える．

ii）特別な方向認識がある（上下，高低など）

日本海では，北という方角に対する特別の認識がある．キタを高い，タカマワル（高まわる＝温帯低気圧による風向きが変化していくようす），あるいは北はカミ（上），さらに先進文化が運ばれてくる方向がカミ（上），その逆はシモ（下）などがある．江戸時代中期（*18*世紀中ごろ）から明治*30*年代まで上方（大阪）から日本海沿岸に文物を運んだ北前船の航路に一致する上り下りが文化だけでなく風や波の来る方向の名称になって各地に残っている．さらに地理的な上りと下りなど，地図や平面図などとも関係する伝承表現である．

交易という観点から，世界各地の航路と物資の流通，これらのもたらされる方向と上下の表現は日本以外にあっても不思議はない．

1-5-4 人智を超えた“もの”の存在

ｉ）年中行事や宗教行事に因んだ伝承表現がある

韓国では年中行事や歳時記と風や海象現象を結びつける表現が残っている．오월던오새〔*Ooel-deonosae*，オーウェルタノセ〕は五月端午の節句（*5* 月 *5* 日）に吹く東風をいい，칠석바람〔*Chilseok-baram*，チルソク・パラム〕は七夕（たなばた：*7* 月 *7* 日）の風などである．日本にはよく知られた土用波がある．伝統行事や歳時記，宗教行事のタイミングで頻発する現象にはその行事の名称に自然現象の呼称を重ねる傾向がある．

ヨーロッパ地中海地域でもキリスト教行事や民間行事に因んだ伝承表現があることは歴史と文化の関係から十分考えられる．

ⅱ）天気の変化を「正常」あるいは「奇妙」とみなす心象

平常時の *1* 日をパターン化した日変化を「正常」とみなす．一方で，頻繁に変わりやすい *1* 日を「異常」あるいは「正常でない」「奇妙」と表現する見方があるのではないか．

人々は自然の兆候から，今日が正常な日であるか異常な日であるかに注意を払う． 彼らにとっては，ノーマルな日とは秩序だっていて，これまでに何度も体験した安定した日である．一方，彼らにとって異常な日とは，頻繁に天候が変わり不安定な日を指す．このようなとき，人々は頻繁に変動し，不安定な日を「奇妙な日」または「不完全な日」と呼ぶ．このような天候に関する見方は日本とマルタに例があった．さらに地中海沿岸にも類似した見方を得られるかもしれない．

iii）危険な体験と共存するために

沿岸地域の人々とくに漁業従事者は，常に強風や高波あるいは遭難の危険にさらされる．そのような過酷な体験を地域社会で教訓的に共有するときにはあまりにシリアスな表現は避けて，むしろ自虐的，ユーモラスに伝える傾向があり，そのような工夫がされた伝承表現が存在する．いいかえると危険な体験やつらい体験を自虐的，ユーモラスに伝える伝承表現が存在する．

iv）擬人化・神格化

L. Watson（*1984*）は風に関する多くの民族神話に見られる傾向として，「風は洞窟に潜んでいる何者かがつくり出す現象」ともともと風の吹き出す方向に神秘的な存在，あるいは神のような存在を人々に想像させたのだと述べている．

この傾向も文化や地域を超えて人間に共通する心情に根ざしているのではないだろうか．なぜなら，風は大気を運んでくると同時にフェーンのように季節を運び，また帆船時代には文物をもたらしてきたからである．イタリアルネサンスの画家ボッティチェリの代表作に描かれる『プリマヴェーラ』は季節の訪れを表現していると同時に，春の訪れが春の暖かさにときめく人々の心情をも表している．このようすをルクレティウスは『事物の本性について』で，「春とともにヴィーナスとキューピッドが姿を現し，ゼピュロスは春を呼ぶ強風を吹き立て，フローラは色とりどりの花々と芳香を周囲に満ちあふれさせる」と述べている．

このように風の発生地に思いをはせるとき，その場所が桃源郷のように思えたり，先進的文化の地と思えたり，エキゾチックな場所に思えたり，ひどい極寒の地のように思えたりしたことであろう．

さらに強烈な自然現象や稀にしか起こらないような災害的現象に関しては「人智を超える存在」の姿が見え隠れする．日本において人智を超える超絶な自然現象を擬人化・神格化する表現として，代表的なものにトウジンボウ（東尋坊）がある．トウジンボウは春先の大荒れの海象・気象現象を表現した伝承表現であるが，同じ現象に関して，涅槃荒れ，回向時化，涅槃彼岸の岩起こし，など多くの異名がある．これらは手に負えない僧侶伝説や仏教の開祖や高僧，仏教行事に由来する呼称で，人智を超えた力すなわち宗教的霊験を意識した伝承表現である．

同じような表現が地中海やアドリア海の調査で見いだされれば，伝承表現が個々の民俗語彙としては異なっていても，その表現の発想のもと，つまり地理的条件あるいはその条件下の自然現象を受容する人々の心情には類似性があることが示せるのではないだろうか．さらに，その結果育まれた「その地域の人々特有の自然を見る見方」すなわち風土的環境観にも共通するものがあり，自然現象の変化を受容する人間の心情にも共通なものが存在するといえるのではないだろうか．

このような前提知識をもとにすれば，アドリア海の調査を「新たな発見と謎解きの旅」と表現した意図が分かっていただけるだろう．「謎解き」は洋の東西でも自然環境の表現に共通性があるのはなぜか，ないのか．「新たな発見」とは日本海沿岸の人々の使う伝承表現のほかに興味引かれるような発見はあるか，ということだ．

第２章では調査の旅に出る前にもう少し，アドリア海の風や気候環境についての予備知識を過去の研究や最近の研究動向，各種資料等によって調べておくことにしよう．

注1）寄り回り波（Yorimawari-wave）…移動性温帯低気圧が北海道東方海上で停滞し，発達するとその海域で発達した風浪が日本海沿岸にうねりとなって押し寄せる津波のような波．とくに高波が見られるのは富山湾地域であるが，韓国沿岸にも到達する．

◉第 2 章◉

アドリア海の地域風研究

2-1. 地中海の地域風

2-1-1. 気候変動と局地風

地球は太陽からの光や熱などのエネルギーを受けているが球体なので赤道付近には降り注ぐエネルギーが多く，極地域では降り注ぐエネルギーが少ない．そのために赤道付近の低緯度地域は高温になり，極地域の高緯度地域は低温になる．このエネルギーの不均衡を和らげているのが大気と海洋の動きである．その中でも大気の役割は大きく，低緯度の暖められた大気が高緯度の方に移動することによって，極端な寒暖の差が緩和される．しかし，このときの大気の動きは単純に南から北に動くのではなく，地球が自転しているために発生するコリオリ力の影響を受けて動く．コリオリ力は北半球では大気の運動を右にそらすように動くので，大気が北から南に向かうときには西にずれ，南から北に向かうときには東にずれる．Fig.2-1 に示すように大気の対流のセル（cell：循環）は上空方向に *3* つに分かれている．このために地上付近の大気の流れつまり風を見ると，赤道付近の低緯度地域では大気は北から南に向かい，中緯度地域では逆に南から北に向かうことになる．

したがって，年間を通じて低緯度地域では東からの風が卓越する．これは貿易風（Trade wind）といわれる．中緯度地域では西からの風が卓越してこちらは偏西風（Westerlies）といわれる．

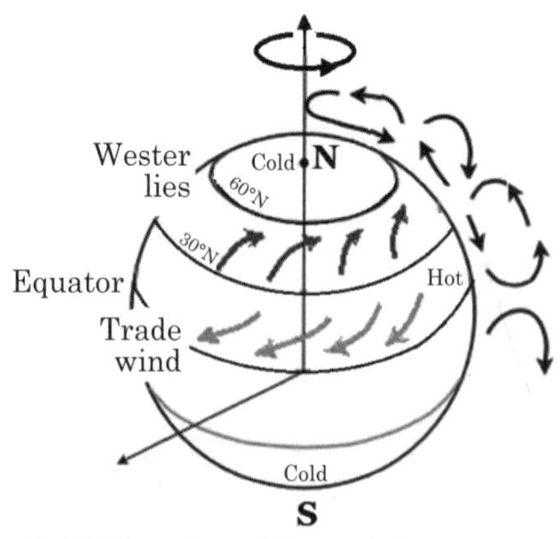

Fig.2-1 Westerlies and Trade wind

また大陸と海洋では表面の比熱が異なるために，夏は大陸表面が暖かく海洋が冷たい傾向があるので海洋からの風が吹きやすく，冬はその逆で，大陸側から海洋側に寒気が吹き出すようになる．夏と冬の大気の流れが変わることがはっきり体感できる地域に住む人々は，これを季節風（Seasonal wind）という．

中緯度の偏西風の強さは季節によって変化する．その強さは冬になると強くなる傾向がある．また，偏西風波動など惑星波の波数と蛇行の仕方や波動の形が季節変動を複雑に変化させる．この蛇行の影響で低気圧が発達し，西から東に移動あるいは停滞する．この惑星波の移動にともなって高気圧も移動し，中緯度地域の気候はさまざまな周期的な変化に富んだものとなる．

このような地球規模の大気の動きにともなって各地には局地風が吹くのであるが，日本海の沿岸地域や地中海地域のような中緯度地域に注目すれば，季節風の影響を受けて年周期で変化するもの，高気圧や低気圧の通過にともなって変化する数日から十数日程度のもの，さらに山谷風や海陸風のように日変化するもの，突然の雷雨などのような急激なものなど多種多様に展開する．

その結果，各地域の人々はこのような変化に富んだ気候と風を体験し，恨めしさや心地よさ，あるいは愛着も込めて特有の名前をつけてきたのだ．

地中海のおもな局地風を H-J. Bolle (Ed, 2003) をもとに Fig.2-2 に示した．この Bolle 編集の『Mediterranean Climate』は近年の気候変動問題に注目して地中海の気象，海象の変化に関する研究をまとめたものであるが，最近の研究で明らかになってきている大気と海洋の変動が遠く離れた地域に影響を及ぼしているとされる遠隔相関（teleconnection：テレコネクション）と従来の局地風にも注目して紹介しているのが特徴である．

テレコネクションでヨーロッパの気候に影響を与える代表的なものとしては北大西洋振動（NAO：North Atlantic Oscillation）がある．NAO は Fig.2-2 の大西洋に描かれたアイスランド低気圧（Iceland Low）とアゾレス高気圧（Azores high）が共に強まったり，弱まったりという周期的な変動によって引き起こされるヨーロッパ全体の気候変化をいう．北大西洋には低気圧が発生することが多くこれがアイスランド低気圧と呼ばれる低気圧である．一方，北アフリカとポルトガルの西にあるアゾレス諸島付近には高気圧が発生することが多く，これをアゾレス高気圧と呼ぶ．これらの低気圧と高気圧はどちらも強くなる場合と，どちらも弱くなる場合があり，不規則ではあるが周期的に変動する．過去の記録ではその周期は *10* 日程度の短いものから年周期，あるいは 10 年，それ以上のこともある．

アイスランド低気圧とアゾレス高気圧のどちらもが強くなる場合を NAO

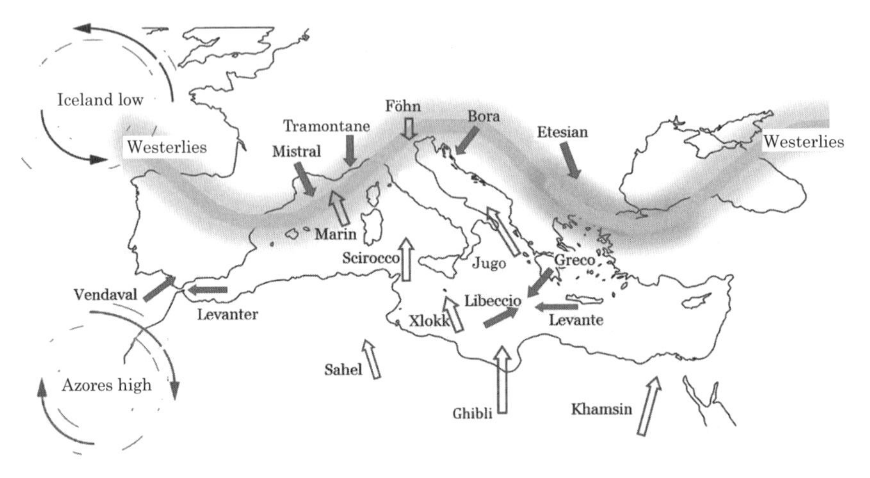

Fig. 2-2 Local winds in the Mediterranean Sea
The figure is created by the author based on Bolle, H-J. (Ed, 2003), p70.

プラス，どちらもが弱くなる場合をNAOマイナスといって遠隔地への気候の影響を考察している．

NAOプラスになると偏西風の流れる経路は北に移り，そのために低気圧などの移動経路が北ヨーロッパ地域に偏ってしまう．このときは中部ヨーロッパや北部ヨーロッパでは降水量が少なくなる傾向が現れる．一方，NAOマイナスの場合には偏西風の流れが地中海付近に南下してしまうために地中海に低気圧が発生しやすくなるという．「ジェノア低気圧が発達して…」というのは日本海低気圧の場合とよく似た気象予報である．察しのよい読者はすでにお気づきと思うが，NAOプラスであってもNAOマイナスであっても地中海の局地風に影響を与えることが分かる．

近年の温暖化傾向にともなう気候変動が地中海の気候・気象現象に及ぼす影響についてはまだ研究途上であるが，ここ50年程度の気候の変化についてはP. Lionelloら（2006）の編纂した研究レビュー『Mediterranean Climate Variability』に典型的な数々のパターンを見ることができる．その中から特筆すべき現象を取り上げよう．

英国サザンプトン海洋研究センターの記録によると，地中海全域に影響する平均的な北よりの風による風速分布は1980年から1987年の8年間とその後の1988年から1993年の６年間を比較すると，アドリア海では北東方向からの風速分布が強化され，さらに地中海東部では，北から南に向かう成分が卓越する傾向があるという．この傾向がその後，長期的にどうなるかは不明だが局地風の振る舞いが気になるデータである．

2-1-2. 地中海のおもな局地風

Fig. 2-2にはいくつかの局地風が記されているので，これらの局地風と図には記されていないが，そのほかのおもな地中海各地の風についても紹介しよう．ここで紹介する局地風はF. Braudel（1991），吉野（1989），L. Watson（1984）の著作やアメリカ気象学会（AMS）[注1)]，イギリス気象局[注2)]その他の沿岸各国の気象局のWebサイトから抜粋したものである．

地中海研究の第一人者，歴史家のF. Braudel（op. cit.）は地中海の気候について，全体として同質性をもっていて，しかもおもに２つの特徴的な風の影響を受けていると紹介する．そのひとつは大西洋からジブラルタル海峡に吹き込む西よりの風，もうひとつはサハラ砂漠から地中海に吹き込んでくる南風であるという．西からの風は*Vendaval*（ヴェンダヴァル），南風は*Scirocco*（シロッコ）である．

このどちらの風も地中海に吹き込んでくるので，２つを象徴的な風と考えたのであろう．というのも風は，「大昔からさまざまなものを運んでくる」という，人々の想像をかき立てる存在だからだ．

春から夏にかけて遠くサハラ砂漠から吹き込む乾燥した熱風*Scirocco*が穀物の収穫に致命的な損害を与えることがあるようすを「この風に対しては，何もできず，３日のうちに１年分の労働の全てを台無しにすることがある」(P403）と過酷な自然と厄介な災害を運び込む風として紹介している．

*Scirocco*はイタリアでの地域風の名前であるが，この風はアフリカの砂漠地帯を起源にする熱風なので，各地に異名がある．北アフリカではこの風は砂嵐をともなっていて，モロッコでは*Chergui*（シャルギーア）といわれる．*Chergui*はアトラス山脈を越えてフェーンの様相も加わるため50℃近くにもなることがあるといわれる．アルジェリアとチュニジアでは*Chilli*（チリ）や*Ch'hilli*（ゥチリ），リビアでは*Ghibli*（ギブリ），エジプトでは*Khamsin*（ハ

ムシン）などの名前となる．地中海に入ると，マルタ島では *Xlokk*（シュロック），フランスでは *Marin*（マラン），スペインでは *Lebeche*（レベチ）あるいは *Garbino*（ガルビノ），ポルトガルでは *Xaroco*（シャロコ）と呼ばれる．

この風は地中海を低気圧が発達して通過するとき，北アフリカから大きな反時計回りの気流を形成することで，地中海に引き込まれるように風が誘発されることが多い．

F. Braudel（op. cit.）はさらに，「冬には，というよりは正確には秋分から春分までは，大西洋の影響が圧倒する．アゾレス諸島の高気圧は大西洋の低気圧を移動させ，この低気圧が次から次へと行列毛虫の列をなして地中海の暖かい海に達する」（p387）と述べ，地中海地域が低気圧によって天気が周期的に変化する特徴を述べる．このように地中海を移動する低気圧が地中海の冬の気候を特徴づけるのであるが，地中海性気候といわれるように冬の地中海の雨量は決して多くはない．

ただし，アフリカ起源の熱風は地中海を渡るにつれて，海面から大量の水蒸気を吸って湿った風になり，高温で多湿の不快な風が地中海北部にまで及ぶのである．

アフリカ大陸に近いマルタでは，*Blood rain*（血の雨）といわれる現象があり，これは雨期にサハラ砂漠の砂を含んだ雨が降る様子をさしている．マルタの Balzan 気象サービス[注3] の気象用語集では，*Blood rain* について，

「北アフリカのサハラ砂漠からの赤い砂の混じった南風がマルタ諸島に雨を降らすときに“血の雨（*Blood rain*）”という」

と解説している．雨の色はニンジンのような色といったらいいのであろう．

実際この *Blood rain* が降ったようすをマルタ・メディアオンラインの運営するゴゾ気候概況[注4] から 2004 年のようすを見てみよう．

> ２月と３月は地中海に高気圧が卓越する傾向があり，比較的雨量の少ない月となった．３月に風の強い日が９日あり，そのうちの７日が雨だった．このときの風雨は雨交じりの南風で，サハラ砂漠の砂が混じっているために褐色を帯びていた．この褐色を帯びた雨は「血の雨（*Blood rain*）」と呼ばれる．2004 年４月の月平均気温は 16.6°C，例年に比べて若干高いものの，ほぼ平均的な月だった．雨

量も Balzan で 31.0mm．例年が 28.8mm であるから，8％多いくらいで平均並みとなった．４月 20 日には突風をともなった風があり，その最大風速は約 15m/s となった．このときの風雨も「血の雨（*Blood rain*）となった．

このようすから *Blood rain* のときは *Scirocco* のイメージとは異なり，気温の急激な上昇というよりは砂漠の砂が大量に含まれた雨が降るようである．

Scirroco のような南風がフランス沿岸に達すると *Marin*（マラン）と呼ばれる．*Marin* は暖かい南風で，春から秋に多いという．晴れた日のこの風は *Marin blanc* と呼ばれるが，低気圧とともに吹く場合には霧をもたらし，高湿度の強風あるいは大雨になるようだ．

次に北方向からの地域風について紹介しよう．北風の地域風の代表は *Tramontana*（トラモンタナ）だ．*Tramontana* はほとんどが地中海で広く使われる羅針図の北の方向に登場する風位の呼称である．Tramontane はラテン語の “trans montānus”「山を越えてきた」という意味で，各地に発音差異はあるものの，スケールを大きく捉えてみれば風が北のアルプス方向から吹き下ろしてくるものとみなされて地中海全体に使われる代表的な名前となったことが了解される．

さらに代表的な北からの風はフランスの *Mistral*（ミストラル）だろう．*Mistral* はローヌ峡谷（la Saône et du Rhône）に沿って地中海沿岸に吹き出すが，これはイギリス海峡で生じた低気圧がフランスから，アルプス地域に移動し，発達して生じた寒冷前線が原因となっている．さらにピレネー山脈に高圧部が形成され，海岸線に沿って気圧勾配ができるとローヌ渓谷の漏斗状地形に沿って強風が吹き下ろす．

このように *Mistral* はフランスのマルセイユからサントロペにかけての地中海沿岸に起こる北西からの強風をいう．夏に *Mistral* が発生する場合，その多くは海岸では穏やかな風が吹き，内陸部のプロバンス地方でも比較的しのぎやすくなる．夏の *Mistral* は一般に，午後にピークとなり，また夜に弱まる．

一方，11 月から４月までの期間に吹く *Mistral* は風力６以上になり，夏のミストラルとは様相が一転して強風となる．強風の*Mistral*は日本の「おろし（颪）」の発生メカニズムと似ている．冬は陸地に比べての海水温が比較的高いために，さらに強い風が起こり，時には風力7以上，年に1度くらいは風力10となることもあるという（Tommasi, M. 1998）．

さらに*Mistral*はマルセイユでは北から吹くが，コルシカ島およびサルジニア島では地中海の温帯低気圧の風の影響を受けて西からの風に変化したりするようである．

プロバンス地方では*Mistral*の強風で屋根の音などが激しく，「寝不足や片頭痛をもたらす風」といわれる．その一方で，この冷たい北風はこの地方に「信じられないほどの輝く青い空をもたらす」のだともいわれる（Tommasi, M. op. cit.）．

*Mistral*が吹くような条件で海の温度が陸地の気温より高いときには，この気流の動きは助長され，各地の渓谷や沿岸部でも同様の風が吹き，霧も発生する．

このようなときにピレネー山脈地域では*Tramontane*（トラモンタン）と呼ばれる．この*Tramontane*は西よりの強風となるためMistralとは区別されて使われるのだが，このあたりの区別は微妙で地域の人々しか分からない判断がされるのだろう．

フランスの中西部，南西部で*Mistral*と良く似た風に*Galerne*（ギャルレーヌ）がある．これは冬の季節風に相当するが語源は，stormを意味するgale（ラテン語：疾風）にまで遡りそうである．この風は北西から吹き，時に突風となるという．

この北風は地中海沿岸にまで視野を広げると，コルシカ島では寒く乾燥した風，フランス沿岸のリビエラ，コートダジュールでは湿気を含んだ風となる．*Galerne*の各地の地域名としては，フランスのランドック・ルション県ルションでは*Grégal*（グレギャル）あるいは*Gargal*（ギャルギャル），コルシカでは*Grécal*あるいは*Grégale*，リビエラでは*Grécal*，*Grégal*あるいは*Grégau*だそうである．これらはほとんど同じように聞こえる．筆者がマルタを訪れてこの呼び方を耳にしたときには喉の奥から音を出して*Grigal*（グリガル）と発音していた．

Etesian（エテジアン）は地中海東地域やエーゲ海で夏に晴れた空と乾燥したさわやかな空気をもたらす北風をいう．時に強くなるが，だいたい夜には止む風で，帆船やヨットの航行に適しているとされる．

Libeccio（リベッチヨ）はイタリア語で，年間を通じて卓越する西風あるいは南西風をいう．この語は後述される羅針図の南西を指す古くからの名前*lebić*（レビチ）に由来すると思われる．この*Libeccio*はしばしば高波を起こし，猛烈な西風とスコールを起こすともいわれ，ことに夏のスコールをともなう南からの風は激しい．

ブリタニカ百科事典（Encyclopædia Britannica）[注5)]にも地域風の数々を見いだすことができる．*Levanter*（レヴァンテル）または*Levante*（レヴァンテ）は地中海に卓越する東風でフランスとスペインでは穏やかで湿っぽく，雨が降り，春と秋に多く吹くがジブラルタル海峡では航空機の運航に影響が出るほど強風となる．その名前は，地中海の東端の広い地域を指す歴史上の土地の名前*Levant*に由来する，とある．このように*Levanter*は吹送距離（fetch）が長いために多くの地域で東風を指すようになっていると思われる．また，フランス語では*levant*（ルヴァン）というが，これは太陽が上昇する地という意味でもある．

*Levant*の天候は一般に曇り空か雨をもたらすが，時には同じような風の吹き方であっても雨をともなわない場合があり，そのときにはフランス語で*Levant blanc*（レヴァン・ブラン：白いルヴァン）という[注1)]．

ジブラルタル海峡では*Levanter*が強風になることから，「ジブラルタル海峡が世界の果て」と考えた神話時代のエピソードを思い起こさせる．また，ジブラルタル海峡を通行する船乗りたちは，「ジブラルタルの岩の上に特別の形の雲ができたらこの風が吹く」と言い伝え，注意を促している．

一方，*Levanter*という東風に対して，北西または西からの風は暑く乾燥した風で*Poniente*（ポニエンテ）といい，南西からの風は*Vendaval*（ベンダバル）といわれ，おもにポルトガルやスペインで使われる．これらは，風の起源地に住む人の名前に由来すると思われる．

このような風の名前の数々はそれなりに興味深いが，筆者の目的は地中海の局地風の用語集をつくることではないのでこのくらいで切り上げることにしよう．

本書のねらいとしては，地域風に名前がつく理由とともにその名前で地域の人々が体験する自然現象がどのような状況であるのか，そのときの天気図はどのような気圧配置であったのか，あるいは風向，風速，波の向きや高さなどはどのようなものなのか，そして何よりその風の名前を共有している地域の人々の心象風景はどのようなものなのかについて，掘り下げてみたいので，実際に現地を訪れて地域の人々から風にまつわる物語を聞いて解釈することが重要なのだ．

2-2. 海図とコンパスローズ

2-2-1. Compass rose

羅針図（Compass rose, コンパスローズ）は帆船時代の航海で東西南北の方位を示すために描かれた図形である．初期の海図と共に利用された羅針図の形がバラ（Rose）に似ていたのが名前の由来とされる．さらにこの図形には東西南北のほかにそれぞれの方向を意味する風の名前が付け加えられるのが普通だった．古い風の名前が書かれているためにこれはウィンドローズ（wind rose）といわれたこともあるが，気象学的にはウィンドローズ（風配図：wind rose）はその地域での風力と風向の発生頻度の図を指すことが一般的である．

Fig, 2-3 は M. Hodžić（2004）による現代でも見られる羅針図のように表されたアドリア海のおもな風の伝承表現とその方向である．もとの図には N, NE, E, SE, S, SW, W, NW などの方位も記されていたがこの図では省略した．この図のようにその地域で吹く風の伝承表現を羅針図のように表した

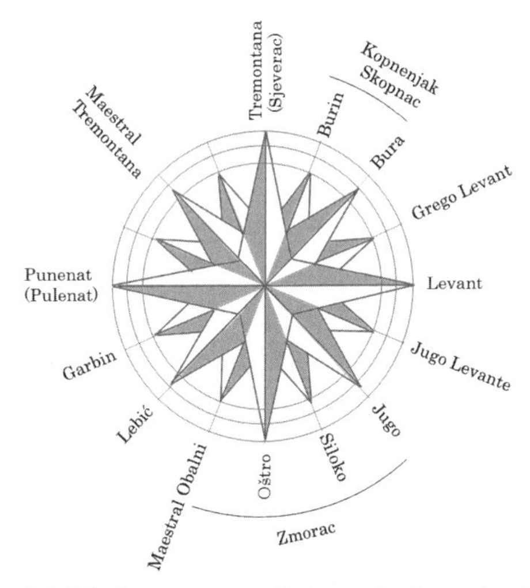

Fig. 2-3. Wind names rose with terms for the main winds in the Adriatic.
Ruža vjetrova s nazima glavnih vjetrova na Jadranu. M. Hodžić, Marine meteorology and world weather, 2004, Jadranska Meteorologija, XLIX-8,11-21.

図を本書では，風名図（Wind name rose）と呼ぶことにしよう．

この図に記された風の伝承表現の方向は 1957 年から 1999 年まで，アドリア海を航海する船舶が使っていた携行用の手帳に記載されていたものを写し取ったものである．

図の中で *Kopanenjak*（コパネニャク），*Skopanac*（スコパナッツ）は NNE から NE あたりまでをいい，*Zmorac*（ズモラッツ）は SE から SSW までの範囲を指して，これらは正確な方位にはなっていない．

この図に東西南北を入れた原図のような羅針図であっても風の名前に注目すると風そのものの吹いてくる方向となるので正確に方位を表さない．このような図は風名図としてみなければならない．

2-2-2. **おもな地域風**

アドリア海における風の伝承表現は，S.Favro ら（2007）によると，NNE から ENE 方向から吹く *Bora* (ボラ)，ESE から SSE の方向から吹く *Sirocco*（シロッコ），WNW から NW の方向から吹く *Maestral*（マエストラル），S から吹く *Ostro*（オストロ），SW から吹く *Lebeccio*（レベッチオ）あるいは *Garbin*（ガルビン），W から吹く *Ponent*（ポネンテ），N から NW 方向から吹く *Tramontane*（トラモンタナ），E から吹く *Levante*（レヴァンテ）が代表的であるという．そして歴史的にはこれらは風の名前であると同時に方向も表すように羅針図では伝えられてきた．

とりわけ良く知られた局地風がシロッコとボラである．

シロッコは北アフリカに発生した高温の乾燥した気団ができているときに，地中海を移動する温帯低気圧の渦によって，北方へ引かれて地中海各地に吹き込む高温で乾燥した風をいう．そのため地中海全域にその影響がある風とされている．発生しやすい季節は春と夏の季節の変わり目，あるいは秋から冬の季節の変わり目といわれる．

この風は北アフリカでは乾燥した熱風であるが，地中海南部から中部，北部と吹き渡るにつれて，湿った南風あるいは雨をもたらす風となってくる．

フランス気象局（Met Office France）[注6] の *Sirocco* の解説によると，

Vent sec et très chaud, de sud-est, venant du Sahara, qui souffle sur l'Afrique du Nord et le sud de la Méditerranée lorsque des dépressions s'installent au-dessus de l'Algérie ou des îles Baléares.

とある.

つまり *Sirocco* はサハラ砂漠あるいは北アフリカ，地中海南部から吹いてくる乾燥した熱い南東風で，アルジェリアあるいはバレアーレス諸島付近に低気圧が発生したときに起こるとされている.

また，世界的にも歴史の古いイギリス気象局（Met office UK）の気象用語集[注7]では，イタリアの春の *Sirocco* について，

アフリカからの熱風はイタリアの一部に極めて暑い気温をもたらし，イタリア・アルプス地域では雷雨をしばしばもたらす.

と解説され，熱風のなかにアルプス地域の雷雨の発生する可能性にも触れている.

また，秋の *Sirocco* については，アフリカからの熱風が海をわたってイタリアの南部やシチリア島に極めて暑い気温をもたらすのだが，同時に高い湿度ももたらす.

と熱風であると同時に湿った風であることを解説している.

緯度が北アフリカに近く，イタリアのシチリア島よりも南の地中海南のマルタ共和国 Balzan の気象サービス会社の出している気象用語集[注8]では，

シュロック（*Xlokk*，シロッコのマルタ語）は暖かく湿った風をもたらす南西風である．この風の当たる地域には高温と高湿度をもたらす.

と解説している.

これらから地中海の海域全体でみると，この南よりの風はアフリカの北部海岸ではほこりまみれの乾燥した風が原因の諸現象を引き起こすが，イタリア半島の南端プーリア州の Brindisi や Ostuni―ここはアドリア海の入り口にあたる―に達するときにはすでに湿った風になっている．イオニア海を吹き渡るときに水蒸気を含んだからである．そのためこの風は地中海に高温多湿の強風をもたらし，さらにティレニア海を経て地中海北部沿岸にまで達するときには蒸し暑さと雨をもたらすことになる.

Sirocco と *Scirocco* は綴りが違うが同じ風である．本書では以降 *Scirocco* の綴りを用いる.

一方のボラはアドリア海の東の山系（ディナル・アルプス山脈）から吹

Fig.2-4 Sidewalks at Trieste in Italy. People grasp chains in order to prevent falls when strong bora blows.

き下りる北東からの低温の風である．*Bora* はイタリア語，*Bura*（ブーラ）はクロアチア語である．したがって，アドリア海のイタリア沿岸では *Bora*，東側のいわゆるダルマチア海岸地域では *Bura* といわれる．

Bura がとくに顕著に見られるのはクロアチアのダルマチア海岸北部の Rijeka から中部の Split 辺りまでである．イタリアでは Venezia の東，昔から軍港で有名な Trieste で体験される．イタリアで典型的な *Bora* が見られるのはこの街だけであるが，気象用語としては *Bura* ではなく，*Bora* が専門的な用語になっている．

Scirocco が南よりの高温多湿の風であるのに対して，*Bura* は乾燥した低温の風という対照的な存在であることからも興味関心がもたれる．しかし，*Scirocco* は吹送距離が長く，うねりのような波をともない広範囲に及ぶのに対して，*Bura* はアドリア海特有の局地風である．局地風でありながらアドリア海だけで考えると，*Bura* が発生したときには吹く方向や強さは各地で異なるものの，アドリア海の多くの地域で同時に体験される現象のようである．さらに温帯低気圧の通過や大陸の高気圧の張り出しなどが原因となるために典型的なこれらの現象を地域の人々は 1 年に数回は体験しているとみることができる．

したがって，これらの風には筆者の調査の対象としている伝承表現が生まれやすいといえる．事実，これらの風と関連現象には次節で解説されるように特有の名前が付けられている．

Scirocco や *Bura* の気象・海象分野の研究ではこの特徴的に対比される現象に興味がもたれてきたが，同じように両者は本書の重要なテーマのひとつである．

地域の人々は幼い頃からこの特徴的な自然現象を体験し，見聞きしながら育ち，一生の間に何回もこれらの伝承表現を物語ってきたことであろう．その結果，その地域社会では数々の伝承表現に対して暗黙の共通認識ができているに違いない．

このような地域文化のもとに育った人々は，自然科学の教育で育った人々とは違う独特の自然・環境の見方をする．この独特の自然・環境観が風土的環境観である．

同時に人々が *Bura* や *Scirocco* に注目してその風が起こるたびに観察を繰り返すことによって，それらの現象のパターンの違いや生成・発達・消滅に対する理解や標準的なパターンとイレギュラーなパターンの理解も深まる．このような体験が *Bura* や *Scirocco* という基本的な民俗的語彙の意味を明確にし，また，これらに関する付随的現象や稀な現象を表現するために民俗的語彙を自由に変化させて，さまざまにアレンジした付随的な伝承表現を生み出して時々刻々微妙に変化する動的な現象までをも物語ることができるようになっていることだろう．

そのほかにも *Maestral*, *Ostro*, *Lebeccio*, *Garbin*, *Ponent*, *Tramontane*, *Levante* などの風位の呼称に由来する民俗的語彙のヴァリエーションについても同様だろう．

これら伝承表現の集合（あるいは体系）が地域社会のライフスタイルにまで深く関係しているはずだから，ヨーロッパ地中海とりわけアドリア海は風土的環境観にもとづく地域文化すなわち環境文化が存在する地域といえるに違いない．

さて，筆者のような外部の調査者が地域社会の風土的環境観を探るためには，環境文化の豊富な地域を調査対象に選び，その地域で伝承表現を聞き取ってその意味を気象・海象条件とともに解釈し，分類整理することで沿岸地域の人々の風土的環境観を明らかにするという方法をとることになる．

2-3. 研究対象としてのアドリア海の地域風

2-3-1. ブーラ（*Bura*）

クロアチアでの本格的な*Bura*の研究は19世紀末に始まっている．V. Grubišić とM. Orlić（2007）によると，19世紀末にAndrija Mohorovičićが*Bura*の発生時にBakar湾の上空に特徴的な雲ができることに着目し，山麓から海側に風が吹き下りるときに，鉛直上空に対流渦が形成され，停滞することを雲の目視観測（宏観的な観測）から確認したという．これは*Bura*が発生するとき（ボラ・イベント：Bora event）の特有の雲とされるものである．この現象はJ. D. Doyleら(2004) によると，現在では山岳波によって起こされるローター雲（Terrain-Induced Rotor）とみなされている．

A. Mohorovičićの宏観的な観測による「ボラ・イベント」を要約すると以下のようになる．

1）静止していた積雲がBakar湾の先端に進んでくる
2）上空の層積雲が散り散りになり強い北東の流れで上空は曇った状態になる
3）積乱雲からの小さな断片は山麓を下りながら，消滅する

これらの現象は北東から南西方向に向かう現象であり，このとき地上は強い北東風となる．この北東風が吹くとき，麓のアドリア海側の人々は*Bura*を体験する．このA. Mohorovičićの考察は，V. Grubišić とM. Orlić（op. cit.）の表現を借りると以上のようであったという．

> 彼は上空の渦が形成されるのは山脈（ディナル・アルプス，Dinarsko gorje / Dinaridi）の幾何学的形状による山岳波によってつくられるものと推測し，そして山を下る風が*Bura*となると考えていた．

さらに彼はこの一連の現象を風のみではなく，雲のようすから上空大気の運動をも推測し，現在，衛星画像でその存在がしばしば話題になる山岳波の

ロール雲や流線をスケッチに残している．

今日では精密な数値計算によってメソスケールのボラ・イベントの解析が進み，ロール雲が再現されているが，130年以上前のA. Mohorovičićの目視観測はその結果を先取りしていたという．

*Bura*は，日本ではイタリア語のボラ（*Bora*）という呼び名で1895年に海軍大佐（当時）肝付兼行によって紹介されている(肝付,1895)．今から1世紀以上も前，しかもA. Mohorovičićが観測をしていた直後に遠く離れた極東の地で紹介されていることは驚きである．

彼の論文には，ボラのほかにも地中海の代表的な風位の呼称が紹介されている．肝付が海軍の軍人であることから，航海士として必要な地中海の歴史的な風のひとつとしてボラを解説したものであろう．このようにこの風はわが国でも早くから知られた風である．

日本の学術論文では1921年に野田爲太郎が氣象集誌にボラ風の論文を発表している．彼は冷風が山から吹き下ろす現象としてよく知られている日本の“オロシ”（颪）例えば，ヒエイオロシ（比叡颪），ツクバオロシ（筑波颪）との類似性を指摘した上で樺太（現在のサハリン）南部西岸に見られるサワカゼ（澤風）がボラに酷似した現象であるとしている．さらに典型的な澤風が起こった1920年9月26日早朝の観測データを紹介している．このときは平均風速7 m/sほどの北風が吹き，30分の間に7 ℃を超える気温低下が記録された．ただし，野田はこのときのデータからは陸風との区別が明確にできていなかったことも付け加えている（野田,1921，括弧内は筆者）．

吉野正敏（1969）によると，「『ボラ』はギリシャ語の$\beta o \rho \varepsilon \alpha$（ボレア），すなわち北風を意味する語に由来する」と日本で紹介している（括弧内は筆者）．

クロアチアで呼ばれる*Bura*ということばの語源や語感については諸説があり，D. Poje (1995)は，「*Bura*は『叫び声』に似ているその風の音に由来する」というA. Gluhak, (1993)の説を紹介している．また，スラブの民間伝承によると*Bura*そのものが「邪悪な風」という意味をもっているという見方もある．さらに巷間では*Bura*はイタリア語の*Bora*を思い出せば，古代ギリシャ，ローマ神話の北風の神ボレアス（*Boreas*）からきた呼び方であるといわれる．

その後，ローマ人によってアドリア海岸地域全体にこの語が広がる．ローマ人が黒海沿岸地域にも植民地を築いたときに黒海沿岸にも *Bora* という呼び方が広がり，黒海沿岸の同様の風として現在も使われている．黒海においても航海や海上貿易の際に北からの強風が操船に影響するところが大きかったためである．

吉野正敏（op. cit.）はトリエステではボラのうちの強いものは *Boraccia*（ボラッチア），夏に吹く弱いものは *Borino*（ボリーノ）と呼ばれると紹介し，「強い *Bora* は風速 40m/s に達することがあり，瞬間最大風速は 60m/s に及ぶこともある」，また *Bora* は「強い風の息をともなう強風である」と紹介している（p747）．

さらに彼は *Bura* の発生を気象分野から分かりやすくパターン化して示している．

彼の分類によると，*Bora* には低気圧性の *Bora* と高気圧性の *Bora* があり，「低気圧性ボラとは，イタリア半島中部に低気圧（ジェノバ低気圧：Genoa low）があって，低気圧循環系の中にこの地域がおおわれている場合で，風速は最も強く，気温は低く，雲量は多い．低気圧の南側では，同時にシロッコが吹いて暖気が吹き込んでいる．この低気圧性ボラは *Bora scura*（ボラ・スクーラ）と言う」（括弧内は筆者）．一方，高気圧性 *Bora* は「中央ヨーロッパに高気圧があって，寒気がハンガリーや南ロシアからバルカン諸国地域を越して，アドリア海沿岸にやってくる気圧配置の場合である」（p749）と解説している．

この高気圧性 *Bora* は *Bora chiara*（ボラ・チアーラ）といわれる．さらに吉野によると高気圧性ボラはＡ型とＢ型の２つに分類することができるという．

高気圧性 *Bora* のＡ型とは，「中央ヨーロッパの高気圧が非常に発達して地中海は気圧傾度がゆるく，西地中海か北アフリカに小さい低気圧がある場合である．雲量はだいたい３以下である」（p749）．

高気圧性 *Bora* のＢ型とは，「中央ヨーロッパに高圧部が発達し，西地中海かシチリア島付近に低気圧があり，850 mb 面以上では SW になっている場合で，雲量は多くたいてい降水をともなう」（p749）とした．

さらに吉野は 1966 年の Senj における観測データから，低気圧性ボラのときの宏観的特徴として，「低気圧性ボラのときはもちろん，高気圧性ボラでも最初は雨がパラつくことが多い．降水は止み，背後の Velebit (ヴェレビト) 山脈にはカパ（*Kapa* / Bura Kapa：ブーラのキャップ雲）がかかっている．この雲はボラの吹いている期間中かかっており，雲底はほぼ 1,000 m，山頂からほぼ200 m くらい下までである．山頂付近では山鳴りがするという．Senj と Krk 島のちょうど中間の上空にはローター雲がかかる．このローター雲の軸は海岸線に平行で，軸は２～３本あることがほとんどである．Senj と Krk 島の中間の海上では，ボラの吹き始めに W よりの風が吹き，後に ENE になる．これは波動の下部の反対向きの渦によるものであろう」と述べている（p759)．

このように *Bora*（*Bura*）は山岳波あるいは重力波，風下での斜面下降風 (downslope wind) など，流体現象としても古くから関心が高い．

1970 年半ば以降，地球観測用の静止衛星 (geostationary satellite) によって

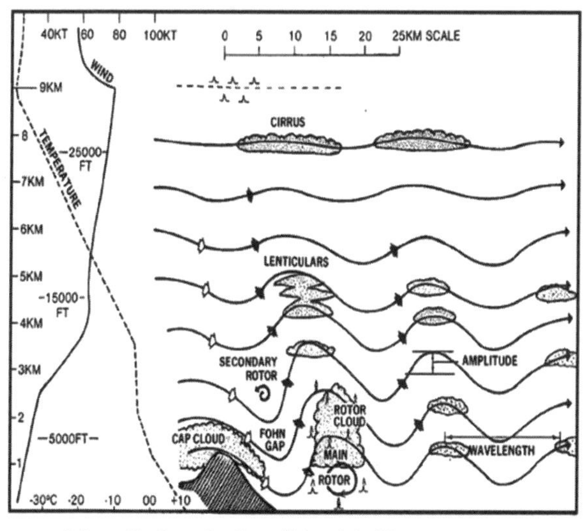

Fig. 2-5. Idealized side view of mountain waves.
Ernst, J.A. (1976) Pictures of the Mouth-SMS-1 Nighttime Infrared Imagery of Low-Level Mountain Waves-, Monthly weather review, Vol.104, P207-209. (J. E. Ernst was adapted permission of Charles V. Lindsey.)

山岳波の立体構造の観測が可能になった.

J. A. Ernst (1976) は SMS-1 (the Synchronous Meteorological Satellite) の赤外線画像から，1975 年 4 月 17 日にペンシルベニア州とヴァージニア州，ウェスタンヴァージニア州に広がるアレゲニー山脈地域の雲列を観測している. アレゲニー山脈地域は，北東から南西へと山脈が複数存在する地域である. 北西から南東に気流が流れるときに山岳波と雲列が発生する.

北東から南西に稜線が走る複数の山脈を越える北西から南東に向かう気流で実際に発生した山岳波と雲の発生のようすを J. A. Ernst が参照している C. V. Lindsey（1975）の鉛直断面図を示す（Fig. 2-2).

アドリア海沿岸は北西から南東に沿って海岸線が続く．付近には複数の島嶼が，アレゲニー山脈地域と同様に，平行に存在する．つまりアドリア海沿岸では北東から南西に風が吹く場合，山岳波と特徴的な雲列が発生する.

J.A.Ernst の観測によって，風の方向は異なるが，A. Mohorovičić が示した気流の流れと同様の現象が約 80 年を隔てて観測されたことになる．最近では観測データと共に数値計算を交えて，さらに精緻な気象力学的分析が行われている.

B. Grisogono と D. Belušić (2009) はこの数十年の *Bora* に関する科学的研究の進捗を紹介している．それによると，*Bora* の観察や測定，モデル化，より詳細な予測について過去 25 年の間に大幅な進歩があったという. その結果，これまでは *Bora* は滑降風（katabatic wind，カタバティック風／カタバ風）のような重力波つまり冷えて重い空気が山から流れる熱力学的な現象であると考えられていたが，強烈な *Bora* は山岳波の破壊現象（砕波現象）をもたらす風と解説されるようになった．*Bora* は山から吹き下る熱力学的に駆動される強風ではあるが，顕著な *Bora* が吹く場合には，山によってこの風の流れが剥離（砕波）を起こすのである.

一方, *Bura* の吹き下ろす海面における大気海洋相互作用は研究途上である. また，*Bura* の風下の乱流構造についてもアドリア海特有の島の影響も含めて研究が進められている.

例えば，Z. Klaić ら（2003）は激しく吹く *Bura* の気流が海面にあたり，さらに跳ね上がる現象（流体工学の実験などでは良く見かけるハイドローリック・ジャンプ現象）が実際にも起こっていることを解明している．Fig.2-6 は

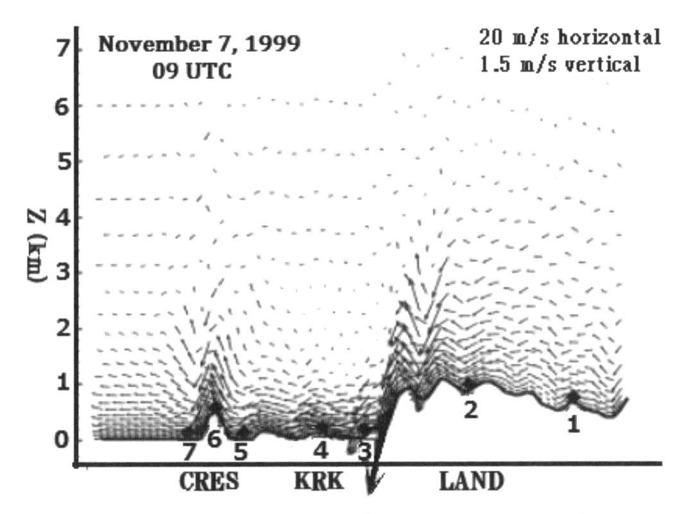

Fig.2-6 Vertical structure of Bora（Klaić, Z. B., et al., 2003.）.
When Bora blows down from the mountains to the coast (left side), a large vertical component occurred caused by the coastal topography.

Bura の鉛直構造を示した図で，*Bura* の吹く風上（陸側 NE）から海側（風下 SW）の断面を水平方向 x 軸，鉛直方向 z 軸にとって，風の流れをベクトルの矢印で可視化したものである．ベクトルの矢の大きさは水平方向が 20 m/s，鉛直方向が 1.5 m/s の比率である．また図中 1 から 7 などは観測点である．激しく下降した風（下向き矢印）がその後，海面にあたり，さらに Krk 島 (4)，Cres 島 (6) によって z 軸方向に波打つ気流になっている．このような現象はアドリア海の東側，ダルマチア海岸特有の地形と密接に関係している．Klaić らによる最近の研究では *Bura* は，斜面を吹き下ろす斜面下降風・滑降風（katabatic wind）とは異なったメカニズムとしてさらに研究がすすめられている（Belušić D. and Z.B. Klaić, 2006)．

先出の B. Grisogono らは「*Bora* をメソスケール（中くらいのスケール）の乱流現象として，観測やシミュレーションを交えて研究するのはもちろんだが，さらに大きな周期現象や山の風下にできるローター雲，コリオリの効果，大気と海洋との相互作用などの興味深い未知の研究テーマが考えられる」と *Bura* 研究を展望している．

Bura すなわち *Bora* はこのように多様な姿を秘めている現象である．その

証拠に伝承表現の観点から見たとき，イタリアには*Bora*という表現のほかに*Boraccia*，*Borino*あるいは，*Bora scura*，*Bora chiara*ということばが存在した．これらは*Bora*の起こっているときの気象や海象の状況の複雑な姿を表現しようとしたものであろう．

このような多様な自然現象であるがゆえにアドリア海沿岸にはさらに異なった多くの伝承表現が使われていることが期待される．

2-3-2. *Jugo*（ユーゴ）/ *Scirocco*（シロッコ）

地中海全域に吹く*Scirocco* (*Sirocco*) は各地でさまざまな呼び方があったが，アドリア海のクロアチアの人々は*Jugo*というようだ．もともと*Jugo*はクロアチア語で南のことであるから，地域語というよりは普通に南風といっている感覚なのかもしれない．クロアチアの漁業関係者の使ってきた用語を辞書に編纂しているR. Vidović (1984) によると，*Jugo*という言葉は南を表すセルボクロアチア・スロベニア系の言葉で，クロアチアでは東西南北の共通語jugoistok（南東），jugozapadno（南西）などとして使われるという．

*Scirocco*もイタリア語圏で使われた地域語のはずだが，*Scirocco*は某自動車メーカーの車種名に使われるなどによって世界的に知名度が高くなり，北アフリカや南フランスなどの国のさまざまな同じ風を指す地域語を凌駕してしまった感がある．

アドリア海の*Jugo*は沿岸に高波をもたらし，高温で湿度が高いために他の地域と同様に不快な風として嫌われることが多い．

アドリア海の*Jugo*はI. Lisacら (1999) によると，

「*Bura* と *Jugo*は同時に発生することもある．例えば，アドリア海岸の北部では*Bura*が吹き，そのとき*Jugo*が中・南部で吹くことがある．」

と*Bura*と*Jugo*の発生は場所を違えて同時に起こることがあると述べている．

分かりやすくいえば，低気圧や高気圧が西から東に移動するにつれて風向きが変化し，アドリア海の北部で発生していた北東風の*Bura*に中南部で発生する南東風の*Jugo*が入れ替わると考えればよいだろう．そして風の吹く方向は*Bura*がだいたいディナル・アルプス山脈から吹き下りるため山地から海に向かって直角に吹くのに対して*Jugo*はアドリア海に沿って吹くと捉えればよい．

・*Jugo* のおもな特徴

天気概況では「北アフリカの砂漠地域を起源とするサイクロンが発生したときの *Jugo* はアドリア海一帯を厚い雲で覆い，雨が続く．低気圧の中心がアドリア海の SW, W あるいは NW にあるときの *Jugo* は温暖前線をともなう低気圧による傾度風が原因の SE 風となる」と２つのパターンの *Jugo* について解説される．

さらに I. Lisac ら（op.cit.）は２パターンの *Jugo* の風向について統計分布からその特性などを次のように紹介している．

> アドリア海を中心に座標軸をとって，*Bura* と *Jugo* の特徴を述べると，*Jugo* は SE 象限（第四象限）で起こる現象で *Bura* は NE 象限（第一象限）で起こる現象といえる．ただし、両者は著しく特徴の異なった風であるにもかかわらず，まったく無関係に吹くというわけではない．例えば、*Bura* がアドリア海北部に起こった場合には，その後に東海岸全体に *Jugo* が吹き始める可能性が高い．さらに稀ではあるが，アドリア海北部のイストラ半島南部の Pula などで *Jugo* が起こると，高い確率でアドリア海東部海岸全体に *Jugo* が吹き渡る．

さらに，*Jugo* には違ったパターンがあるといわれることがある．

バルカン半島を高気圧が覆うあるいは高圧帯の縁辺になるときには，晴れて，暖かい乾いた風になる．このときアドリア海では SE 象限からの風となる．彼らはこれをサブタイプの *Jugo*（subtype jugo）と呼ぶ．この特徴は湿度が低く，晴れあるいは雲が少なく，雨も降らない．このタイプは低気圧性に比べると発生頻度は多くはないが，一旦起こると長く，風速も強い．このために高波（うねり：swell）が生じることが予想される．

ただ大別すれば，高温多湿で天気を悪くする *Jugo* と高温で多湿ではあるが晴れている *Jugo* という２つのパターンとなり，この方が人々には受け入れやすいだろう．

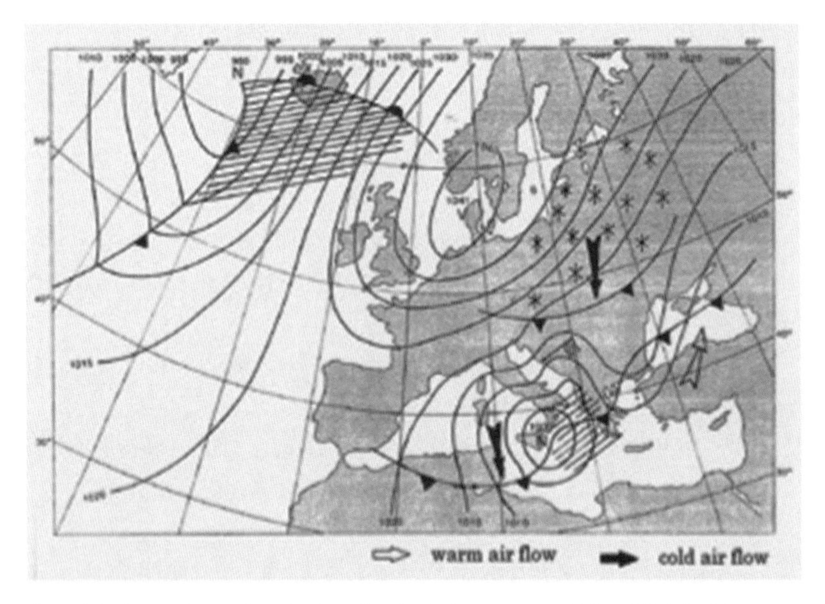

Fig.2-7-A　Synoptic weather chart, Anticyclonic bura pattern, 1 Dec. 1983, 0700.

・低気圧性 *Bura* ／ *Jugo* と高気圧性 *Bura* ／ *Jugo* の典型的な地上天気図

1988年発行のユーゴスラビア海軍水路部資料（Hidrografski Institut Jogoslavenske Ratne Mornarice）にブーラとユーゴが発生するときの典型的な地上天気図パターンが紹介されているのでFig. 2-7-A，2-7-B，2-7-C，2-7-Dに概況とともに示す．

＊ Fig. 2-7-A

この天気図では，白い矢印は暖気の流れを示し，黒い矢印は寒気の流れを示す．チュニジアから東に移動してきた強い低気圧がシチリア近くにある．一方，ヨーロッパ大陸側から南高気圧が拡大していて，強い寒気の流れがアドリア海に北あるいは北東から流れ込みやすくなっている．ディナル・アルプスを越えて *Bura* が吹きやすい気圧配置である．

＊ Fig. 2-7-B

アゾレス諸島で急速に発達したサイクロンは南東からアドリア海の中心を通る．このとき，アイスランド近くの低気圧が英国と北欧で発生し，東に移動する．アドリア海では寒い雨が降る．

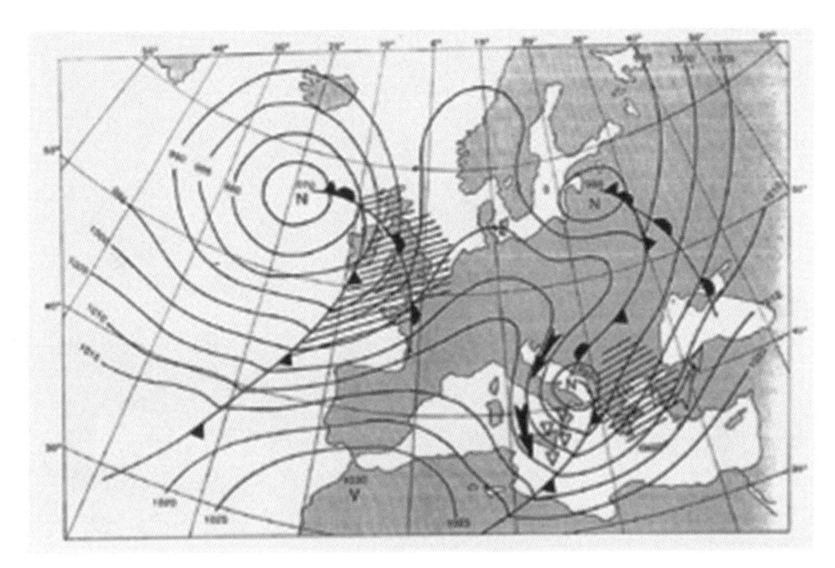

Fig.2-7-B　Synoptic weather chart, Cyclonic bura pattern, 31 January. 1983, 1200.

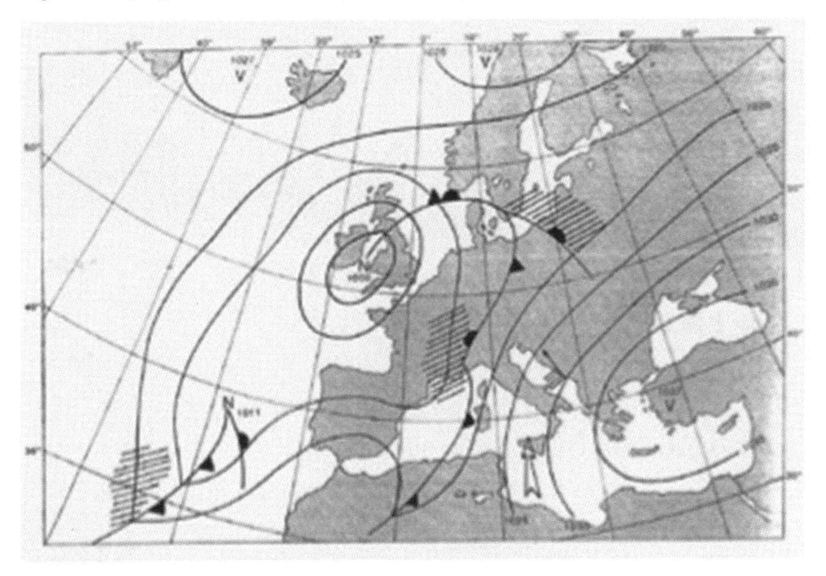

Fig.2-7-C　Synoptic weather chart, Anticyclonic jugo pattern, 29 Sept. 1976, 0100.

＊ Fig. 2-7-C

トルコ半島とエーゲ海の東にある強い高気圧の影響を受けて，南からの風

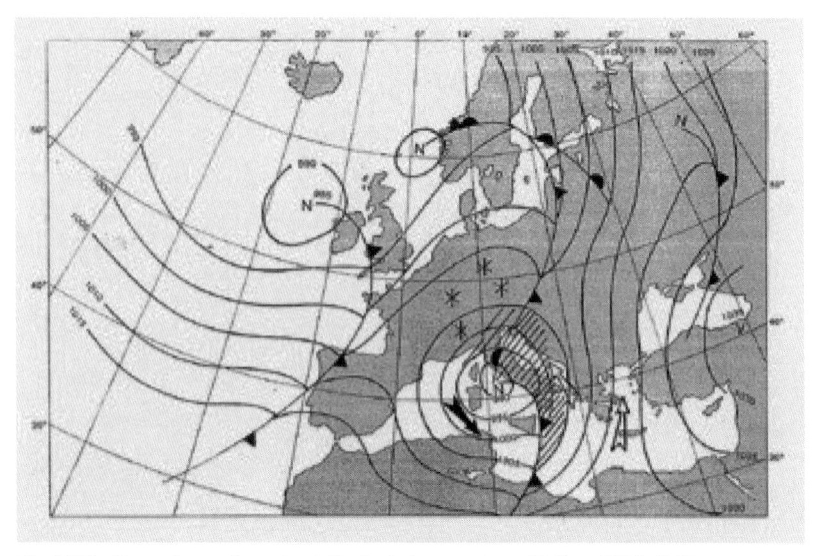

Fig.2-7-D Synoptic weather chart, Cyclonic jugo pattern, 22 Dec. 1983, 0700.

Jugo がアドリア海で吹き荒れる．天候はヨーロッパ南東部と地中海東部では安定している．

＊ Fig. 2-7-D

アドリア海では，ジェノバの低気圧によって深い谷間が形成される．その結果，南からの風 *Jugo* が吹く．

・*Jugo* と海象

Jugo はアドリア海の南とさらに外海で強く吹き，また，イタリア側のアドリア海西部沿岸より東側の Croatia 側で強い傾向がある．

多くの場合，*Jugo* は低風速（3m/s 以下）で始まり短時間で終わる．しかし，*Jugo* イベントといわれるような長時間の *Jugo* では持続時間が数時間から数日，風速が暴風並み（30m/s 以上）に発達することもある．このような *Jugo* はアドリア海に高潮を誘発し，時にはアドリア海の北部の沿岸地域に高潮による洪水を招くことがある．強い *Jugo* がアドリア海北部沿岸に高潮を引き起こすときヴェネチアではアクア・アルタ（Acqua alta）と呼ばれる街の浸水が起こる．このアクア・アルタは最近海外のニュースで頻繁に報道され，日本でも知られるようになっている．最も顕著なアクア・アルタは 1966 年に起こっており，このときの海面上昇は 190cm を記録したという (Da Lio, C., et al. 2017)．

Jugo は北アドリア海ではうねりを起こし，北部の海岸線に沿ってしばしば高潮を発生させ，沿岸の各地に浸水被害をもたらす．この高潮は南からの強風による吹き寄せ効果であるが，ザグレブ大学の M.Orlić ら (1994) は北アドリア海沿岸の海岸傾斜と低気圧の移動にともなう風向変化によってさらにその海面上昇を説明している．

また彼らはアドリア海ではこの風の最大値のときには海の流れが風下へ向かい，最小値のときには風上に向かうなど，海水の運動はやや複雑な応答を引き起こすという結果も示している．つまり，北から南に向かう *Bora* によっても逆方向の北部沿岸に向かう海水の流れを見いだしている．

1995 年 12 月には *Bora* によって高潮が発生し，1997 年 11 月には *Scirocco* によって高潮が発生した．この２つのケースについて，イギリス，バルカン半島研究所の S. L. Wakelin ら (2002) はアドリア海全体の静振 (seiche) との関連から説明している．アドリア海の形状から縦方向の固有振動をもつ静振として，21.3，11.6，7.3 および 5.6 時間の周期と高潮との共振的な対応との考察である．

このヴェネチアの高潮について，トリエステ海洋研究所の V. Kovačevića (2004) らは 2001 年 12 月の特に強い *Bora* による場合と 2002 年 6 月の *Scirocco* による場合について，潮流の観測結果との関係から報告している．この地域では，強い北東の *Bora* の発生時には，観測期間中を通じて，30 〜 50cm/s に達するほぼ一定の流れを示し，地衡風によって南向きの流れが増加するが，南東から *Scirocco* では，慣性運動によって北に向かってくる流れが確認される，という．

MIT 気象海洋センターの P. Malanotte-Rizzoli ら（1991）は，風による応力（wind stress)，熱塩海流のフラックス，シシリー海峡で強制的に流入する潮流の３要素によって，地中海の広範囲にわたる年間季節変動を説明しようとしている．その結果，まず，夏と冬の年周期で湾に沿った流れが生じること，クレタのイオニア海ではシシリー海峡からの流入が支配的であること，レヴァント海（エーゲ海および地中海東岸）では熱塩海流が流れの大きな駆動源になっていること，風の効果（wind stress）は季節的変動を引き起こすことなどを示している．

ベルギーのリュージュ大学のJ.M.Beckersaら（op.cit.）らはP. Malanotte-Rizzoliらと同様に3つの要素からMEDEXというシミュレーション・システムを用いて，地中海の代表的な現象についての実用レベルの予報結果を得ている．

観光都市ヴェネチアの街の冠水は，地球の温暖化傾向の問題と共に海面上昇と都市の脆弱性の例として取り上げられることがある．その原因を整理すると，*Jugo*が長時間吹き込むことで海水が北部にたまるいわゆる*Jugo*による吹き寄せ効果，強い低気圧の通過によって海面が吸い上げられること，アドリア海の地形が細長いのでSeiche（セイシュ）と呼ばれる長周期振動，副振動が起こりやすいこと，そして温暖化傾向による海水の膨張による海水面の上昇，さらにヴェネチアという都市構造と地質構造による宿命的な地盤沈下である（C. Da Lio, op. cit.）が，環境問題の象徴的な例となるようだ．

このように*Scirocco*，*Bora*という代表的な風パターンに関する関連現象は気象分野，海洋分野その他の分野で発生のメカニズムの理解や関連する高潮，天候被害などの理解がすすんでいる．その結果，われわれは自然現象としてこれらをパターン化されたものとして理解することができる．

・Jugoの影響

*Jugo*はほとんどの場合，高温と高湿度の風となって吹き渡る．とくに寒い時期にはその温度変化が大きく感じられる．このような環境になると例えばうつ病や頭痛，神経痛，リウマチなど関節痛を訴える人が出てくる．一方，春や夏の*Jugo*は気温が高いとは限らないが，湿度は依然として高く感じられ，人びとはやはり不快に感じる．

I. Lisacら（op.cit.）は，地中海全域を見ても*Jugo*には多くの異名があり，さらにそれらのヴァリエーションも豊富であると紹介している．例えば，アドリア海でも典型的な*Jugo*が起こったときに使われる*Fortuna jugo*は危険な*Jugo*（*emergency jugo*）と紹介し，さらに状況に応じた伝承表現として，*Suho jugo*（*dry jugo*：乾いた*Jugo*），*Gnjilo Jugo*（*rotten Jugo*：腐った

Jugo)，*Palac* (*scorching wind*：灼熱の風）という興味深い伝承表現を紹介している．

クロアチア語の E. Šegvić (2003) による辞書[注9]を丹念に見るといくつかこのような表現を見いだすことができる．

高温多湿の南風 *Jugo*（*Scirocco*）については，地中海の歴史家や国内外の作家によっても紹介されている．良く知られたところではドイツの文学者 T. Mann の "Der Tod in Venedig" (邦題『ベニスに死す』,1912) を映画化した L. Visconti 監督の同名作品のオープニング・シーンがある．ただこの作品では，*Scirocco* が起こす倦怠感を強調するためにヴェネチアにコレラが流行し始めるという設定になっている．

人々が現象を体験し，伝承として特異な呼称をもつとき，これらのパターンからさらにくわしい読み解きを行えば自然現象を受容する地域の人々の自然観を知ることができる．

注 1）AMS Glossary (American Meteorological Society).
注 2）https://www.weatheronline.co.uk/
注 3）Malta Weather Service：http://www.maltaweather.net/index.htm
注 4）http://www.gozoweather.com/climate.shtm
注 5）https://www.britannica.com/
注 6）http://www.meteofrance.fr/publications/glossaire?articleId=153848
注 7）www.metoffice.gov.uk/weather/europe/italy_past.html
注 8）www.gozoweather.com/glossary.shtml
注 9）http://www.bartul.hr/epublication/rjecnik/index.html

◉第 3 章◉

アドリア海の沿岸調査
［資料篇］

3-1. 調査のねらい

3-1-1. 風土的環境観の調査の意義

ここで調査の研究面からの動機と期待を箇条書きで示しておこう．

※知覚経験科学による自然認識の必要性を再確認したい．

科学技術が急速に進歩し，科学に対する信頼が高く，さらに技術に対する期待の大きい現代にあって，人間社会の経験から生まれた地域文化から自然現象を見直す契機になるのではないかという期待がある．

※この調査は，局地現象を対象としているのでとかく見過ごされがちであった局地気象の理解と気象予報の分野の局地的現象を補完する可能性を探りたい．

現在の天気予報の数値計算のメッシュよりも小さい範囲の予測は地形等の複雑な要素が関係するため困難が多い．局地的な地形の影響を含めた経験則は天気予報を補う身近な情報になるのではないかという期待がある．

※人々の関心を周囲の馴染み深い身近な自然，地域の文化にひきつけることができるのではないか．

馴染みの地名などが含まれる伝承表現から地域の文化的知見を発掘することにもつながる可能性があるだろう．そこから地域への愛着が生まれれば，環境教育と郷土教育，郷土愛の教育にもつながるのではないかという期待がある．

※地域の人々の歴史，常民の知恵に対する再評価の機会としたい．

グローバリゼーションと世界的な情報の氾濫する時代にあって，過去の前近代的な場所とみなされていた地域の知恵が多文化のひとつとして再評価されることになるのではないかという期待をもちたい．

※地域の伝承表現の調査と体系化は言語学にも貢献するではないだろうか．

地方固有の地域名や言葉の由来を収集して記録することで，消え去る下位文化となりつつあるマイナー言語や常民の暮らしの符丁を残す資料となり得るかもしれないという期待がある．

※認識論哲学の立場からは，自然現象の特定のパターンに関してではあるが，基本的な人間の環境に対する認知の共通性を検証してみたい．
自然に対する人間の認知の哲学的視点からも興味深い資料を提供するのではないかという期待がある．

※地域社会の時間概念，すなわちさまざまな自然現象の周期を重畳した記憶の中の時間概念と現実の今が重畳する時間概念を提起してみたい．繰り返し現象に対する認識論の提供，重畳する時間という新しい時間論の素材を提供してみたい．

これらの動機のいくつかが立証されたときにそれぞれの期待とともに意義のある研究となるはずである．

3-1-2. 調査研究の目的

筆者はこれまでの日本海沿岸の漁師，港湾従事者，航海士，沿岸地域の人々への取材調査によって，多くの気象・海象現象にまつわる伝承表現を収集してきた．その結果，沿岸地域の風の名前や波の名前，天候の呼称のパターンに類似性や地域ごとの差異があることに興味をもってきた．人々に共通する地域文化や環境への対処の仕方などを地理的条件と自然条件の類似した洋の東西で調査することで研究の幅が広がることが期待される．そこで以下のような具体的な目的でヨーロッパ地中海の調査に取り掛かることにした．

＊調査のめざすもの；

※自然認識の伝承表現パターンによって，民族や文化に関係なく，人間の本質的な知覚機能に由来する自然認識の共通性を見いだす．

※現在の自然科学的理解と認識だけでなく，風土的環境観あるいは環境文化が，気候・海象現象の認識に役立っていることを示す．

※現代の自然観が自然科学という“文化”によってもたらされているとすれば，環境文化による自然観や環境観が地域文化に根づいているこ

とを示す.

※アドリア海沿岸の人々と日本海沿岸の人々の環境観の共通性と違いについて明らかにし，人々の自然現象に関する“環境観”がどのようにしてもたらされるかを考察する.

これらは分かりやすくいえば，これまでの日本海沿岸の調査（日本沿岸と韓国沿岸）で得た風と波その他の天候の伝承表現の数々をスーツケースに入れて，遠く離れたアドリア海の地で，おなじような伝承表現はないか，奇妙な表現をする人々の心情はどのようなものかなどを探す旅，新たな伝承表現の数々を探す旅，発見する旅といえばよいだろう.「謎解きの旅」，「新たな発見の旅」である.

3-1-3. 調査地と調査方法

調査は2013年6月から2014年2月にかけて行われた.

調査地はFig. 3-1の地図を北から南の順に，

イストラ半島のPula †，Labin †，Opatija †，Opatija(2)，Rijeka †，Bakar，Crikvenica(3)，Selce(2)，Senj †，Senj，Lošinj †，Zadar †，そしてUgljan島のMuline，Kali，LukoranさらにZadarの西部地域のRažanac，Posedarje，Novigrad，PrivlakaそしてZadar南部のMurter，Betina，Jezera，Šibenik †，Split (3)，Split-Kaštela †，Dubrovnik(2)，Korčula島地域†となる. ここで，括弧の数字は同一地域の別地点数で，地名の†印は直接の取材調査ではなく質問紙による回答が含まれていることを表す.

調査対象は地元のベテランの漁師あるいは港湾関係者，セーラーなど比較的このテーマに造詣の深い人物である. また調査方法は予め用意された質問項目をもとにインタビュー形式で開始され，さらに自由に対話しながら，体験と言い伝えなどを聞き出していく. 回答者はクロアチア語で回答するため，取材はザグレブ大学の学生に協力をしてもらい，適宜，英語に訳して著者が確認した. また，回答者の事情によっては，留め置き調査で調査用紙を回収することもあった. 今回は34カ所のデータが得られた

Fig. 3-1. Research site and the area map
The asterisk (*) in front of the place name represents the island.
調査地はイストラ半島からダルマチア海岸，Dubrovnik 地域である．また，参考としてイタリアの南東端地域にも足を延ばした．地名の前の＊印は島を表す．

が，そのうち留め置き調査は 10 カ所である．（前述 † 印参照）

また，参考のためにイタリア南東部の Fasano (Brindisi) および Ostuni (Marines) においても取材を行った．こちらは現地の高校生（Sig.na Enrica Bellanova）に英訳をお願いした．

著者らはさまざまな変化に富む伝承表現 を収集したが，われわれの目的は用語辞書を編纂することではないので伝承表現を漏れなく収集する必要はない．前述の目的にかなった伝承表現等が見いだせればよしとした．

調査地の地名はこのあと原語で表記されるため，ここではなるべく近いカタカナ読みを参考として以下に記しておこう．

＊参考：地名に近いカタカナ表記

Pula（プーラ）, Labin（ラビン）, Opatija（オパティア）, Rijeka（リエカ）, Bakar（バカル）, Crikvenica（ツリクヴェニツァ）, Selce（セルツェ）, Senj（セニ）, Lošinj（ロシニ）, Zadar（ザダル）, Ugljan（ウグリャン）島, Muline（ムリネ）, Kali（カリ）, Lukoran（ルコラン）, Ražanac（ラジャナッツ）, Posedarje（ポセダリェ）, Novigrad（ノヴィグラド）, Privlaka（プリヴラカ）, Murter（ムルター）, Betina（ベティナ）, Jezera（イェゼラ）, Šibenik（シベニク）, Split（スプリト）, Split-Kaštela（スプリト・カシュテラ）, Dubrovnik（ドブロヴニク）, Korčula（コルチュラ）島

3-2. 羅針図の呼称と方向

3-2-1. 地中海地域の風位の呼称の歴史

現在，アドリア海各地で伝承され使用されている方位の呼称は，大航海時代の 16，17 世紀以来のものが定着している．そのもとになっていると考えられる風位の呼称は，地図製作者の 1 人である，ポルトガルの Diogo Homem (1570) が描いている地中海の地図にも描かれており，N（北）から順に 8 方位で下に示すようになっている．

Table3-1 Chart of the Mediterranean and western coasts of Europe in 16c.

Writer	N	NE	E	SE	S	SW	W	NW
Diogo Homem	*tramontana* （トラモンタナ）	*greco* （グレコ）	*levante* レヴァンテ	*schirocco* （シロッコ）	*oštro* オシュトロ	*libeccio* （レベチオ）	*ponente* （ポネンテ）	*maestro* （マエストロ）

The historic map of the Mediterranean and western coasts of Euope was created in Venice in 1570 by Diogo Homem, The British Library.
Diogo Homem による 16 世紀 Venetia のおもな風位の呼称.

アドリア海地域における呼称の歴史的変遷は B.Penzar ら（2001）によって示されている．彼らは時代ごとの提唱者として，15 世紀中頃の Kotruljević，16 世紀中頃の Đurašević，16 世紀後半の Gučetić，そして 18 世紀前半の Đurđević らが示した風位の呼称を示している．これらから Diogo Homem の頃の名称を踏襲していることが分かる．

Table3-2 Historical chart of Croatia, by B. Penzar, et al.

Writer	N	NE	E	SE	S	SW	W
Kotruljević	*tramontana*	*greco*	*levante*	*scilocho*	*ostro*	*libeci* *garbino*	*ponente*
Đurašević	*tramontana*	*grego*	*levante*	*scirocco*	*ostro*	*garbino* *lebechio*	*ponente*
Gučetić	*tramontana*	*grego*	*levante*	*sciroco*	*ostro*	*garbino*	*ponente*
Đurđević	*tramontana*	*grego*	*levante*	*scirocco*	*ostro*	*lebeccio* *garbino*	*ponente*

さらに時代を下って20世紀の資料としては，E. Marki（1950）のものがある．彼によるとNが*Tramuntana*, NEが*Bura*，Eが*Levanat*, SEが*Jugo*，*Južina*あるいは*Jugovina*，*Šilok*，*Široko*，Sが*Jugo*あるいは*Oštro*，SWが*Lebić*，Wが*Punent*や*Pulenat*，NWが*Maestral*あるいは*Mištral*，*Meštral*，*Smorac*として示されている．さらにWSW方向の名称として，*Garbin*および*Odmorac*を付け加えている．また，*Maestral*はフランス語のMaistreに由来すると述べている．

では，現代の地域社会では実際どうであろうか．アドリア海各地で使われている呼称を見ることにしよう．

3-2-2. アドリア海北部イストラ半島における風位の呼称

言語学者や歴史学者らが運営するイストリア語辞書編纂プロジェクト（O projektu Istarski rječnik ）の検索辞書（searchable dictionary）[注1]によると イストラ半島（Istarski poluotok）は，その言語的特徴から6地域に分けられるとしている．そのうちJugozapadna Istra (Southwest Istria), Labinština (Labin area), Liburnija (Liburnija), Sjeverozapadna Istra (Northwestern Istria), Istromletački (Istromletački) の5地域における風位の呼称と風向が示されている．これらを整理すると，Nは*Tramontana*（トラモンタナ）, NEは*Greco*（グレコ）/ *Bura* / *Burin*, Eは*Levante*（レヴァンテ）, SEは*Scirocco* / *Jugo*, Sは*Ostro*（オストロ）, SWは*Libeccio*（レベッチオ）/ *Garbin*（ガルビン）, Wは*Ponente*（ポネンテ）/ *Pulenat*（プレナット），そしてNWは*Maestro*（マエストロ）というように8方位に分類できる．

Table 3-3は，イストラ半島の5地域について，本来の地図の方向を意味する名称が 実際にどの方向に使われているかを見るために整理分類したものである．

表の列は本来の地図の示す名称を8方位に配置し，表の行は実際に使われている方向（NからNWまでの8方位）を配置した．それぞれの地域で，ある呼称に対してどの方向を意味するかを数値にして，その使用頻度を示した．例えば，*Tramontana*がNの意味であれば，Nの欄に

Table 3-3. The relation between traditional 8 azimuth and wind name in the Istrian peninsula.

root of a word	traditional direction	Actual usa e in the re ion							
		N	NE	E	SE	S	SW	W	NW
tramontana	N	8							
greco	NE		2						
bura - burin		1	10	1					
levante	E			8					
scirocco	SE				5				
jugo					6	2			
oštro	S					3			
libeccio	SW						4		
garbin							6	1	1
ponente	W							3	
pulenat								4	
maestro	NW								

The winds pluminsćak, furijoan, lostrin, bavisela and severin have been excluded from this classification as non-applicable.

1 それ以外の意味であれば該当行のNWやNEなど他の欄に1が入る．もし，5地域全てで同じ呼称を同じ方向で使っているときには，5となる．さらにその呼称のヴァリエーション，例えば*Tramontana*のほかに*Tramuntana*（トゥラムンタナ）などが同じ地域にあって，表現は違うが同じ方向の意味を示す場合にも数が加えられる．そのために表の数値は5以上の数となっている．

この表からイストラ地方の標準的な伝承表現の特徴として，*Tramontana*, *Grego*, *Scirocco*, *Levante*, *Ostro*, *Ponente*, *Libeccio*, *Maestro*は風向に曖昧さが少ないことがうかがわれる．一方で*Bura*, *Jugo*, *Garbin*は各地で方向がばらついている．さらに、それぞれの呼称には，語幹から派生したヴァリエーションがあり，これらには細かい意味がつけられているため，派生した呼称を付け加えると，さらに方向が微妙に違うことが予想される．

このようすを羅針盤（Compass）の示す方向＝方位角（Azimuth angle）と羅針図（Compass rose）の表示＝方位（Azimuth）：東西南北および　＝風位，古代から伝わる「名前」によって，変遷を整理してみよう．

フランス国立図書館（Bibliothèque nationale de France）の電子図書館Gallicaで Diogo Homen の地中海地域のMapを閲覧すると，羅針図

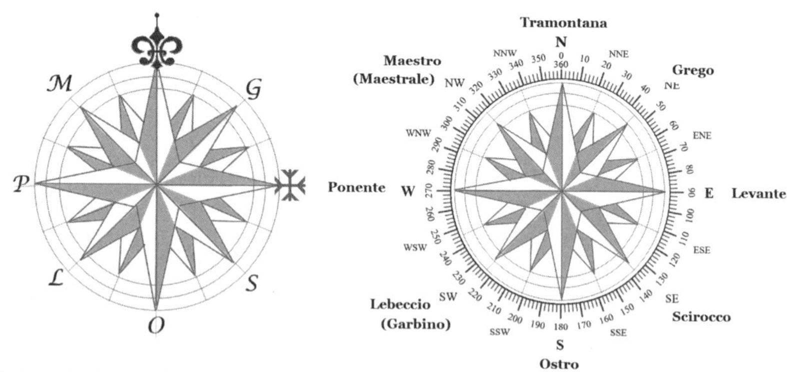

Fig.3-2. Historical azimuth and the wind name rose.

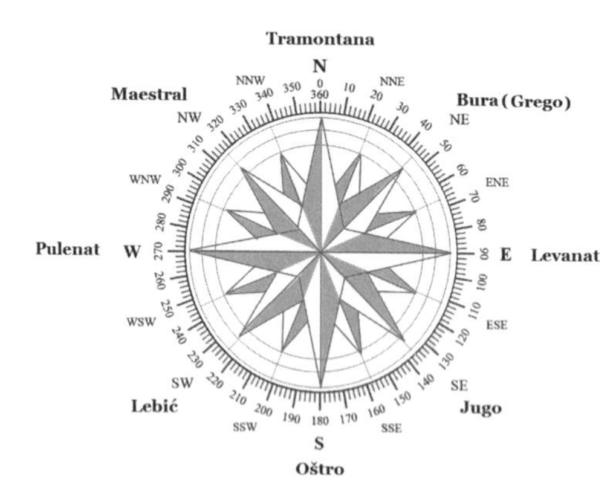

Fig.3-3. Wind name rose in contemporary Croatia.
風名図（wind name rose）の表示は風位から独立してきた「風の名前」とおよその方向については各地域でさまざまではあるが，標準的な風の名前として示すとこのような風名図となる．

(Compass rose）が描かれている．その羅針図には今日の東西南北は描かれず，風位の呼称（Table 3-1）の頭文字と北と東の象形文字が描かれている．これを今日の方位図（Azimth) に重ねたものが Fig.3-2.（左図）である．北と東の象形文字はおよその形を筆者が模写した．

3-2-3. ダルマチア海岸地域の風の呼称

Dalmacija（dalmatsija，ダルマチア）地方は，現在のクロアチアのアドリア海沿岸地域一帯を指し，イストラ半島地方からスラヴォニア地方，中央クロアチア，ダルマチア地方を指すが，このダルマチア地方の海事関係者や漁師の多くが携行する海事手帳に風向に関する呼称が紹介されている．R. Marini（2006）の潮汐予測の冊子では NE の *Greco* は *Bura* と置き換えられ(Table 3-4)，その他は D. Homem の方向に一致している． A. Božikov（2005）では，南風 *Oštro* は *Jugo* となっている（Table 3-5）．これらの呼称が現在の地域住民の風に関する方向認識の根拠のひとつになっていると考えられる．M. Jurić（1972）では *Bura, Burin, Jugo* が 8 方位に正確には合致しないようすが見てとれる．そこでこのような風向のあいまいさも許容したものが Table 3-6 である．

Table 3-4

	N	NE	E	SE	S	SW
Today's general expressions used as wind names (1)	*tramontana*	*bura* （ブーラ）	*levant*	*široko* （シロコ）	*oštro* （オシュトロ）	*lebić* （レビッチ）

Robert Marini (2006), Predviđene morske mijene za sjeverni Jadran Previsioni di marea nell'Adriatico settentrionale, Zajednica tekničke kulture Pula.

Table 3-5

	N	NE	E	SE	S	SW
Today's general expressions used as wind names (2)	*tramontana*	*bura*	*levanat* （レヴァナット）	*jugo - široko* （ユーゴ・シロコ）	*jugo - oštro* （ユーゴ・オシュトロ）	*lebić*

Ante Božikov (2005), Mare Nostrum, Jadranski godišnjak, Abel.

Table 3-6

	N	NE	E	SE	S	SW	W
Ž. M. Jurić	*tramontana*	*grego*	*levante*		*oštar* （オシュター）	*garbinada* （ガルビナーダ）	*maeštral* （マエシュトラル）
		bura	*burin* （ブリン）	*jugo*			

1972, Žirjanin Mate Jurić, Vidikovac na Veloj Glavi, Vjetar.

3-3. 風の名前の調査

3-3-1. 分類の指針

風の名前はその方向が地域によって異なり，また発音や綴り，変化表現などによって多様なものになっている．そこで以降の記述では，伝承表現などは斜体で示し，その後ろの括弧に発音になるべく近いカタカナ表記を示すようにする．また，調査地域は前章の地図に示すとおりであるが，地名は現地のスペルのままを立体で示す．回答者は地域の漁業関係者，船員，港湾関係者，その他でインタビューはクロアチア語あるいは英語で行われた．参考までにそのときの取材ノートから重要と思われる部分はクロアチア語でも掲載しているが，取材時の回答ニュアンスを含めて日本語では意訳していることをお許しいただきたい．

調査結果は自然現象，とくに気象現象，海象現象，天候その他についての地域での 伝承表現（Oral-tradition representation ＝口承・伝承的な表現）の数々であるが，基本的にはこれまで紹介した歴史的な 8 方位の風位の呼称に由来するもの，アドリア海の代表的な風である Bura と Jugo である．このような基本的な呼称に加え，それらの変化表現さらに地域特有の伝承表現という順に紹介することにしよう．

3-3-2. 風位の民俗的語彙

代表的な風の名前である *Tramontana*（トラモンタナ），*Bura*（ブーラ）あるいは *Grego*（グレゴ），*Levanat*（レヴァナット），*Jugo*（ユーゴ），*Oštro*（オシュトロ），*Lebić*（レビチ），*Pulenat*（プレナット），*Maestral*（マエストラル）は歴史的な風位の呼称の伝統が各地で引き継がれ，風の民俗的語彙の代表的なものとして登場する．

しかし，これらの標準的な民俗的語彙は各地の方言やコミュニティでの発音差異などによって微妙に語彙が変化している．

まず，自由なアレンジも含まれていると思われる各地の伝承表現を前掲の Fig.3-3 の 8 方位に倣って，北風から時計回りの順に調査結果をもとに民俗的語彙と各地域でのその名前の違いについて示していくことにしよう．

i）北風：トラモンタナ

地中海地域の北風の名前として古くから伝わる *Tramontana*（トラモンタナ）に関しては，アドリア海東岸のクロアチア沿岸では次のような異名がある．

Rout of N wind name	Variation		
Tramontana 〔トラモンタナ〕※ ※〔　〕内は発音に近いカナ	*Tramuntana* 〔トラムンタナ〕 *Tramontaa* 〔トラモンター〕 *Tramuntanez* 〔トラモンタネツ〕 *Tramuntona* 〔トラムントナ〕	*Tremuntana* 〔トレムンタナ〕 *Tremontana* 〔トレモンタナ〕 *Trmuntuana* 〔トゥルムントゥアナ〕 *Trmuntana* 〔トゥルムンタナ〕	*Termuntana* 〔テルムンタナ〕

ii）北東風：ブーラ

NE からの風 *Bura*（ブーラ）に関しては，*Bura* という呼称の独壇場であるが，そのほかに *Grego*（グレゴ）が数カ所で併用されている．ただし，後述するように *Bura* の派生語や関連語は極めて多く，また，同じ地域で *Bura* と *Burin*（ブーリン）は異なる方向の風とみなされることがある．

iii）東風：レヴァナット

Levanat（レヴァナット）は古くはギリシャ時代から伝わる *Levante*（レヴァンテ）あるいは *Levantara*（レヴァンターラ）からの呼称である．この呼称に関しては，次のような異名がある．

Rout of E wind name	Variation		
Levanat 〔レヴァナット〕	*Levante* 〔レヴァンテ〕	*Levanta* 〔レヴァンタ〕	*Levantiš* 〔レヴァンティシュ〕

iv）南東風：ユーゴ

Jugo に関しては，*Jugo* 以外の異名はほとんどない．*Južina*（ユジーナ）や *Južin*（ユージン）は，*Bura* における *Burin* と同じように，性質の違う風の名前として用いられていることが多い．

v）南風：オシュトロ

Oštro（オシュトロ）は南風に相当するが，*Jugo* や *Scirocco*（シロッコ，イタリア語）が慣用的に使われるためか，異名はあまり多くない．地中海全体では，*Scirocco* の呼称の方がよく知られている．

Rout of S wind name	Variation
Oštro 〔オシュトロ〕	*Oštar* 〔オシュター〕

vi）南西風：レビチ

Lebić（レビチ）は風の名前ばかりではなく天候の変化に対しても重要な呼称であるが，風の名前としては発音差異などがあるものの，語幹はほとんど変わらない．

vii）西風：プレナット

Pulenat（プレナット）には多くの異名があり，いずれも語源は西という風位の呼称 *Pulenat* に由来して風の名前になったと考えられる．

Rout of W wind name	Variation		
Pulenat 〔プレナット〕	*Pulente* 〔プレンテ〕 *Pulentac* 〔プレンタッツ〕 *Pulitada* 〔プリターダ〕 *Pulintada* 〔プリンターダ〕 *Pulintačina* 〔プリンタチーナ〕	*Polenat* 〔ポレナット〕 *Ponenat* 〔ポネナット〕 *Ponente* 〔ポレンテ〕 *Punente* 〔プネンテ〕 *Pununat* 〔プネナット〕	*Plentada* 〔プレンターダ〕

ⅷ）北西風：マエストラル

Maestral（マエストラル）に関しては，次に示すような異名や発音差異，あるいは方言であろうか，クロアチアの人々でも驚くほど多くの異なった表現がある．

ただし，聞き取り音をそのまま表記していることもご承知おきいただきたい．

Rout of NW wind name	Variation		
Maestral〔マエストラル〕	*Maeštral*〔マエシュトラル〕 *Maeštralun*〔マエシュトラルン〕 *Maeštralada*〔マエシュトラララーダ〕	*Maištral*〔マイシュトラル〕 *Maištra*〔マイシュトラ〕	*Meštral*〔メシュトラル〕 *Meštra*〔メシュトラ〕 *Meštro*〔メシュトロ〕 *Meštroa*〔メシュトローア〕

ここまでの語彙では，*Levantara*（レヴァンターラ），*Oštrolada*（オシュトラーダ），*Lebicada*（レビツァーダ），*Lebićada*（レビチャーダ），*Pulentada*（プレンターダ），*Punentada*（プネンターダ），*Pulintačina*（プリンタチーナ），*Polentada*（ポレンターダ），*Maeštralada*（マエシュトララーダ），*Meštralada*（メシュトララーダ）は地域特有の語彙変化や発音差異による表現と思われたが，表の異名として含まれている．

しかし，これらは単に風の名前にとどまらず多様な意味をもっていることが調査から分かった．これらの多様な意味については天候の予測や観察との関連でさらにくわしく後述される．また，地形の特性から他の地域と方向がズレている Privlaka, Ražanac, Posedarje, Novigrad の４地点の呼称については，表に含めず，地形との関連でやはり後述される．

以上が８方位に分類した代表的な民俗的語彙であるが，各地域ではその方向が地形の影響などによって，本来の風位からズレた風の名前となっているはずである．

われわれの調査では，まず，「この地域に吹く風の名前とその吹いてくる方向を教えてください」という質問から始める．したがって，回答者は海図や地図に描かれたナビゲーションのための風位の歴史的な呼称，羅針図の呼称ではなく，実際に吹く風（の名前）に注目して回答しているとみなすことができる．

しかし，回答される風の名前は必ずしも正確な風の方向と特徴を表すものではなく，２つの蓋然性をもってくる．

ひとつはその地域の地形による影響である．アドリア海は東側が急峻なディナル・アルプス山脈－バルカン半島西側のアドリア海沿岸を北西から南東に走る山々－であり，海岸線も北西から南東に沿って存在する．さらに各地には凹凸の激しい峡谷や複雑な山々が海岸線までせまり，この山々の凹凸がそのまま海に沈下して，数多くの島々を形成している．地理の教科書ではリアス式海岸という用語が紹介されるが，アドリア海のクロアチア側の海岸はダルマチア式海岸といわれることがあるほど複雑で急峻で特徴的である．このため各地の年間風配図（wind rose）は東西南北に均等ではない．

いかに風の吹く向きが偏在しているかをアドリア海で最も *Bura* が顕著といわれる町セニ（Senj）とさらに南のクロアチア第二の都市スプリト（Split）の風配図によって示そう（Fig. 3-4, 3-5）．図左がそれぞれの周辺地図，図右が年間の風配図である．

Senj では強風は NNE の風がほとんどでそれ以外はほとんど強く吹かないということが分かる．町の地形とその影響を受ける観測所の立地のためである．各地の風の特徴はこのように偏在している．Senj 周辺では Cricvenica，Selce さらに南の Jezera，Murter，Betina においても調査を行っているが，地図でも確認できるような島々が周辺に存在する．

Split は NE の風とともに SE の風が吹きやすいことを示している．これは Split が NE（第一象限）から SW（第三象限）方向に Solin 峡谷が深く存在し，この峡谷に沿って風が通りやすい地形となっているためと，海岸地形が北西から南東に向いているために海岸線に沿った SE 風が吹きやすいことが影響している．SE 風はアフリカ大陸由来の南風がアドリア海に吹き込んでくるいわゆるシロッコ系の風である．

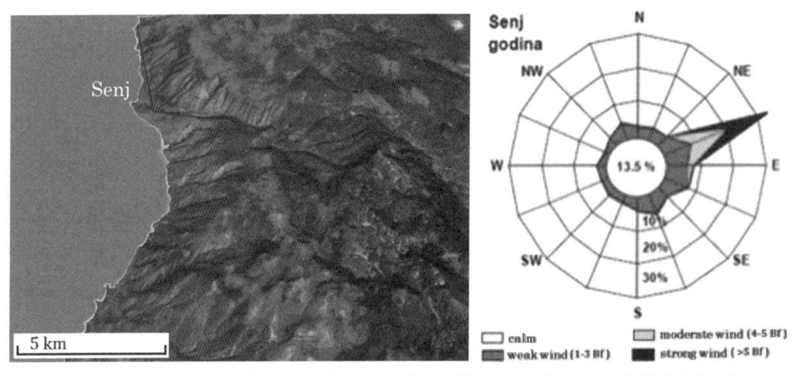

Fig.3-4. Location of Senj and the wind rose at Senj. The opposite shore is Krk Island.
The topography of bird's eye with slope angle was created by Ms Y. Anzai.
Source）Procjena Ugroženosti Republike Hrvtske od Prirodnih i Tehničko Tehnoloških Katastrofa i Velikih Nesreča, 2009.

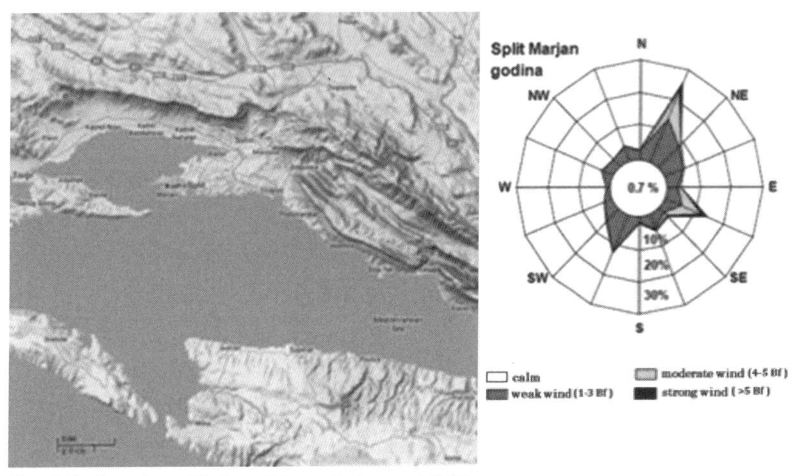

Fig. 3-5. Location of Split and the wind rose at Split.
Source）Procjena Ugroženosti Republike Hrvtske od Prirodnih i Tehničko Tehnoloških Katastrofa i Velikih Nesreča, 2009.

このように特徴的な風の吹き方をするアドリア海沿岸各地であるため，古代ギリシャ，古代ローマ，中世と伝えられてきた海上航路のための風位の呼称は有名無実化し，必ずしも前掲の風位の呼称（8方位）と吹く風の方向は同じではなくなってくるのは当然である.

その結果，もうひとつの風の方向感覚の蓋然性の要因として，風位の

Table 3-7　Wind name and the flexibile those direction.

Root of a word		Actual usa e in the re ion						
		N	NE	E	SE	S	SW	W
tramontana	N	20						
grego	NE	1	1	1				
bura		3	21	1				
levanat	E		3	24	1			
jugo	SE			3	22	9	1	
oštro	S				1	10		
lebić	SW				1	2	24	
pulenat	W						2	13
maestral	NW	1						14

呼称が風の伝承表現として地域社会で使われるうちに「風の性質を表明するもの」と理解されてはいるものの，時に風位の呼称が意識されてしまうことがあげられる．

各地の伝承表現の意味する方向（風位の呼称）が実際はどの方向かをまとめたものが Table 3-7 である．表の見方は，前掲の Table 3-3 と同様である．

この Table 3-7 から風位の呼称（8 方位）が人々の民俗的語彙の語幹となって，さらに風の性質や特徴，地形によって風位からズレて，経験的な観察による方向認識となっていくことを想定しておかなければならない．

例えば，*Tramontana* は北風という風位の呼称ではあっても，もともと“山から吹き下ろす風”が語源であることから，地域の代表的な山が NW にあるのか N にあるのかによって，指し示す方向が異なる，などである．したがって，それぞれの地域で認識される風は，地域の実情にあうように，柔軟な伝承表現とみなければならない．

3-4. 詳細情報を伝えるための造語

さまざまな伝承表現は前節で紹介したような基本的な風の名前（民族的語彙）とそれをもとに変化させる造語からなる．これらは特定の意味をもっているが，概ね以下のような分類を意識して調査をまとめていくことにしよう．

＊特有の造語（Specific coined word）の整理のための分類

装飾語（Modifier）

　接続語・語尾変化で表現…形容詞や語尾変化

風位の中間表現（Intermediate wind）…風位の呼称を利用

ランドマーク語（Landmark *words*）…地名を組み合わせる

記号的語彙（Symbolic terminology）…以下のように造語

　象徴語（Symbolic word）

　言い換え語（Paraphrase）

　感嘆符（Exclamation point）

　擬音（Imitative sounds）

合言葉（Watchword）

擬人化（Personification），神格化（Deification）

迷信（Superstition）…科学的に不確かであるが教訓など

風の名前はいくつかのプロセスを経て地域社会に定着する．

アドリア海地域に NE の呼称として，はじめは歴史的な Compass rose の呼称 *Grego* が伝えられたとしても，この意味は「ギリシャの方向」に由来し，エーゲ海の羅針図には合致するけれど，アドリア海ではギリシャは NE 方向にはない．そこで NE を表すために NE から吹くことの多い *Bura* という風の名前が，方向を示す民族的語彙となる．しかし，*Bura* という方向は風そのものも表現に含んでいるために *Bura* が渓谷沿い（Bura corridor）から吹き出すという特徴から NE 方向が不正確になり，方向の名称より風そのものの名前として定着することになる．

ブーラが風の名前として使われるようになると，その時々の吹き方の違いや天候の違いによって，*Bura* という民族的語彙だけでは十分でなくなる．これは *Bura* に限ったことではなく，*Jugo*，*Maestral* などにあてはめることができる．

現象が単純な典型的パターンの場合にはお互いに認識し合えるが，自然現象がパターンからずれていた場合，例えば通常より穏やかであった場合，あるいは逆に通常より大きな影響を及ぼすようなものである場合，さらに他の現象と組み合わさった場合などに対しては選ばれた民族的語彙では不十分である．そのために風に関しても民族的語彙の語幹を固有の自然現象に対応させるために変化させていくあるいは造語していくというプロセスを経て実質的に地域社会のものになっていくのである．

日本の場合でいえば，ハエ（Hae，南風）という民族的語彙の語幹だけでは南風の天候変化までは表現できず，オオバエ，シロハエ，クロハエなどと変化させる．

オオバエは強い南風，シロハエは晴れた日に吹く南風，クロハエは空が暗いすなわち雨が降る天候での南風を表現している．

このような風の変化の多様さにあわせて基本的な民族的語彙に新たな表現をつけ加え，あるいは接頭語や接尾語をつけていけば細かい状況を表現することができる．

アドリア海沿岸の人々もそのような方法を使って代表的なパターンのさまざまな変化に対応する伝承表現の変化形を用いて現象を共有しようとしているはずである．

代表的な民俗的語彙に対してさらに現象の詳細情報を伝えるために特有の造語（Specific coined word）を行って，伝承表現を体系化し，共有する．そのやり方を大別すると，民俗的語彙に形容詞や副詞をつけて表現する装飾語（Modifier）表現とセルボ・クロアチア語特有の言語体系や文法特性をアレンジして使われる接続語・語尾変化表現（Connection word・change）があることが分かる．

ここでは言語体系から伝承表現が変化するようすを紹介する．

3-4-1. おもな民族的語彙（風の場合のおもな語幹）

その風の変化の特性を表現するためにおもに接頭語や接尾語によって代表的な民俗的語彙が工夫される．

i）*Bura*：ブーラ

Bura（ブーラ）はアドリア海沿岸地域では最も代表的なNE風の伝承表現である．実際，調査ではIstra半島のPula，LabinやLošinj島のMali，Rijeka，Selce，Jezera，BetinaそしてUgljan島のKali，Zadar東のNovigrad，Šibenik，Splitなどの*Bura*はほぼNEから吹くという共通認識である．

しかし，Selce，SenjなどではNやENEから吹く風とされている．

さらに*Bura*という風は特定の方向から吹くのではなく，*Bura*の特徴をもった風であれば，西から北さらに東までの広い範囲で吹き，これらも*Bura*なのだという地域もある（Crikvenica他）．

このような違いの中には，*Bura*という呼称を羅針図（Compass rose）で使われていた名称とみていた回答者か，*Bura*という特徴の風が吹く自然現象に注目していた回答者か，多少の混在はあるとは思われる．しかし，ここでの呼称は風の吹き方の特徴とみなされている．

ブーラを自然現象として理解するためには，各地の地形の違いによって方向の認識が異なることに留意しなければならない．

最も特徴的な例として，Ugljan島のMulineの町はNE側が小さな半島で遮られているために*Bura*はNWから回り込んでくるという．同じUgljan島のLukoranの湾奥では*Bura*を体験する回数は少ないという．

Opatijaはイストラ半島東側の町であるが，北西側が山地で海が東に向いている．そのために*Bura*が海の対岸のRijekaやBakarの後背地すなわちNEあるいはENEから吹き下ろすとき，Opatiaで観測される*Bura*は海から陸地に向かって吹く．

しかしながらブーラという現象の特徴は各地で共通している．

すなわち，「*Bura*はディナル・アルプス山脈の各山地からアドリア海に吹き下ろす気温の低い風でほぼ一年中吹く．秋から冬，春にかけての

Bura はとくに強く冷たい．また，激しい *Bura* は激しい風の息をともなう」である．

沿岸の住民や漁船等が最も警戒する *Bura* は曇りや雨をともなう場合とされる．このような天候の違いや風の強弱を地域の人々は民俗的語彙の語幹 *Bura* の表現を変化させて伝承することによって，この自然現象を共通パターンとして認識しようとする．

弱い *Bura* に関して，最も多い伝承表現が *Burin*（ブーリン）である（Opatija，Crikvenica，Selce，Šibenik，Split）．

Burin は弱い Bura という意味以外に *Bura* あるいは *Maestral*（マエストラル）の前触れの現象を指すこともある（Crikvenica，Split）．

その他，*Burinac*（ブリナッツ，Betina），*Burini*（ブリーニ，Novigrad）という表現がある

これらは *Bura* という伝承表現をもとにして，さらに Bura にともなう現象が変化した場合にこの用語を変化させて，地域の人々の現象理解を明確にしようと意図して生まれた呼称である．

ii）*Jugo*：ユーゴ

Jugo（ユーゴ）はアドリア海では海岸線に沿って吹く南あるいは南東からの湿った暖かい風を指す伝承表現である．吹走距離が長く，吹続時間も比較的長い．

風の起源が北アフリカの砂漠地帯になることもあり，この風は *Scirocco* としてよく知られているが，乾燥した熱風が広く地中海各地に影響を与える風である．さらに海上を吹き渡るうちに湿った熱風となる．アドリア海に入ったこの風は沿岸地形の影響で南東の風となり，多くの地域で *Jugo* と呼ばれる．もっとも北アフリカ起源でない *Jugo* もあることは第２章でみたとおりである．

Jugo は秋と春に多く，また夏や冬にも起こるとされる．吹き方は比較的長時間連続的に吹き，顕著な強風になることはないが，吹続時間が長いと大きなうねりを発生させる．この基本的な現象認識は各地で共有されている．

ユーゴに対してもその一連の自然現象と変化現象に対応するため伝承

表現の変化形が存在する．

弱い *Jugo* という意味の伝承表現に *Južin*（ユージン，Selce，Kali），*Južina*（ユジーナ，Istra 半島 Labin）がある．ただし，地域によって意味は微妙に違う．Selce では弱い *Jugo* という風を指すが，時には弱い風だけではなく *Jugo* の前兆となりそうな風の吹き方も意味している．Labin の *Južina* は突然湿った大気となり，雨をもたらす状態をいう．また，Crikvenica では *Južin* は弱い風そのものではなく，*Jugo* 特有の高温で湿度の高い天候状態を表し，また気分や息苦しさを表す伝承表現として使われるという．

Jugo に関する「高温で湿度の高い不快な天候」を地域の人々がどのように受容しているかについてはさらに詳しく後述しよう．

iii）***Lebeć*：レビチ**

Lebeć（レベチ）は SW からの風を表す名称である．とくに夏にはこの SW から吹く *Lebeć* が多いといわれる．しかし，冬の SW 風にも使われる．さらにこの風は長続きせず次の天候に移行しやすいため，その変化を表す伝承表現が各地に存在する．

Lebeć が強まるときの特有の造語表現 *Lebićada*（レビチャーダ）には２つの解釈がある．それは *Lebeć* の強いものを *Lebićada* という地域（Selce，Jezera）と *Lebićada* は *Lebeć* がもたらす天候を表現するという地域（Split）である．

今回の調査では *Lebeć* が強まったものを *Lebićada* といい，そのために起こる激しい雨と強風による Storm を *Nevera*（ネヴェラ）と呼び，風の名前ではなく，天候の呼称として区別している地域が多かった（Selce, Jezera，Split）．

この *Lebeć* ，*Lebićada*，*Nevera* という特有の造語表現についてはこれらが風を表現するのか天候の変化を表現するのかについてを人々のホリスティックな自然認識というテーマとして，第５章でさらに検討の対象としたい．

Nevera の弱いものは *Neverin*（ネヴェリン）と変化した造語が使われる（Crikvenica，Selce，Privlaka ）．

iv）***Maestral*：マエストラル**

Maestral（マエストラル）は多くの地域で夏の日中に海から吹く風（NW風）を意味する．この風は日中の数時間で止むことが多いといわれる．その後は風向変化や天候が変化することになり，この変化に関する伝承表現も多い．

変化のパターンとしては *Maestral* に接続語・語尾変化で表現された伝承表現が各地で使われる．

すでに述べたように *Maestral*, *Maeštral*（マエシュトラル），*Maištral*（マイシュトラル），*Meštral*（メシュトラル）という発音差異や *Maeštralun*（マエシュトラルン），*Maeštralada*（マエシュトララーダ），*Maištra*（マイシュトラ），*Meštra*（メシュトラ），*Meštro*（メシュトロ），*Meštroa*（メシュトローア）など類似語も多い．

Split での *Maeštralun*（マエシュトラルン）は強い *Maestral* をいい，吹き始めが早く，吹き終わるのが遅い場合をいう．

Novigrad での *Maeštralada*（マエシュトララーダ）は，'*Buri konj*'（Bura's horse,「ブーラの乗ってくる馬」とでも訳せばよいのだろうか）ともいい，*Bura* の前ぶれの WNW 風をいう．また，Kali での夏の *Meštralada*（メシュトララーダ）は午前中に吹き始める心地よい NW 風で，午後には止む．その後はしだいに海が穏やかになるような風をいう．このような時間空間的な変化に対しても地域の人々は伝承表現を駆使して，短時間の天候予測を行っていることが分かる．

ただ，これらは地域ごとの使われ方で I. Penzar と B. Penzar (1997) によると *Meštralada* は元来天候の表現であるという．

このような伝承表現を用いた天候予測については，この章の終わりにさらに各地の事例が紹介される．

v）***Garbin*：ガルビン**

Garbin（ガルビン）は SW 風の名前で，時代によっては *Garbinada*（ガルビナーダ）といわれたこともある．この呼称は，アドリア海沿岸の人々には風の名前として定着しなかったためか，今回の調査では回答事例が少ない．

しかしながら数カ所で回答が得られ，２通りの解釈をしていた．Jezera では *Garbin* は SW 風の名前であって，*Garbinada* は *Lebićada* と同じであるという．Split では，*Garbinada* という伝承表現は *Lebićada* がもたらす天候を意味するという．

vi）***Levant*：レヴァント**

Levantara（レヴァンターラ）は E の *Levant*（レヴァント）と同じでその区別は明確でなかった（Privlaka）が本来 *Levantara* は天候を表す表現であり，この *Levantara* は前述の *Garbinada* とともにさらに調査・検討の余地がありそうである．

vii）***Pulenat*：プレナト**

Plentada（プレンターダ）は *Polenat*（ポレナット：W 風）によってもたらされる天候を意味する．さらに地域によってはそのときの気分を指すことばとしても使うという（Split）．

Polenat は夏の典型的な W 風である．しかし，冬にも吹き，冬の *Pulitada*（プリターダ）は SW 風となり，それほど寒くはないが雨をもたらす（Novigrad）．

あるいはまた，*Pulintačina*（プリンタチーナ）あるいは *Pulintada*（プリンターダ）は W 風で Kali では *Jugo* が吹くときに関連する風であるという．

viii）***Oštro*：オシュトロ**

Oštro（オシュトロ）は *Ostro* という風位の呼称が伝えられて以来，一般的に南風として使われている．Novigrad では，秋の冷たい西風を *Oštrolada*（オシュトラーダ）といって特殊な意味をもたせている．I. Penzar と B. Penzar (op. cit.) によると一般的に *Oštrolada* は天候の表現でもあるという．

3-4-2. 接続語・語尾変化表現

i）***Škura, Škurina, Škropadura***

Škuraは安全のため，あるいは光や強風を遮るために閉じることができる窓の内側または外側に固定された一対のヒンジ付きパネルをいう（cf. Fig.3-5）．低気圧性のブーラが吹くとき，天気が悪くなるため，空の暗い状態と強風で窓を閉めた室内の暗さを重ねた表現が登場する．

Istra半島Labinでは，嵐の前の暗い空模様を*Škurina*（シュクリーナ）という．また，Senjでは，NE方向から曇り，雨が降る天候を*Škropadura*（シュクロパドゥーラ）という．

Fig.3-5. Škura.
Photo. by the author at Ugljan Isle.

このような語尾変化はクロアチア語（スラブ語系原語）特有のものであり，語尾変化によって名詞，形容詞，単複等々となる．この変化表現は地域での符丁として使われるときにその都度，微妙なニュアンスに生まれ変わる．

ii）***Škontrada***，***Škontradura***

Škontrada（シュコントラーダ）については，Jezeraでは次の２つの天候変化についての微妙な違いがあるが，どのように使い分けるのかは不明であるが，宏観的な観察によって天候の微妙な変化を予想しているようすが分かる．

Škontrada　　Kada strujanje vjetra promijeni pravac u smjeru kazaljke na satu od jugozapada (prema zapadu, sjeverozapadu) do sjeveroistoka. Vjetar s jugoistoka, zapada, sjeverozapada mijenja smjer i krene od sjeveroistoka, brza promijena.

「*Škontrada*（シュコントラーダ）は，風の向きがSWから時計回りにW，NWと変化し，やがてNEとなるときのようすだ．けれど，このときのNEへの風の変化は急激だ．」

Škontrada　Kada strujanje vjetra promijeni pravac u smjeru kazaljke na satu od jugozapada (i zatim od zapada ili sjeverozapada) prema sjeveroistoku. Brza promijena smjera, ali najčešći slučaj je promijena od sjverozapada, ili od jugozapada na sjeveroistok

「*Škontrada*（シュコントラーダ）は，風の向きがSWから時計回りにW，NWと変化し，やがてNEとなることが多いけれど，このときの風向の変化は定まらず，しかも急激だ．」

同じような風の変化を*Škontradura*（シュコントラドゥーラ）という地域がある．

Lukoranは Zadarから西に至近の Ugljan島の中央付近の町であるが，ここでは，風の風向が突然変化するようすを表現するときに*Škontradura*という伝承表現を使う．この呼び方は，「Škontradaが機能する」という動詞のŠkontradulujeから転化して，*Škontradura*が使われるようになったと考えられる．

このような変化形が生まれる背景としては，クロアチア語の文法体系が考えられる．すなわち語尾変化による格変化や単数・複数表現，性別表現などである．

iii）代表的な風の変化形

次に名詞から形容詞（形容詞句）に変化させて現象理解に結び付けようとする例をいくつか示そう．

Table 3-8. Expressions changed from a noun to an adjective.

Noun	Adjective ·Adjective coined word	Japanese reading (in the order of appearance)
Bura	*Burini*, *Burin*, *Burino*, *Burinac*	ブリーニ，ブーリン，ブリナッツ
Jugo	*Južinji*, *Južin*, *Južina*	ユジーニ，ユージン，ユジーナ
Lebić	*Lebićada*	レビチャーダ
Nevera	*Neverin*	ネヴェリン
Garbin	*Garbini*, *Garbinada*	ガルビーニ，ガルビナーダ
Maestral	*Maeštralun*	マエシュトラルン

iv）**その他の文法的な変化形**

Crikvenicaでは*Sušac*（スーシャッツ）というSEからの風表現がある．Suh（スー）はクロアチア語で乾いた（形容詞）を意味するが，ここから乾燥した状態という名詞的な*Sušac*を*Jugo*がもたらす乾いた南風の名前に使う．

Sušac “*Sušac*” je naziv za suho “*jugo*”. “*Sušac*” je sinonim od “*Ličko jugo*”. “*Sušac*” znači suhost u hrvatskom jeziku. Gramatički: Suh je pridjev za suho, a “*Sušac*” je naziv za sušu koja je imenica.

「*Sušac*（スーシャッツ）は乾燥したユーゴのことだ．スーシャッツはクロアチア語で乾燥という意味になる．またCrikvenicaでは*Ličko jugo*（リチコ・ユーゴ）ともいう．文法的には，乾いたという“Suh”（形容詞）から名詞の“Sušac”（名詞）に伝承表現の意味をもたせたものだ.」

Jezeraその他の地域で使われるとみられる*Tamna*（タンマ）は，暗くなるという動詞のtamnjetiから派生したもので，*Šcura bura*（シュツラ・ブーラ＝暗いブーラ）と同じ意味となる．

Ugljan 島の Lukoran では，*Brdura*（ブルドュラ）という表現がある．これは ‘Počelo brdurati’ からきた表現といわれ，あえて補足すると，‘It started to dig up. ’（掘りおこし始める）．意訳すると風が吹き始めるであろうか．*Bonaca*（ボナッツァ）という穏やかな風による海面のさざ波，あるいはそよ風を表現したものである．

Brdura　　　“*Bonaca*” je lagani vjetar, a razina mora mali je val. Budući da se valovi tresti, svjetlo pod vodom ne može se vidjeti.

「*Brdura*（ブルドュラ）は *Bonaca*（ボナッツァ）といわれる弱い風が吹いたときの海面のさざ波をわれわれはいう．このことばは『ライトで(海中の）魚を見ようとしても *Brdura* だから見えないだろうよ』というように使う．」

このようにクロアチア語では詳細情報を伝えようとするために特有の造語を作るとき，形容詞や副詞をつけて表現する装飾語表現とおもに言語体系の文法をアレンジする語尾変化の表現などから，さまざまなニュアンスの新語を作り出すことができる．このことが伝承表現に多様さと柔軟な表現の数々を生み出していると考えられる．

3-4-3. 質的・量的な形容詞をともなう表現

現象を体験した人々がその特徴を詳細に伝えるためには，そのときの空が明るい，暗い，雲が一面におおってきた，など現象の変化を質的に表現する形容詞が役に立つ．また，起こっている現象の大小を表現するときには，大きな何々，小さな何々というように量的な形容詞をつけることである．このような方法で各地域の人々は，目の前で起こっている現象をさらに詳細に伝えようとする．

ｉ）*Bura* に関する質的形容詞をともなう表現

ブーラに関する形容詞句で最も多いのは *Škura bura*（シュクーラ・ブー

ラ）あるいは *Šcura bura*（シュツラ・ブーラ）である．*Škura bura*, *Šcura bura* は曇りや雨といった悪天候とともに吹く強風のブーラで，その形容詞 Škura の意味は一般的に「暗い」である．

Škura bura という表現にこめられた人々の受け取り方の微妙な違いを含めて，各地域での解釈を次表に示そう．

Table 3-9 The difference of "dark bura" at each place.

Dark bura	place	Brief description
Škura bura	Opatija	***"Škura bura"*** je jako opasna "bura".
	シュクーラ・ブーラは大変危険なブーラである．	
Škura bura	Crikvenica	***"Škura bura"*** znači mračna "bura", takva "bura" je jako snažna.
	シュクーラ・ブーラは暗いブーラのことで極めて強いブーラだ．	
Škura bura	Senj	***"Škura"*** znači mrak/ mračna. Tada je nebo oblačno s kišom sa smjera sjveroistoka.
	シュクーラは暗いを意味する．シュク・ラ・ブーラの天候は雨をともなう曇りで，北東からの風が吹く．	
Škura bura	Jezera	U Jezera su druga imena "Ciklonalna bura" ili ***" Tamna"***.
	Jezera ではシュクーラ・ブーラはタンマともいわれる．	
Skura bura	Betina	***"Škura bura"*** znači mračna "bura", takva "bura" je jako snažna.
	スクーラ・ブーラは暗いブーラのことで，このときのブーラは極めて強い．	
Škura bura	Ražanac	***"Škura bura"*** je najopasnija "bura"
	シュクーラ・ブーラは最もたちの悪いブーラである．	

Škura bura	Šibenik	***"Škura bura"*** donosi loše vrijeme u obliku oblaka i kiše.
	シュクーラ・ブーラは悪天候をもたらす.	
Skura bura	Split	***"Škura bura"*** znaci mračna "bura". "Škura bura" je jako snažna "bura" s oblačnim I kišnim vremenom. "Škura bura" puše na udare/ mahove. "Puše na refule". (Jedan udar "bure")
	スクーラ・ブーラは暗いブーラで，このブーラはきわめて強く，雨と曇りの天候とともにやってくる．ブーラの風は一撃するように激しく吹く．これは ***Puše na refule*** という．	
Šporka bura	Split	***Šporka bura je bura*** u oblaku. Čini se da se Šporka pretvara iz talijanskog, Spopo znači prljavo.
	Šporka bura は雲が出ているときのブーラ をいい、***Šporka*** はイタリア語の Sporco(きたない) から転化したと思われる.	

細部の観察の違いを除けば，このように各地における *Škura bura* あるいは *Šcura bura* の内容はほぼ一致している．

この *Škura bura* あるいは *Šcura bura* は天候の悪い，雨や曇りなどの暗い状況に吹く風で，しかも晴れたときや夏に吹く *Bura* に比較するときわめて強く，海上は大変危険であるという体験的に重要な意味が込められている．

ii) *Bura* に関する量的形容詞をともなう表現

このように顕著な強風をもたらす *Škura bura* あるいは *Šcura bura* であるが，この強風の程度を *Bura* の前に形容詞を付けて段階的に共有しようとする例が Crikvenica にある．それらは，*Mala bura*（マラ・ブーラ），*Srednja bura*（スレドニャ・ブーラ），*Jaka bura*（ヤカ・ブーラ），*Orkanska bura*（オルカンスカ・ブーラ）である．

Table 3-10 Grades on the strength of *Bura*

Grade of *Bura*	Situation
Mala bura	"*Mala bura*" je najslabija "*bura*". Mali je pridjev muškog roda za male stvari.
	マラ・ブーラは最も弱いブーラで，Mali（マリ）は小さいを表すクロアチア語の形容詞である．
Srednja bura	"*Srednja bura*" je "bura" srednje brzine i snage. Srednja je pridjev ženskog roda za prosječnu veličinu.
	スレドニャ・ブーラは中程度の速さのブーラで，Srednja（スレドゥニャ）というクロアチア語は「中くらいの」という意味である．
Jaka bura	"*Jaka bura*" je snažna "*bura*". Jaka je pridjev ženskog roda za snažno.
	ヤカ・ブーラは強いブーラのことである．Jaka（ヤカ）はクロアチア語で強いの意味である．
Orkanska bura	"*Orkanska bura*" je najjača "*bura*". Orkanska je pridjev srednjeg roda za vrlo snažno.
	オルカンスカ・ブーラは最も強いブーラを指すことばである．Orkanska（オルカンスカ）は「ハリケーンのような」を意味するクロアチア語である．

これらの段階表現は次に示す風力階級：Beaufort scale の表現に倣ったものであろう．ただし，Beaufort scale は 12 階級に分かれている．

Table 3-11.　Beaufort scale in Croatian.

Scale	Expression	English *expression*	*wind speed*
0	*tišina*	*silence*	below *0.3 m/s*（*1 km/h*）
1	*lahor*	*zephyr*	*0.4 - 1.5 m/s*（*1 - 5 km/h*）
2	*povjetarac*	*breeze*	*1.6 - 3.3 m/s*（*6 - 11 km/h*）
3	*slab vjetar*	*low wind*	*3.4 - 5.4 m/s*（*12 - 19 km/h*）
4	*umjeren vjetar*	*moderate wind*	*5.5 - 7.9 m/s*（*20 - 28 km/h*）
5	*umjereno jak vjetar*	*moderately strong wind*	*8.0-10.7 m/s*（*29 - 38 km/h*）

6	*jak vjetar*	*strong wind*	*10.8-13.8m/s（39 - 49 km/h）*
7	*vrlo jak vjetar*	*very strong wind*	*13.9-17.1m/s（50 - 61 km/h）*
8	*olujni vjetar*	*stormy wind*	*17.2-20.7m/s（62 - 74 km/h）*
9	*oluja*	*tempest*	*20.8-24.4m/s（75 - 88 km/h）*
10	*jaka oluja*	*storm*	*24.5-28.4m/s（88-102 km/h）*
11	*teška oluja*	*heavy storm*	*28.5-32.6m/s（103-117km/h）*
12	*orkan*	*hurricane*	*32.7-36.9m/s（118-133km/h）*

人間の宏観的な観測では 12 階級のような細かい区別はできない．地域社会が風の強さの程度を共有することができるのは４段階か５段階ぐらいが限界なのであろう．

ボラ（*Bora*）で知られるイタリアの街 Trieste では *Bora* の等級を次のように定めている．

Borin: bora leggera, vento di tramontana ボリン：ライトボラ，北からの風
Borineto: vento di tramontana (termine raro, in disuso) ボリネト：トレモンタナの風（希少な用語）
Boron: bora molto forte ボロン：非常に強いボラ
Boraza: bora violenta e fastidiosa ボラザ：暴力的で迷惑なボラ
Refolo: raffica, folata di bora リフォロ：ガスト，突風性のボラ Termine attestato fin dal 1481 da Cristoforo von Thein che definisce Trieste come “la città dove soffia il refolo”. この *Refolo* は，トリエステを「突風が吹く街」と表現した Cristoforo von Thein（クリストファー・フォン・テイン）によって 1481 年に記された用語.

出典：Il Museo Della Bora：Trieste ボラ博物館.

iii）***Jugo* に関する質的な形容詞をともなう表現**

シロッコはアドリア海に入るとユーゴと呼ばれて，通常はひどい暑さと湿度で人々を悩ませる．ユーゴはダルマチア海岸の海岸線に沿って吹くためにほとんどが南東からの風となる．ブーラに比べると吹送距離(fetch)が長くなるので，波浪が発達し，海岸にはうねり状の高波が到達することになる．さらに吹続時間（duration）が長いときには，ブーラに比べると安定的に波を発達させるためにうねりの波高も大きくなる．

ユーゴがもたらす天候は多湿で高温である．春や秋に起こるユーゴはしばしば雨をともなう．

このような特徴をもったユーゴ（*Jugo*）に関する伝承表現の形容詞句のヴァリエーションには，次のようなものがある．

漁業従事者は天候の良い日に沖に出ることが多くなるが，このような天気の良いときの *Jugo* は長く続く南風による高波のために危険極まりない．この危険な *Jugo* を，Crikvenica, Šibenik, Split その他多くの地域では *Vedro jugo*（ヴェドロ・ユーゴ）という．これらの地域で使われる *Vedro jugo* は高気圧性のユーゴを指している．*Vedro jugo* は「晴れた天候のユーゴ」という意味であり，

“*Vedro jugo*” znači čisto jugo, koje je najopasnije “*jugo*”.
「ヴェドロ・ユーゴはクリアなユーゴのことだが，かなり危険なユーゴ(南東風）だ．」
というようにその危険性が地域で共有されている．

Jezera の *Vedro jugo*（ヴェドロ・ユーゴ）も同様の意味で，同じ教訓を語っている．このように各地に高気圧性のユーゴに関する伝承表現は多い．

Split では，*Diže jugo*（ディジェ・ユーゴ）という *Vedro jugo* に関連した表現があり，風ばかりではなく表現の中には海の状態も含んでいる．

“*Diže jugo*” je izraz za lagano podizanje snage vjetra i valova. “*Diže jugo*” znači da valovi i vjetar postepeno postaju snažniji, ili da nešto podiže “*jugo*”.

「ディジェ・ユーゴはユーゴによってもたらされる風と波が高くなることをいう．そして，「（これから）何かが起こるから気をつけろ！」というように使われる．」

Vedro jugo という表現には「やがて波が高くなるので警戒せよ」という教訓が含まれていることがわかる．

Bura と同様に「本当の *Jugo* だ」に相当する表現には，Ugljan 島 Kali に *Pravo Jugo*（プラヴォ・ユーゴ）があり，Split には，*Čisto jugo*（チスト・ユーゴ）がある．

“*Pravo jugo*” znači stvarno “*jugo*”（Ugljan 島 Kali）

「プラヴォ・ユーゴは本当のユーゴだ．」

“*Čisto jugo*” se naziva “pravo *jugo*” jer nastaje uslijed južnog vjetra（Split）

「チスト・ユーゴは本当のユーゴで，南から吹くぞ．」

などである．

強風が長く続く *Jugo* に関する表現には，Ugljan 島 Kali の *Fortunal juga*（フォーチュナル・ユーガ）がある．これは極めて強いユーゴを指す伝承表現である．

Ražanac と Šibenik の *Fortuna juga*（フォーチュナ・ユーガ）はとても大きな波で波長も長いうねりをともなう伝承表現で，このようなときは「外に出るのは危険」といわれる．

Zadar の *Olujno jugo*（オルニョ・ユーゴ）は波高が高く，波長も長いうねりで，「スリリングなセーリングには楽しいが嵐のようになると危険なユーゴだ」といわれる．

強風と高波が危険といわれるユーゴは晴れたときに起こるユーゴである．そのため，さらに直接的に分かりやすい表現として，各地では *Suho jugo*（スーホ・ユーゴ）あるいは *Suvo jugo*（スヴォ・ユーゴ，Split 地域の方言）が使われ，もちろん危険なことを前提にしており，警戒心が共有されている．

「*Suho jugo* は晴れた日に起こるユーゴだ」（各地）．

一方，弱い *Jugo* に関する表現としては，*Donji vitar*（ドニ・ヴィタル）という表現がある．弱い *Jugo* から中程度の *Jugo* に使い，Posedarje では秋に多いという．Donji は「下の」という意味であるが，この表現についてはさらに特別な方向感覚として後述される．

もうひとつユーゴの特徴として，高温と湿気を挙げておかなければならない．

Jugo が長時間続くと，この風による高温多湿な気候は人々に不快な感覚をもたらす．

帆船時代の航海では風が吹く状況がとても重要であった．風が強い，あるいは弱い，吹かないなど船乗りにとっては死活問題である．そのような時代には，船乗りたちはこの湿度が高く高温の *Jugo* によって，精神的に衰弱するばかりでなく，貴重な食物が腐敗する，さらに悪臭が漂い始める，あるいは仲間の体臭が汗臭くなったりするという経験をしたことであろう．

このような体験から生まれた伝承表現に *Gnjilo jugo*（グニロ・ユーゴ，Split ほか各地）という表現がある．「腐った（ものを思い出させる）ユーゴ」，「汗臭いユーゴ」というニュアンスである．この伝承表現が現在でも使われることがある．

“*Gnjilo jugo*” znači trulo- pokvareno “jugo”. To “jugo” donosi visoke temperature i veliku sparinu. Kada puše južni vjetar, hrana se kvari.

「*Gnjilo jugo* は腐ったユーゴという意味だ．非常に高温で非常に湿気が高い *Jugo* のことだけれど，このときには全てが腐りやすくなるという経験からきている．」

さらに長く続く*Jugo*のもとでは人々は気力を失い，判断力も欠如する．不快指数が高く，耐え難い状態を体験する．そのときの体験が以下のように語られる．

Pri takvom “jugu”, ljudi su nervozni, tromi, razdražljivi i brzo se umaraju.

「この状況では人々はやる気を失い，だるくて早く疲れてしまい，ことに神経症が発症しやすくなるものさ．」

このような表現からユーゴは必ずしも好ましい風，好ましい気象・海象現象とは捉えられていないことが分かる．

3-4-4. 風位の中間表現

8方位を表現する*Tramontana*，*Bura*あるいは*Grego*，*Levanat*，*Jugo*，*Oštro*，*Lebić*，*Pulenat*，*Maestral*を用いてさらに方向を正確に表現するためには，16分割で方向を表現することになる．

この最も簡便なやり方としては，中世のCompass roseにみるようにそれぞれの名称を組み合わせて風位の中間表現を生み出す方法がある．

そのような表現が今回の調査でも見られた．さらにその表現には単に方位を正確に表現するばかりではなく，気象状況の変化を含んだ意味で使われることもあった．

*Tramontana*をN風とみなし，*Bura*をNE風とみなして*Bura po trmuntoni*（ブーラによるトラモンタナ，トラモンタナによるブーラ）をNNE風とみなしているのはNovigrad，Ugljan島のMuline，Ugljan島のLukoranである．これらの地域では，同様に*Bura*をNE風とみなし，*Levant*をE風とみなして，*Bura po levantu*がENEを表現するのに使われている．

Selceでは，S風の*Oštro*とSW風の*Lebić*の中間の表現として*Oštro po lebiću*がSSWを表現するのに使われている．さらに，Šibenikでは，ESE風を*Južni levant*という表現が使われている．

その他，Splitでは真南から来る風に対して，その方向を正確に表現しようとするとき*Široko jugo*（シュロコ・ユーゴ）を使う．

Široko jugo je tek južni vjelar.「*Široko jugo*は真南風だ」のような使い方である．

このようにすると8方位の風位の呼称を用いて，その中間表現を巧みに取り入れることによって16方位まで表現することができる．

このように各地で表現はさまざまであるが，基本となる8方位をもとにその中間の16方位を表現しようとする方法は共通した発想である．この方法は地図におけるナビゲーションにおいては32方位などさらに細かくすることも可能である．

事実，歴史的なCompass roseの資料にはこの方法を拡張して32方位などさらに厳密につくり上げられたものもある．

基本的な4方向あるいは8方向の風の名前が定まれば，その間の角度から吹く風に対しては，SとEの中間の風というようなヴァリエーションをつくりだすことができる．この方法は日本においてもアドリア海においても同じである．

Fig. 3-6 は，地中海で多く見られる方位の呼称であるが，この方位の

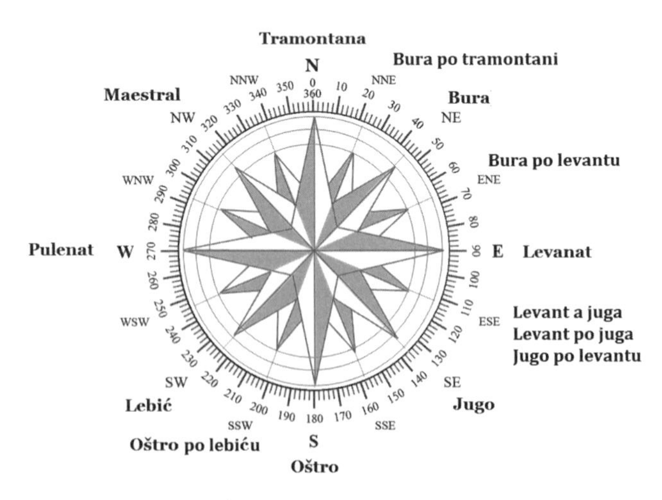

Fig.3-6. Basic wind names and how to make azimuth.
The example of Adriatic coast in general case.

呼称は基本的に８方位である．この８方位からさらに詳細な 16 方位をつくるために，N の *Tramontana* と NE の *Bura* を組み合わせて，NNE を *Bura po tramontani*，ENE を *Bura*（NE）と *Levant* (E) から *Bura po levantu* と表現することができる．あるいは，S の *Oštro* と SW の *Lebić* を組み合わせて，SSW の *Oštro po Lebić* という表現をしていることもある．このような使用例はほかにも見いだすことができる．

ただし，アドリア海沿岸地域ではブーラに対して注目する地域が多い．そのため単なる中間の方向を指すばかりではなく，この風位の中間表現が実際的なブーラの発達などのきめ細かい観察に用いられることがある．

Ražanac では「冬に多いけれど，荒天のあとに *Bura* となることがあり，このときの *Bura* は予測が難しくとても危険だ．ENE の *Bura po levantu* より NNE の *Bura po tramontani* の方が強い」というように，細かい風向表現が使われることがあるようだ．

3-4-5. ランドマーク表現

地域の人々は生活するときに身近なランドマーク（目印）をもっている．それは目の前の島であったり，高い山であったりする．このランドマークは人々に共有され，記憶されている．ランドマークは相互の位置を確認しあえるものがよく，一般によく知られたものがその役割を果たす．

このようなランドマークやランドマークとなる地名を自然現象に結びつけると人々の認識が身近になり，共通認識になりやすい．また，風の吹く方向をランドマークに重ねると，その方向がより，正確になる．むしろ方向を正確に表現する目的で地名を付記したランドマーク表現がある．

Local terminology	Landmark	Site	Modified azimth
Marčanske bure 〔マルチャンスケ・ブーレ〕	Marčani	*Pula*	*NE*

春を告げる *Bura* として Pula で使われる *Marčanske bure*（マルチャンスケ・ブーレ）はイストラ半島の南部内陸部にある Marčani という地

名からの呼称である．Pula から見るとちょうど NE 方向にあたる．

Local terminology	Landmark	Site	Modified azimth
Kranjska bura 〔クラニェスカ・ブーラ〕	Kranj, Slovenija	Opatija	N

北風が陸から海に向かって吹くとき，強いブーラになることが多く，風位では *Grego*（グレゴ）になるが，これをスロヴェニアの Kranj（クラニ）から吹くブーラ，*Kranjska bura*（クラニェスカ・ブーラ）という．

Kranjska bura は北風と同じ方向の風であるが，このことばを使うときは，「とても遠い所から吹く風」というニュアンスで使うという．

Local terminology	Landmark	Site	Modified azimth
Plominska tramontane 〔プロミンスカ・トラモンタネ〕	Plomin; the mouth of Boljunčka river (gorge)	Opatija	NW

Plominska tramontane（プロミンスカ・トラモンタネ）は Opatija の南イストラ半島の東側沿岸の中ほどの町 Plomin に因んだ風の名前．風向は NW で Boljunka（ボリュンカ）川の峡谷から河口に向かって海まで吹く．

Local terminology	Landmark	Site	Modified azimth
Senjska bura 〔セニスカ・ブーラ〕	Senj	Crikvenica	E

Senjska bura（セニスカ・ブーラ）は Crikvenica の南東約 15km にある「Senj の *Bura*」という表現である．Senj は最も強いブーラが吹くといわれる町の代表であるが，Crikvenica で通常東風はレヴァントというのに対し，ブーラの特徴をもった風が吹き出したときに東風であっても，ブーラといい，これを *Senjska bura* という．Senj で吹くような強いブーラだというニュアンスである．

Local terminology	Landmark	Site	Modified azimth
Bura s Plasa 〔ブーラ・ス・プラサ〕	Plasa	Crikvenica	N

Bura s Plasa〔ブーラ・ス・プラサ〕はトラモンタナと同じ北からの風の名前でPlasaは地名.

Local terminology	Landmark	Site	Modified azimth
Ličko jugo 〔リチコ・ユーゴ〕	Lika	Crikvenica	N

Ličko jugo（リチコ・ユーゴ）はCrikvenicaの北のGorski Kotar（ゴルスキ郡の）山岳地帯のLičという場所からのフェーンのように乾燥した風をいう. *Jugo*は通常S～SE風であるが, *Ličko jugo*はN風に相当する.

Local terminology	Landmark	Site	Modified azimth
Bodulsko jugo 〔ボドゥルスコ・ユーゴ〕	*Bodulija* *Krk island.*	*Crikvenica*	S

Bodulsko jugo（ボドゥルスコ・ユーゴ）は南風*Oštro*と同じ. Bodulsko（ボドゥルスコ）は内陸を意味するBodulija（ボドゥリヤ）から派生したことばで，Krk島の内陸部から吹く風という意味と思われる. S風であるが結果的に海岸線に沿って吹くとCrikvenicaで通常認識されるユーゴの方向，すなわちSE方向となる.

Local terminology	Landmark	Site	Modified azimth
Nevera s Kvarnera 〔ネヴェラ・ス・クヴァルネラ〕	*Kvarnera* Rijeka zone	Crikvenica	SW

Nevera s Kvarnera（ネヴェラ・ス・クヴァルネラ）はRijeka地域の

Kvarner 湾で発生する SW 風とその風から発達する荒天を指すことば.

Local terminology	Landmark	Site	Modified azimth
Draga puše 〔ドラガ・プシェ〕	Draga (Backward plain)	Crikvenica	SE

Crikvenica では, *Draga puše*（ドラガ・プシェ）と *Sušac*（ス - シャッツ）という SE からの風の名前を同じように使う. Draga 草原からの風という表現.

Local terminology	Landmark	Site	Modified azimth
Petak puše 〔ペタク・プシェ〕	Petak (name of this area)	Crikvenica	

Petak puše（ペタク・プシェ）は Crikvenica 地域の呼び方で, この地の乾いた SE 風とでもいう表現と思われる. *Sušac*（スーシャッツ）と同じ.

Local terminology	Landmark	Site	Modified azimth
Bakarska bura 〔バカルスカ・ブーラ〕	Bakar	Crikvenica	NW

Bakarska bura（バカルスカ・ブーラ）は「Bakar 湾に発生する *Bura*」という意味で使われる. Bakar 湾は Crikvenica の北西約 10km にあり, Kraljevica という歴史ある町がある. また, ブーラの研究の先駆者モホロビチッチが山岳波の観察を行った所としても有名である.（第 2 章参照）.

おそらく典型的な強いブーラが Crikvenica に吹いたときに,「本格的な *Bura* だ」という意味でブーラの発生する典型的な場所と考えられている Bakar 湾に例えたのであろう. 同じようにブーラの典型的な発生地「Senj の *Bura* のように強い」という意味の *Senjska bura*（セニスカ・ブーラ）がある.

ただ, *Bakarska bura* を地名との位置関係で見ると, NW からのブーラとなる．*Senjska bura* は ESE の方向になるので地名との位置関係で吹く方向を見るのは難しい．

Local terminology	Landmark	Site	Modified azimth
Polarna bura〔ポラルナ・ブーラ〕	Russia / North Pole	Crikvenica	NE

体験されるブーラが異常に低温であるとき，*Polarna bura*（ポラルナ・ブーラ）という．このブーラは「ロシアから，北極から吹いてきた *Bura* だぞ」という表現によって冷たい風であることを伝えようとする．

Local terminology	Landmark	Site	Modified azimth
Senjska bura〔セニスカ・ブーラ〕	Senj	Selce	ENE

Selce は Crikvenica の南隣の町である．*Senjska bura*（セニスカ・ブーラ）は Senj で吹くような強いブーラだという表現である．Crikvenica の *Senjska bura* は E 方向であるが，Selce の *Senjska bura* は ENE 方向と若干方向が違う．これは周辺の地形も関係しているものと思われる．また，この地域でブーラは通常N～NEの風をいう．これはSelceが海岸線に沿った町であり，風配図も N と SE が卓越していることからも分かる．

Local terminology	Landmark	Site	Modified azimth
Bura lebarčica〔ブーラ・レバルチィチャ〕	Unknown	Selce	NW

Bura lebarčica（ブーラ・レバルチィチャ）は NW 方向から吹くブーラであるが，Lebarčica という地名はどこを指すのか，地域数人からの回答ではわからなかった．

Local terminology	Landmark	Site	Modified azimth
Bura zlebarka 〔ブーラ・ズレバルカ〕	Unknown	Selce	NW

Bura zlebarka（ブーラ・ズレバルカ）はNW方向からのブーラをいう．Zlebarka（ズレバルカ）は「屋根（roof）の意味ではないか」という回答であったが，詳細は不明．

Local terminology	Landmark	Site	Modified azimth
Bura bibinjka 〔ブーラ・ビビニカ〕	Bibinje	Kali (Ugljan Isle.)	ENE

Bura bibinjka（ブーラ・ビビニカ）はENE方向からのブーラをいう．Bibinje（ビビニェ）はZadarの一地区でUgljan島の対岸の町の地名．Ugljan島の東の港町Kaliから見ると目と鼻の先の場所である．方向的にはE方向であるが，*Bura bibinjka*という場合にはENE方向からのブーラとされる．ほとんどE方向からのブーラと考える方がよいかもしれない．このように身近に目視できる地点を風の伝承表現に使用しているケースは珍しいが，地形が複雑で多くの島々のあるアドリア海東の沿岸地域では複雑な風を回避あるいは利用する場合には有効なはずである．

Local terminology	Landmark	Site	Modified azimth
Solinska bura 〔ソリンスカ・ブーラ〕	Solin	Novigrad	ESE

Solinska bura（ソリンスカ・ブーラ）は，SolinはSplitの中心部の地名．おそらくSplitのブーラがNovigradの人々にとっては強い典型的なブーラという認識であるとすれば，そのブーラがESE方向であることから，典型的なブーラとして表現されたものであろう．あるいはNovigradからSplitの中心部Solinの方向は概ねSE方向であることから，この方向のブーラを地名に重ねたものであるかもしれない．

Local terminology	Landmark	Site	Modified azimth
Karinska bura 〔カリンスカ・ブーラ〕	Karinsko more	Novigrad	ESE

Karinska bura（カリンスカ・ブーラ）はESE方向からのブーラで，Karinsko（カリンスコ）という東西方向にやや長い汽水湖（Blakish water lake, Karinsko more）の出口あるいはZrmanja river河口から吹くブーラである．このブーラは湖の南東にあるBukovica（ブコヴィツァ）という高原から吹き下ろしてくるためにESEの方向のブーラとなる．きわめて局地的な表現といえる．

Local terminology	Landmark	Site	Modified azimth
Kranjska bura 〔クラニンスカ・ブーラ〕	Kranj, Slovenija	Privlaka	NNE

Privlakaでいわれる*Kranjska bura*（クラニンスカ・ブーラ）の地名KranjはSlovenijaを指しており，方向はNNEである．そのためこの方向の地名を呼称にしていると思われる．PrivlakaはZadarの北西約20kmに位置する沿岸の地点である．

Novigradに*Levant od crvenih stina*という表現がある．これはNE方向のLevantで本来は東風を指しているが，この意味はこの地域から見える「赤い山肌の方向から吹いてくる*Levant*（しかし方向は*Bura*)」で，直接，地名を含んだ表現ではないが興味深い表現である．さらにこの表現には，後の分類で述べられるが，風向が変化する現象が起こりつつあるという判断も含まれている．

Betinaには，*Malisenj*という表現がある．「*Malisenj*（マリセニ）は小さなSenjという意味で，この*Bura*はSenjに吹くブーラほどには強くない」，「ブランスコ湖（Lake Vransko）がブーラを発生させるようだ」

という．この表現は，湖を囲む周辺の山々の鞍部（col）や峡谷から強風が吹き出すことを意味しているようである．湖がランドマークとなっているため，人々は *Malisenj* と聞いたとき，彼らの生活している地域とブランスコ湖（Lake Vransko）の位置関係とブーラの吹く方向を思い浮かべるのであろう．

Ugljan 島の Lukoran では，*Vlaški vitar*（ヴラシュキ・ヴィタル）という伝承表現がある．これは漁師にとっては，極めて過酷な風で，強い西からの強風である．「*Vlaški vitar* は冷たいあるいは痛いような風の意味で，*Levent* と同じ方向の西風である」という．

Vlaški vitar（vlaʃki，ヴラシュキ）のことばそのものの意味は「島の住民からの風」となるのでランドマークといえないこともない．

3-5. 現象共有のための知恵

自然体験をした人々はその体験を他の人々に伝えてその内容を仲間と記憶し合う．やがて，再びその現象が起こったときに思い出しやすくしておくことも必要である．そのための有効な方法のひとつが使用する伝承表現が単純であることだ．そのためには，記号的語彙（Symbolic terminology），象徴語（Symbolic word），言い換え語（Paraphrase）あるいは感嘆符（Exclamation point），擬音（Imitative sounds）などが人々の記憶に残りやすい．ここではそのような単純なことばに置き換えられたものを紹介する．

3-5-1. ブーラの前兆を知らせる雲

ブーラは山を越えるときにフェーンと同じように大気が含んでいた水蒸気を水滴として放出しながら進む．そのために山頂付近を見ていると独特の雲が山の向こうからこちら側に押し寄せてくるのが分かる．その雲は気温が低く重いため，さらに山の凹凸や峡谷沿いに低い所を下ってくるようにも見える．山の稜線や地形は変化しないのでいつも同じように下ってくるブーラの雲を見ている麓の人々にとって，その雲の動きは同じ形をともなった一定のパターンに見えてくることだろう．

雲が山頂を隠すように見えたり，峡谷ぞいに生き物が這って手足を伸ばしてくるようにも見えたりするかもしれない．このようにして見ている地域によってその雲を象徴することばが選ばれる．

以下はそれぞれの地域でブーラの前兆を知らせる雲の呼び方である．

Local terminology	Paraphrase	Site name	Description in Croatia andor Japanese
Kapa 〔カパ〕	Cap	Crikvenica	“*Kapa*” je naziv za oblake koji pokrivaju vrh planine “Velebit”, kao pokrivalo za glavu-kapa.“*Kapa*” je znak da će doći do pojave “bure”.

「*Kapa*（カパ）はキャップでブーラの前兆とされるヴェレヴィット山

頂にかかる特有の雲を指すことば．*Kapa* は一般の人々にも知られた表現のようで，当該地域以外の人からも聞くことがある．」

Local terminology	Paraphrase	Site name	Description in Croatia andor Japanese
Brk 〔ブルク〕	Moustache	Crikvenica	"*Brk*" je naziv za oblake koji se spuštaju s vrha planine "Velebit" i izgledaju poput ljudskog brka. "*Brk*" je znak da će doći do "bure".

「*Brk*（ブルク）はひげという意味．ヴェレヴィット山にかかる特有の雲 Kapa がさらに山を下りてくるときブーラが直前に迫っていることを表現する．」

Local terminology	Paraphrase	Site name	Description in Croatia andor Japanese
Bravina 〔ブラヴィナ〕	Maton	Crikvenica	"*Bravina*" je dugačak oblak na vrhu planine "Velebit" koji isto tako indicira da će doći do "bure".

「*Bravina*（ブラヴィナ）は「羊」のこと．ヴェレヴィット山頂にかかる特有の長い雲の別表現．」

Local terminology	Paraphrase	Site name	Description in Croatia andor Japanese
Rak 〔ラク〕	Crab	Crikvenica	"*Rak*" je naziv za oblak koji se spušta s vrha planine "Velebit", i on isto je predznak za nadolazeću "buru".

「*Rak*（ラク）はカニのこと．ヴェレヴィット山にかかる特有の雲 *Kapa* がさらに山を下りてくるときを表現する．」

Local terminology	Paraphrase	Site name	Description in Croatia andor Japanese
Račići 〔ラチッチ〕	Little crabs	Ražanac	Mali oblaci koji nastaju od *"Brv"*. Na osnovu njih se može predvidjeti kojom brzinom će "bura" doći.

Račići（ラチッチ）は『小さいカニ』.

おそらく山頂の *Brv*（brv，ブルヴ＝帽子）と呼ばれる雲が山の峡谷に沿って下りてくるようすを表現しており，「*Bura* の来襲を予測することができる」という.

3-5-2. 激しいブーラの表現

ブーラの危険性は海で体験した人しか現実味がない．しかし，その危険性についてはやはり地域社会が共通認識しておかなければならない．そのためには，理路整然とした解説よりも，激しい危険なブーラが吹いたときのようすを象徴するようなことばが有効である．しかも，そのことばは刺激的で覚え易いものの方がよい．各地で象徴語（Symbolic word）として使われるのは R.Vidović（1984）によると，Reful（レフル）ということばは「バシッと一撃」というニュアンスがあるという.

' Reful; iznenadri udarac vjetra, refula Zračnih.'
「突然の風の爆風，突風」，（R.Vidović,op. cit., p386.）

Local terminology	Paraphrase	Site name	Description in Croatia andor Japanese
Reful 〔レフル〕	Stroke	Crikvenica	"*Reful*" izgleda da je nastao iz riječi "Refule". "Refule" je jako snažan vjetar, čija karakteristika su senzacija udara.

Reful（レフル）はクロアチア語の Refule（突風）ということばから派生した表現である.「*Reful* は激しい風の一打撃，とても強風であるようすを表すのだ.」

Local terminology	Paraphrase	Site name	Description in Croatia andor Japanese
Reful 〔レフル〕	Stroke	Šibenik	Kada tipična “bura” puše, tada snažan vjetar udara površinom mora i stvara valove. I pukotine ili prskanje idu gore.

「*Reful*（レフル）は典型的な強いブーラが吹いたときに，海面に風がたたきつけられ，突風としぶきが舞うようす」を表す．

3-5-3. 海況を知らせる表現

激しいブーラの吹く海は，一面が水煙に覆われ，風は不規則に海面をたたきつけるように吹き，波は三角波のように不規則に高く，また白波が立って崩れる．強風に巻き上げられた海水飛沫は塩粒のようになってあちこちに飛び散る．このような状態を人々に伝えるためのことばは「何々のような波」という連想から言い換え語が多い．

Local terminology	Paraphrase	Site name	Description in Croatia andor Japanese
Stupi 〔ストゥピ〕	Pillars	Crikvenica	“*Stu*pi” su naziv za valove nastali “burom”.

「*Stupi*（ストゥピ）はクロアチア語で柱の意味．ブーラで起こる波の尖度（steapness）が大きいようす」を簡単なことばで表現している．

Local terminology	Paraphrase	Site name	Description in Croatia andor Japanese
Pilasti 〔ピラスティ〕	Saws	Crikvenica	“*Pilasti*” je naziv za “nazubljene” valove nastale “burom”. Njihovo nastajanje je vrlo kompleksno.

「*Pilasti*（ピラスティ）はクロアチア語でのこぎり．海面の形状が（あちこちで波立って）乱雑でまるでのこぎりのようになっているようす」を表す．

Local terminology	Paraphrase	Site name	Description in Croatia andor Japanese
Pjeni 〔ピェニ〕	Foams	Split	"*Bura*" zimi donosi nevrijeme, tada se more uznemireno, i nastaju pjenasti valovi s puno mjehurića, to se zove "*Pjeni*".

Pjeni（ピェニ）はクロアチア語で泡.「冬のブーラが吹く海面は一面がしぶきと泡でいっぱいになる. そのようすを表している.」

Local terminology	Paraphrase	Site name	Description in Croatia andor Japanese
Posolica 〔ポソリツァ〕	deposit of salt	Selce	"*Posolica*" znači sloj soli, ali u lokalnim priobalnim područjima se isto koristi za pojavu rosa.

Posolica（ポソリツァ）はユーゴやブーラで起こる波のために，海水の塩分が析出して塵状の層になるようすを表現する漁師独特の言い回し(R.Vidović, op .cit., p365) という. この地域では原意は露のようだ.

Local terminology	Paraphrase	Site name	Description in Croatia andor Japanese
Ovčica 〔オヴツィツァ〕	Little sheep	Crikvenica	"*Ovčica*" je naziv za specifičnu pojavu efekta bjeličastih valova pri puhanju "*bure*", inače je "*ovčica*" imenica u deminutivu za ovcu.

「*Ovčica*（オヴツィツァ）は羊のこと. ブーラが吹き渡る海面に立つ白波を羊が走り回るようす」に例えている.

Local terminology	Paraphrase	Site name	Description in Croatia andor Japanese
Ovčica 〔オヴツィツァ〕	Little sheep	Selce	"*Ovčica*" je naziv za specifičnu pojavu efekta bjeličastih valova pri puhanju "*bure*".

「*Ovčica*（オヴツィツァ）は羊のことで，ブーラによる海面の飛沫を表現したことば.」

Local terminology	Paraphrase	Site name	Description in Croatia andor Japanese
Pivac 〔ピヴァッツ〕	Cockscomb	Betina	"*Pivac*" je "white cup" specifična pojava na povrsini mora.

「*Pivac*（ピヴァッツ）は鶏冠．海面の白波をいう．」

3-5-4. 特有の口調：感嘆符や擬音

穏やかな海面や激しい荒天が終息し始める波のようすの観察眼も重要である．このような状況を見極めるための伝承表現も存在する．

Local terminology	Paraphrase	Site name	Description in Croatia andor Japanese
Ćuh 〔チュ〕		Kali (Ugljan Isle.)	"*Ćuh*" je lagani vjetar/ povjetarac bez nekog određenog smjera.

「*Ćuh*（チュ）は風向が定まらない弱い風．」

Local terminology	Paraphrase	Site name	Description in Croatia andor Japanese
Zdah 〔ズダー〕	Breath	Muline (Ugljan Isle.)	"*Zdah*" znači lagani povjetarac. Kaže se: "*od bure zdah.*" *Zdah* ne puše, več ima statičku karakteristiku kao "bonaca".

「*Zdah*（ズダー）は弱い風．ブーラが収まってやがて海面も穏やかになるときのようすを表現．」

Local terminology	Paraphrase	Site name	Description in Croatia andor Japanese
Teran 〔テラン〕	Tellane	Split	"*Teran*" je vrsta laganog povjetarca u ljetnim noćima.

「*Teran*（テラン）は夏の夜に吹く弱い風．陸風にあたる．」

Local terminology	Paraphrase	Site name	Description in Croatia andor Japanese
Kalada 〔カラダ〕		Ražanac	"*Kalada*" je mreža oblaka nastala is "*nevera*".

「*Kalada*（カラダ）はSW風の強風，あるいは嵐（*Nevera*）の雲行き

をいう.」

Local terminology	Paraphrase	Site name	Description in Croatia andor Japanese
Sijunadu〔シユナジュ〕		Crikvenica	"*Sijunadu*" je kad dođe do "*nevera*", smjer vjetra je nepostojan, promjenjljiv, kao pri "*pijavica*". "*Sijunadu*" znači dio "nevera".

Sijunadu（シユナジュ）は「Nevera が竜巻のようになり，風向が一定しない状態のとき」をいう．また，「雨をともなわない Nevera のことを Sijunadu という」．この状況を Privlaka では *Suva Nevera*（スーヴァ・ネヴェラ）という．

R. Vidovič（op.cit.）によると Šijunada に竜巻をあてている例がある（p427）．

Local terminology	Paraphrase	Site name	Description in Croatia andor Japanese
Šija〔シュイヤ〕		Crikvenica	"*Šija*" je kad dođe do "*nevera*", smjer vjetra je nepostojan, promjenjljiv, kao pri "*pijavici*". "*Šija*" znaci vrat.

「Nevera による荒天によって竜巻のように風向が一定しない状態のときを *Šija*（シュイヤ）という.」Šija はクロアチア語で首のこと．

R.Vidović（op .cit.）によると，「brazna koju brod ostavlja po krmi kad plovi（船が航海中に船尾にまとわりつく航跡）」とあり，この強風のときの船のようすを指しているのであろう（p424）．

Local terminology	Paraphrase	Site name	Description in Croatia andor Japanese
Šijon〔シュィヨン〕		Labin (Istra)	"*Šijon*" je većinom u ljeto kada iznenadan vjetar zapuše, poslije toga dođe do kiše ili snažnijeg nevremena.

Šijon（シュィヨン）は，「ほとんどが夏に起こる激しい嵐で風雨をともなう．Nevera あるいは Šijon は，ほとんどが夏に起こる激しい嵐で，風雨をともなう.」これらの別名を時に Fortunol/fortunal という．

3-6. 皮膚感覚から生まれた伝承表現

伝承表現はある現象の総体を表現しているが，その中でもその風や天候を体験したときの人間の感じ方を込めた表現がある．アドリア海で体験する気象現象は夏の暑さ，冬の寒さ，乾燥した気候，多湿の気候，そしてそれらを五感で体験した人々だからこそお互いに共有できる感じ・気分の表現である．

Kind of feeling	Local terminology	Site	Brief description
Cold & Painful (寒さと痛さ)	*Ujad* 〔ウヤド〕	Crikvenica	Ujad (ujad, udayudo) riječ koja izražava osjećaj da je jako hladno. "*Ujad*" je bolan izraz.

「*Ujad*（ウヤド）はとても寒いという皮膚感覚を表現することば．痛いほど寒い．おそらく Ujed（bite，噛みつく）から転用．」

Kind of feeling	Local terminology	Site	Brief description
Stifling (息苦しさ)	*Mulajtina* 〔ムライティナ〕	Crikvenica	"*Mulajtina*" je izraz za osječaj gušenja. Prije "*nevera*" dolazi do mnogih valova koji se rasprše kao dim.

Mulajtina（ムライティナ）は「海面が荒れて息苦しいようすを表現することば．」Nevera の嵐で海上が煙霧のようになるときに使われることが多い．

Kind of feeling	Local terminology	Site	Brief description
Cold (寒さ)	*Hladnaj bura* ／ *Hladna bura* 〔フラドナ・ブーラ〕	Crikvenica	"*Hladnaj bura*" znači hladna "*bura*" u Crikvenici. "*Hladna*" je hladno na hrvatskom jeziku.

Hladnaj bura／*Hladna bura*（フラドナ・ブーラ）はことさら寒さが厳しく感じられるブーラ．

Kind of feeling	Local terminology	Site	Brief description
Taste (salty) (塩辛い)	*Bura posolila* 〔ブーラ・ポソリラ〕	Privlaka	"*Bura posolila*" znači "bura" zaslanjena/ slana "bura"

Bura posolila（ブーラ・ポソリラ）は「塩辛い *Bura*」．ブーラが激しく海面から塩粒子を飛散させるときに，その風を味覚として表現している．

注）Privlaka の北には大きな塩盆（salt pan）ができている．塩盆は一般に塩類が堆積した構造盆地である．ここは，強いブーラによって，海水の飛沫に含まれた塩がたびたび吹きつけられてできた塩盆となっている．

Kind of feeling	Local terminology	Site	Brief description
Refreshing (清々しさ)	*Digne ti nervčić* 〔ディグネ・ティ・ネルヴチッチ〕	Split	Pri "tramontani" ili "buri", ljudi se osječaju osvježavajuče, pa kažu: "*Digne ti nervčić.*"

Digne ti nervčić（ディグネ・ティ・ネルヴチッチ）は「*Tramontana* や *Bura* が山から乾燥した冷風として吹き下りるときに清々しい」という感覚を表現することば．

Kind of feeling	Local terminology	Site	Brief description
Drying (乾き)	*Sušac* 〔スシャッツ〕	Crikvenica	"*Sušac*" znači suhi vjetar.

Sušac（スシャッツ）とは，「乾いた風」という表現．

Sušac は陸から吹く乾燥風で，人によっては「夏に吹く *Bura* あるいは *Burin* を指していうこともある．」また，風向はまちまちだが乾燥風という認識は一致している．おそらくフェーンも含むと思われる．

Kind of feeling	Local terminology	Site	Brief description
A feeling of troublesome (悪天候の予感)	*Przne* 〔プルズネ〕	Crikvenica	"*Przne*" znači lagana kiša/ kišica, koja često bude neugodna i dosadna.

「*Przne*（プルズネ）は，弱い雨を指すことばであるが，この表現には『厄介な天気になるぞ』という予測と『厄介な天気になった』という憂鬱な気

分が含まれる.」

Kind of feeling	Local terminology	Site	Brief description
slippery or *durty*	*Cvjetanje mora* 〔ツヴェタニエ・モラ〕	Split	“*Cvjetanje*” znači “prljavo” more koje je na površini uzrokovano algama ili planktonima.

「*Cvjetanje mora*（ツヴェタニエ・モラ）はうねりが海の底まで振動するときにプランクトンや海藻などを破砕し，浮き上がらせる汚れた海のようすを表現.」

3-7. 海象の表現

形容詞句によって現象を表現した伝承表現は地域社会において数多く使われていることが分かった．今回の調査で見いだせたものはその中の一部であろうが，限られた取材時間で回答者が思い出したものであるから，とくに身近に感じているものが結果として現れたといってよいだろう．

以下に風に限らずに海象表現にまで踏み込んで回答してもらったものを列記しよう．

3-7-1. 穏やかな海面

穏やかな海面に対する表現は，やや波の上下運動のある海面，全く波のない状態の海面，さらにブーラあるいはユーゴが収まった後に穏やかになった海面，そしてユーゴの前兆に当たるような穏やかな海面など，各地で微妙にニュアンスが異なる．

Local terminology	Site	*Brief description*
Kalma bonaca〔カルマ・ボナッア〕	Kali (Ugljan, Isle.)	“*Kalma bonaca*” znači “tiho”/ mirno more, bez gibanja i valova.

「*Kalma bonaca*（カルマ・ボナッア）は海面が動かず，波のないようす．」

Local terminology	Site	*Brief description*
Mrtvo more〔ムルトヴォ・モレ〕	Crikvenica	“*Mrtvo more*” je mirna površina mora, bez gibanja, valova, djeluje kao mrtvo. “Mrtvo”je imenica srednjeg roda i znači bez života.

「*Mrtvo more*（ムルトヴォ・モレ）は海面に全く波がないときの状態で「死んだような海」と表現される．」

Local terminology	Site	*Brief description*
Mrtvo more 〔ムルトヴォ・モレ〕	Split	"*Mrtvo more*" se pojavljuje poslije "*jugo*" kada površina mora postane mirna bez ikakvog gibanja.

Mrtvo more（ムルトヴォ・モレ）は「*Jugo* によるうねり状の海面が収まって，さざ波すらなくなった海面状態.」のようなとき「死んだような海」という.

Local terminology	Site	*Brief description*
Mrtvo more 〔ムルトヴォ・モレ〕	Split-Kaštela	"*Mrtvo more*" je mirna površina mora, bez gibanja, valova, djeluje kao mrtvo.

「*Mrtvo more*（ムルトヴォ・モレ）は死んだ海」. 海は通常は動きがあるものだという認識に対する海の異常な光景をいう.

ここでは，各地で穏やかな波のない海を「死んだような」と表現していることに注目したい. とくに波のある状態が海の正常な状態というとらえ方が特徴的である.

そのほかに Dubrovnik では *More ko ulje*（モレ・コ・ウリェ）という言い方があり，これは *Bonaca*（ボナッツア）のときを "More ko ulje"（油のような海）と表現したものである. 日本の「あぶら凪」と同じ表現といえる.

Local terminology	Site	*Brief description*
Mrtvo jugo 〔ムルトヴォ・ユーゴ〕	Crikvenica	"*Mrtvo jugo*" je indicator za pojavu "*jugo*".

Mrtvo jugo（ムルトヴォ・ユーゴ）は「穏やかな海面状態がやがて Jugo をもたらす」というユーゴの前兆を予測する教え.

Local terminology	Site	*Brief description*
Mrtvo vali 〔ムルトヴォ・ヴァリ〕	Crikvenica	"*Mrtvo vali*" znači da nema valova, da je more mirno, i predznak je za "jugo".

Mrtvo vali（ムルトヴォ・ヴァリ）は「穏やかな海面状態で Jugo の前兆を予測する.」

Mrtvo jugo（ムルトヴォ・ユーゴ）と同じ．

ここでいうMrtvoはdeadly（死んだような）の「死んだように静かな海」というよりはlethal（死に至った）というニュアンスの「荒れた海が収まって死んで動かない状態に至った」という意味合いがあるようだ．

3-7-2. 時化と海面

荒天のときの海面のようすはブーラに関する伝承表現が豊富にあるためにその他の嵐の表現が見えにくいが，ユーゴ，ネヴェラなど，あるいはその他の海況に対しても細かい観察が伝承表現をもたらしている．

Local terminology	Site name	Brief description
Dugi val 〔ドゥギ・ヴァル〕	Crikvenica	"*Dugi val*" je plimni val nastao "jugom". Dugi je pridjev muškog roda, predstavlja veču dužinu, a val je imenica muškog roda i znači gibanje mora.

Dugi val（ドゥギ・ヴァル）は「*Jugo*によって起こる大きなうねり．」Dugi valは文字どおり「大きな波」ということである．

ユーゴの予測として海面状態を観察して*Mrtvo jugo*（ムルトヴォ・ユーゴ）や*Mrtvo vali*（ムルトヴォ・ヴァリ）とともに，ユーゴによる波の発生，発達，減衰，消滅が含まれて表現されていると思われる．

Local terminology	Site name	Brief description
Morska prašina 〔モルシュカ・プラシュィナ〕	Senj	"*Morska prašina*" nastaje pri snažnom vjetru "bura" koji udarajući po površini mora stvara guste oblake kapljica koje u zraku lete i smanjuju vidljivost.

Morska prašina（モルシュカ・プラシュィナ）は「激しい*Bura*が吹く海面が一面海水の飛沫や水滴で煙霧のような状態になること」をいう．このようなときには「視界が利かず，呼吸も苦しくなる」という．

Local terminology	Site name	Brief description
Posolica osoli 〔ポソリツァ・オソリ〕	Posedarje	"Posolica" je sloj morske soli na tlu ili biljkama koji je nanesen "*bura*" s uzburkane morske površine. "*Posolica osoli*" znači "*bura*" u nekim područjima.

Posolica osoli（ポソリツァ・オソリ）は「海塩粒子が内陸に飛散し，農作物や植物に害を及ぼす．また，海塩は土壌に蓄積し，植物の生育を妨げる」ことをいう．

このような特質をもった激しいブーラであるため，*Posolica osoli* そのものを「激しい *Bura* と同義に使うこともある．」

Local terminology	Site name	Brief description
Vitar ozdol 〔ヴィタル・オズドル〕	Lukoran (Ugljan Isle.)	"*Vitar Ozdol*" je jugozapadni vjetar, znak oluje.

Vitar ozdol（ヴィタル・オズドル）は「SW 風が変化し，激しくなる嵐の予測のためのことば」という．

Local terminology	Site name	Brief description
Mokra Nevera 〔モクラ・ネヴェラ〕	Crikvenica	"*Mokra nevera*" je nevrijeme s kišom. Nakon toga, "Mokra Nevera" riječ je o predviđanju kišnih oluja iz jugozapadni vjetar. "Mokra" je pridjev ženskog roda i znači vlažna, ne suha.

Mokra Nevera（モクラ・ネヴェラ）は「SW 風から雨模様の嵐をもたらす天候変化を予測することば．Mokra は濡れるあるいは湿るの意味」という．

Local terminology	Site name	Brief description
Suha Nevera 〔スーハ・ネヴェラ〕	Crikvenica	"*Suha nevera*" je oluja bez kiše, ali je jako opasna jer je nepredvidljiva. "Suha" je pridjev ženskog roda i znači nešto bez vlažnosti.

Suha Nevera（スーハ・ネヴェラ）は「乾いた嵐，つまり天気がよい

のに風が強く，海が荒れるので予測がむずかしい．*Suha Jugo* のように危険」とされる．

Local terminology	Site name	Brief description
Tromba daria 〔トロンバ・ダリア〕	Labin (Istrian Peninsula)	"Tromba" je truba, tuba, cijev. Međutim, "Tromba" znači tornado. "*Tromba daria*" označava pojavu tornada.

Tromba daria（トロンバ・ダリア）は「竜巻が発生したようす」のことば．「竜巻だ！」．Tromba（トロンバ）は竜巻．

イタリア語では Tromba d'aria（旋風）．

Local terminology	Site name	Brief description
Morske pijavice 〔モルスケ・ピアヴィツァ〕	Senj	"*Morske pijavice*" su poznata kao "tornada", vrtlozi vjetra i vode, koji se pojave u jesen i relativno su mali ali opasni za male čamce i ribare.

Morske pijavice（モルスケ・ピアヴィツァ）は「竜巻のことで，とくに竜巻が海水を吸い上げて上空に達するようす」が表現されている．

「秋に起こることが多いが，小さい竜巻でも小船の漁師にとっては危険だ．」

Local terminology	Site name	Brief description
Inkrožano more 〔インクロッアノ・モレ〕	Split	"*Inkrožano more*" je naziv za valovito more koje je uzburkano "jugo" i "bura" u isto vrijeme.

Inkrožano more（インクロッアノ・モレ）は「異なった方向からの波が起こす三角波．とくに島の多いアドリア海では，風の方向や波の方向が定まらずに船乗りによっては危険な海面状態．」三角波あるいはクロス・ウェーブは世界各地の危険な海況として注視される．

3-8. 隠喩的・比喩的表現

3-8-1. 擬人化と寓話

自然現象に関する寓話は民族を超えて，これまで数多く言い伝えられてきた．とくに風に関する寓話は風を神とみなしたり，災害を起こすような過酷な風を人知の及ばない現象と考えたり，神の所業，天譴とみなしたりしてきた．今日の社会ではさすがに全てを信じている人たちはいないであろうが，地域社会には寓話に類するものが残っている．また，地域の人々の「言い回し」には寓話や神話的内容を反映したものが見いだせる．

'Ko sije vjetar požet će oluju' (Dubrovnik)
「この風は誰が（どこから）吹かせたものか」
Dubrovnik の表現であるが，風を誰が，いつどの方向に吹かすのかということがとても重要とされる．なぜなら，「Dubrovnik では限られた土地での農業と沿岸漁業が生活の糧であったから」（元漁師）という．

'Neka te bog sačuva *škure bure*, *vedrog juga* i stare cure.'(Mali, Lošinj Isle.)
「神は *Škura Bura*（暗いブーラ）と *Vedro Jugo*（明るいユーゴ）、そしてオールドミス（乙女）からあなたを守ってくれるだろうよ.」
これは，危険な自然現象を身近な人間関係の女難に例えたアイロニーである．

'Neka te bog sačuva *škure bure*, *vedrog juga* i stare cure.'
「神さま，どうか私を *Škure bura* と *Vedro jugo* と未婚女性の女難から守ってください.」

'Dolazi Sodoma i Gomora sparina' (Opatija)
「灼熱のソドムとゴモラがやって来るぞ！」
この表現は夏の太陽が灼熱と蒸し暑さの苦しみをもたらすことを表す

台詞である.

'Palo nebo na zemlju' (Dubrovnik)

「空が地に落ちる」

これは，*Neverin*（ネヴェリン）に遭遇したときの表現．急な嵐のために空が地に落ちてくるように雨が降り嵐となり，「地獄を見る」ともいう.

'Vreme ćuri / Kokoša ćuri' (Opatija)

「寒さに鶏が打ち震えるようす」をいう伝承表現.

この表現はOpatijaの漁師の間では良く使われるようであるが，「*Bura* や*Jugo*で冷たい雨が降るときに寒さに打ち震える人間のようにニワトリまでが自然の厳しさに耐えているようす」を表現している．人間が感じている寒さをニワトリに感情移入した表現である.

神話の世界では洋の東西を問わず，風の成因や性質を表現するために風の神にその役割を象徴化させている．さらに風は，その吹いてくる地方や遥か彼方に対して想像力を働かせる対象でもある．想像の結果，人々は風を擬人化することになる．さらに自然現象も擬人化して身近なものに感じさせようとする.

風に限らずその他の自然現象も自然神の所業，あるいは自然を擬人化した何らかの存在が引き起こす出来事なのだと，人々は考える傾向がある.

'*Bura* se rađa u Senju umire u Trstu' (Opatija)

'*Bura* se rada va Senj, ženi se va Riki i umire va Trstu.' (Crikvenica)

「ブーラはセニで生まれ，リエカで結婚し，トリエステで死ぬ.」

という意味であるが，この台詞はほかにも各地で同様の言い回しがある.

ブーラは極めて強い風となることがあるため，山の頂の木々は強風の影響で変形し，とくに強い風の通り道の場合には木が育たずに禿山や低木だけになる.

このような場所はまるで山のその部分だけが髭を剃ったように見えるため,

'*Bura Brije*'（Rijeka, Bakar, Betina）

「ブーラのシェービング」という.

あるいは *Bura* を女性に見立てて，この情景を

'*Obrijala lozu*'（Betina）

「(彼女ブーラが) ブドウの蔓を刈り込んだ」という表現もある. とくに Bakar のような古くからのブドウの産地でブーラが常襲する場所では，この光景は現実味がある.

Rijeka, Betina では,

'*Bura Brije*'

「ブーラの髭剃り」という.

極めて強いブーラが山頂付近の木々をなぎ倒す光景を表現したものである.

一般にクロアチアでは，ひどい風が吹いたときに vjetas brije（vjetas brije, 風が吹く）という表現があり，風が髭を剃るように吹き渡るというニュアンスの表現に倣ったものと思われる.

'*Burin Otac*'（Betina）

「ブーラのおとうさん」という意味で *Pulentac*（Betina で NW 風）のことをいう.

この意味は「*Bura* が起こる前にしばしば *Pulentac*（NW 風）が吹き，やがて方向が変化して *Tramontana*（*Tramuntana*, *Dermuntana* ともいう N 風）とともに天候が急激に悪化し，その後に Bura が吹き始めるパターンがある」ことを教えている.

つまり前兆として観察した「*Pulentac* が *Bura* の親だったのだ」という意味である.

'*Zove Vodu*'（Betina）

「(海が) 水を欲しがっている」という意味で，海が干潮のときに沿岸

の人々がいう台詞である．このようなとき「擬人化された海は空の雲から水を欲しがっているのだ」とみなしている．

激しいブーラが起こると海の表面に突風状の風が吹きつけ，海面からおびただしい飛沫が空中に巻き上がる．この飛沫は一帯を霧のように覆い，呼吸ができなくなるほどである．視程は狭まり，沿岸から 1km 沖の距離からであっても陸を見ることはできないといわれる．

このようなときに，

'*Zakuvala bura*'（Ražanac）

「ブーラが料理をしている」

'*More kuva*'（Ražanac）

「海が煮炊きしている」

'*Bura dimi*'（Ražanac ）

「ブーラがタバコを吸っている」という．

現象としては前述の *Morska prašina*（モルスカ・プラシュィナ）の現象である．つまり，ブーラが吹き荒れる海面が一面海水の飛沫や水滴で煙霧のような状態になり，視界が利かず，呼吸も苦しくなる状態だが，このときの風を擬人化して表現したものである．

3-8-2. **自虐的ユーモア表現**

Štiga（シュティガ）は，「*Tramontana* によって起こった波が海岸に打ち寄せ，その引き波が次の波とぶつかるようす」をいう伝承表現である（Selce）．このようなとき，現地の人々はさらに「海が沸く」ともいう．このときの海岸のようすはＮ風による波が岸に打ち寄せ，さらに引くときに次の波とぶつかり，白波となって消える．

地域によってはユーゴによる高波が収まったときの波の打ち寄せる情景で使われる．

人々はこれを見て，

'Dabog dajti beli vali grob bili.'

「(神が用意した) 白い波で溺死しておくれよ」という.

また, このSelceでは*Štiga*は「引き波」のことを指すが, R.Vidović (op. cit.,1984) によるとŠtigaはŠtica (到着する) というクロアチア語が変化したものであるという (p48).

'Puše ka na pirju' (Jezera)

「奴は, タバコを吸っていやがったょ」

これも前述のブーラを擬人化した表現ではあるが, むしろこれはブーラの風と波に翻弄された船乗りの「まるでロックンロールみたいだよ」,「結婚式の馬鹿騒ぎのようだ」, というニュアンスなのだという. これは, 激しい嵐で船がもてあそばれた体験を話すときの仲間うちの台詞である.

Pivac (ピヴァッツ) はニワトリの「とさか」という意味で, いわゆる白波 (whitecup) が起こっている海の状態を表している (Betina). ニワトリには弱虫 (チキン野郎) というニュアンスがあるが,「あの程度の波であればどうということはない」という強がりのニュアンスが込められているようにも感じられる.

冬の*Levant*が吹くときに限って, 空には雲が湧き出て, 雨が降る. そのときに「あの雲はどこから湧いてくるのだろうね」という問いに対して,

'Iz Babine Guzice bi Izvukao Kišu' (Betina)

「おばあちゃんのお尻からの雨だよ」

とユーモラスに答える台詞がある.

ブラックユーモアに近いものとして,

'Ne pišaj proti buri' (Opatija) がある.

これは「ブーラのときに風上に向かって放尿してはいけない」という意味だが, 船という男社会特有のユーモア表現である.

ユーゴの高温多湿の風は激しい苦痛を人々に与え, 時に過酷な環境となる. とくにSplitやDubrovnik地域のアドリア海南部の沿岸ではその

影響が大きい.

そのようなときに,

‘Ajde pusti je poludila je, vidiš da je jugo’

「ほっといていいじゃない,（彼女が変に見えるのは）ユーゴのせいだもの」

’Za sve je krivo jugo’

「すべてはユーゴのせいだよ」

という（Split).

これらはユーゴによる不快な現象に対する人々共通の精神的苦痛と身体反応を社会全体で容認し,言い訳としても使いたい心情の現れであろう.

3-9. 天気予測のための知恵

3-9-1. 特異日, 季節予測

中緯度地域の人々は1年サイクルの四季の変化を体験している．その中で一年のうちに特異日と考えることができるような典型的な天候を体験していることが少なくない．もちろん「この日は毎年必ず風が強い」，「必ず嵐になる」などと断定することはできない．しかし，特異日を意識することによって四季の変化に注意をうながしたり，寒さに向かうときに食糧を確保したりするなどして備える，あるいは暑さに対して水の備蓄をするというような行動指針の役割は果たしてきた．

地域社会の暮らしのリズムを考えれば，1年サイクルの体験で典型とされた特異日に関する言い伝えを単に「非科学的」と捨て去ってしまうことはできない．

Marčana bura（マルチャナ・ブーラ）は，「3月の *Bura*」という意味であるが，3月には強いブーラが吹くという言い伝えである．Split では3月の7日，17日，27日がブーラの吹く特異日であるという意味で *Marčana bura* あるいは *Tri marčane bure*（3月に3回の *Bura*）を使う．

Ražanac では 'U marču 12 bura, a svaka 12 dana dura'

「3月には *Bura* が12日間は続く」といって，

「この月に *Tramontana* や *Levant* によるものも含めて，*Bura* のような嵐が集中して起こる」ことを言い伝える．

Muline (Ugljan 島) では *Marčana bura* の「3月には3回の *Bura* が起こる」という意味に加えて「もし *Bura* が起こらない年があれば，その年の春は異常気象になる」という．

Pula では，日にちは特定しないが，

「*Bura* は3月にしばしば吹くものだ．とても寒い *Bura* だが，これが春の到来を告げる．この時季の *Bura* をわれわれは *Marčanske bure* という」と3月特有の季節の変わり目のようすについて伝承する．

ほかにも Ugljan 島の Ražanac と Muline には次のような言い伝えがある.

「３月には３回の *Bura* が来るのが正常だ. もし, ３回の *Bura* が来なければ, この年の春と夏は異常気象になるだろう. ここでいう *Bura* は天気は良いが乾燥して気温が低い風だ.」

これは, 半年先の季節予想に関する教えである.

また, Split では,

Tri Marcane Bure という表現を使う時に関係して,

「*Tri Marcane Bure* は３月には *Bura* が３回吹くということだけれど, さらに３月７日, 17 日, 27 日が *Bura* の吹く特異日だ. これはみんな信じているよ.」

という回答者がいた.

１年のサイクルの中で特異日を宗教行事に結びつけると地域社会の自然現象に関する関心は高くなる. そして特異日とその前後の天候の変動によって,「経験してきた例年と異なるのではないか」と異変に備えようとする将来に関心をもつことになる. 現代風にいえばリスク・ヘッジの心構えである.

'Do Božića Jugo i daž, od Božića Bura i mraz' という言い伝えは,「クリスマスまでの *Jugo* は雨をもたらし, クリスマス後の *Bura* は霜をもたらす」と, 年間の行事に絡めた言い伝えである (Ugljan 島 Kali).

この年間の行事と気象に関する言い伝えはかなり多いはずであるが, 今回の調査ではこの項目は重視しなかったため多くは得られなかった.

3-9-2. 経験的な現象予測

天候の予測に関する言い伝えは地域の地形や気象特性に関係し, かなり細かい観察を必要とするために短時間の聞き取り調査では正確に理解することができないが, 典型的な観天望気であれば伝承表現からみることができる.

ⅰ）***Bura*の予測**

Betinaでは，弱いブーラの吹き始めを彼らが*Kantinele*（カンティナーレ）と呼ぶ巻雲の出現によって観察する．彼らの認識では雲行きを観察することが重要であると教える，

「言い伝えというのは役に立つものさ．*Burin*の予測には*Kantinele*とわれわれがいう巻雲を見ればよい．巻雲が発生すれば*Burin*が吹き始めるものだ．」

Crikvenicaでは，Velebit山に長い雲がかかるとき*Bravina*（ブラヴィナ）という．この雲はBravetina（羊）に例えられている．ほかにもブーラの前兆を表す雲は，帽子という意味の*Kapa*，あるいは山を覆うようすから 髭という意味の*Brk*ともいわれる．

山の上にかかるこの雲は，はじめは小さな複数の雲が山の頂を進むように見えるために*Rak*（Crab，カニ）にも例えられる．

この前兆となる雲は各地では山の稜線の形に沿って特徴があるためにCrikvenica以外の地域でもさまざまな表現がある．

Ražanacでは前兆を知らせるこの雲を*Račići*（ラチィチ，小さなカニ）という．この雲が*Brv*（ブルヴ：帽子）と呼ばれる発達した雲になるとき，短時間でブーラが襲ってくると判断される．

Table 3-12 Cloud names of prelude to a storm

Cloud for the prediction of *Bura*	English	Japanese
Kapa	Cap	帽子（鍔無し），冠
Kupa	Cup	カップ
Bravina	Maton	子羊
Brk	Moustache	髭，口ひげ
Rak	Crab	カニ
Račići	little crab	小さなカニ
Brv	Hat	帽子

Kali (Ugljan 島) では，Kupa na Velebitu といい，Velebit 山にかかる雲を *Kupa*（クパ）という．意味は Hat（帽子）である．

Ražanac では，Brv na Velebitu という表現がある．意味は Velebit 山の山頂の帽子であり，これがブーラの前兆としている．

この表現について，地域の人はさらに詳細に，

「*Bura* や *Jugo* のさらに違った特徴を見るときには，空全体の色の雰囲気を見ることだ．*Bura* のときの空にも暗い色と明るい色がある．明るい *Bura* は高気圧性で天気はよいはずだ．*Jugo* でも暗い *Jugo* と明るい *Jugo* がある．」

とブーラとユーゴの二面性に言及する．

ブーラが発生し始めるときの観察はさらに次のようなフレーズを生み出している（Ugljan 島の Muline ほか）．

Velebit - ‘krasta se učinila’, ‘obuče se u oblaci’, ‘Velebit planina se zalizala’.

これらは意訳になるが，

「Velebit 山がおめかしを始めたぞ（頭に被り物をしたぞ）」，「雲のドレスだ」，やがて「髪の毛（被り物）を滑らせてくるぞ．」

と，これらもブーラの前兆を Velebit 山の山頂の雲の変化によって表現する台詞である．

そしていよいよ *Škura bura* が吹くと，

「強い *Bura* に変わってきた．われわれは山の上のようすでそれがわかる．雲のカーテン（zavjesa）が西から東へ下りてくる．やがて *Bura* が最強になると Velebit 山はすっかり見えなくなる (Ražanac).」

と観察の推移が伝えられる．

ブーラの前兆の雰囲気を伝える伝承表現はすでに紹介したが，

‘*Buruno je*’（Crikvenic）が始まりを予測させるときの表現にあったが，これは現地でその雰囲気を体験しなければ分からない．同様の表現に *Burovito*（ブロヴィト）がある．

B.Penzarは，「*Burovito*はおそらく湿度が低く清々しい風が弱いBuraが吹いてくるようす，あるいはそのときに快適になるという気持ちを表す特有の形容詞であろう」という．

'*ć bura*'(Opatija)という表現は「*Bura*が吹くことによって乾燥した清々しい天気になるぞ」という期待が含まれている．

Splitではブーラやトラモンターナが吹くときに，'*Digne ti nervčić*'という表現を使うが，この意味している内容は，

「人々はね，*Digne ti nervčić*といって，*Tramontana*あるいは*Bura*が吹くと，突然爽やかに感じたり，快適に感じたりするはずだよ．」

であるという．

このように「*Bura*は気持ちが良い」という認識は一般的であることが分かる．

人々が同時に風向の変化を観察していて，北風が風向を変えて強くなるようすを'*Tramontana bura parićana*'

「北風の*Tramontana*が北東風の*Bura*を呼ぶ」と表現する(Crikvenica)．

同様のブーラが発生する前の風向変化に関しては，Ugljan島Kaliでは，*Burji vjetrovi*あるいは*Bura po Tramuntani*という表現があり，これはやはり風向がNからE方向に変化するようすが共有されている．

Ražanacでは，*Dolnjak*（ドルニヤック）という冬のSSW風をブーラの発生の前触れとして伝える．

「*Dolnjak*は冬のSSWの風だけれど，*Bura*の反対の風と油断してはいけない．この風が吹くときは，やがて*Bura*になるので早く家に帰るべきだ．」

前触れの風向変化について，Novigradでは，

'*Buri konj*'（ブリ・コニ，Buras horse＝ブーラの馬）という表現があり，「冬のブーラは*Maeštralada*（マエシュトララーダ，WNW風）はやがて*Bura*を連れてくる」という．*Maeštralada*を馬に見立てているのだろう．

ii）***Jugo* の前兆**

Selce では，ユーゴの前触れとして，Velebit 山ではなく，イストリア半島に見える Ućka 山にかかる雲 *Ovčica*（オヴツィツァ, 羊）に注目する．Učka 山はクロアチア北西部のイストラ半島の Opatija riviera（オパティア，リゾート地域）の背後にある山々の最高峰をいう．

したがって，Ućka 山は Selce から西方向に見える山となる．

さらに天候の全体的なようすからユーゴの前触れを知ろうとする *Mrtvo jugo* というホリスティックな観察がある．*Mrtvo jugo* は「*Jugo* の起こる前の特有の雰囲気で，死んだような弱い南風が吹いている状態」なのだそうである．

このようなときに人々は *Južina je* という．

'Južina je' はクロアチア語での会話スタイルの表現で「*Jugo* が来るぞ」とでも意訳すればよいだろう．

さらにその後はユーゴ特有の息苦しい大気の状態が一層顕著になる．

このときの雰囲気を Crikvenica では，*'Na jugo'*（ナ・ユーゴ）という．この表現は，ユーゴがもたらす息苦しい大気状態を指している．このようなときに人々は *Južin*（ユージン）ともいうが，こちらは天気全体を表している．

Ugljan 島 Kali では，Velebit 山を見て ,

'Planina je čista , Napravit će Jugo' あるいは *'Planina je čista, Napravit će Jugo'* という．

これは「山が良く見えていたらいよいよ *Jugo* だぞ」という意味である．

ただし，この場合は明るいユーゴを意味している．

この晴れたユーゴは *Ćiaro Jugo*（チアロ・ユーゴ）ということは既に述べたが,

「*Ćiaro Jugo* が長時間続けば強風になることが多い．雲が現れ始めたら雨が降る．」

とユーゴの関連現象が始まってからの変化にも注目することを含んだ表現もある．

このような表現から，ユーゴの前兆は多くの地域で認識されているものの，ブーラほど典型的な前兆現象はなく，地域特有の観察によって，多様な姿が捉えられていることが分かる．

iii）**嵐の予測**

次に嵐の予測についてみてみよう．この場合には *Lebić*（レビチ）から変化する強風や暴風雨などが代表的であるが，それ以外のものもある．

＊ Opatija の *Neverini* と *Neverin*

Opatija の人々はいう．

「暗い嵐の前兆独特の雲が前方に湧き上がり始め，雷鳴がするようであれば，SW 風（*Lebić*）が強くなって起こる *Neverini*（ネヴェリーニ）あるいは *Neverin*（ネヴェリン）とわれわれが呼ぶ嵐がいつ起こるかは，簡単に予測できる．海上でこの兆候に注意を払わなかった人は致命的だ．彼らは短時間ではあるが，強い暴風雨，時には Grašica（グラシュィチャ：雹）や雷にであうだろう．それでも 1，2 時間経てば静まって，天気は回復するけれど．」

＊ Crikvenica の *Mulajtina*

Crikvenica の人たちはいう．

「*Mulajtina*（ムリャティナ）は，SW 風が変化して *Nevera*（ネヴェラ）とわれわれが呼ぶ嵐の前の不吉な気分を表している．兆候としては海面に飛沫が跳ね上がり，時に煙のようになる．」

＊ Novigrad の *Prva glava Maeštrala* や *Vitar od Posedarja*

Novarad の人たちはいう．

‘*Prva glava Maeštrala*’，‘*Vitar od Posedarja*’．これらは強い風の前兆風で，「強い *Maeštral*（マエシュトラル）の始まり」，「Posedarje から来る風」といった意味合いだ．

＊ **Split の *Teran***

Split の人たちはいう.

「*Teran*（テラン）は夏の夜の陸風をいうが，この風は山から下りたあとには海峡に沿って吹くものだ．この前触れは，まず，北から *Burin*（ブーリン，弱い *Bura*）が吹き出し，*Burin* が地形に沿って変化することだ．だから *Teran* の始まりは NW からの *Burin* だ.」

＊ **Korčula 島の *Kalda***

Korčula 島の人たちは西の空に黒い雲（*Kalda*，カラダ）が出ると天気が悪化するという.

iv）**天気の変化に関する宏観的観察**

各地には天候の変化とともに風向が変化することに注目し，その変化を教える伝承表現や教訓が数限りなくある.

Table 3-13

Local terminology	Site name
From *Maestral* to *Levant*	Labin (Istra)

＊ *Levant*（レヴァント）は東風，*Maestral*（マエストラル）はおもに西よりの風だ．夏には，この *Maestral* の後に風向が変化し，*Levant* となって，やがて曇り，雨が降ることがよくある.

Local terminology	Site name
Diurnal change of Maestral	Mali, Lošinj Isle.

＊ *Maestral*（マエストラル）は北西の風．夏の陸からのマエストラルは気持ちよい風として吹き渡る．とても爽快だ．とくに 11 時から 12 時に始まり 18 時ぐらいまで吹き，夕方にはぴたりと止む.

Local terminology	Site name
Škontrada	Mali, Lošinj Isle.

＊ *Škontrada*（シュコントラーダ）は風速がめまぐるしく変化するとき

の風の呼び方だ．前から吹いたり，後ろから吹いたりする．

Local terminology	Site name
Diurnal change of *Maeštral*	Opatija

＊ *Maestral*（マエストラル）は穏やかで心地よい西風だが，夏にはたまに強い風となる．この風は海岸と平行して吹き，午後1時から2時半頃から吹き始め，夕方までには止むので，沿岸のセーリングには格好の風だ．Opatija からセーリングを始めて Mošćenička Draga に行くときには気持ちがよいが，次第に弱くなってしまう風だ．

Local terminology	Site name
Nevera	Crikvenica

＊ *Nevera*（ネヴェラ）は W または SW の強風だ．この風は *Lebicada*（レビチャーダ）が発達して発生した嵐の呼び方でもある．朝は穏やかな天気だったのが，午後には風が東から吹き始め，やがて SW や W に変わって，次第に強くなり，強風になる． *Plenat*（プレナト）や *Lebić*（レビチ）が吹いた後に起こるのが *Nevera*（ネヴェラ）だ．

Local terminology	Site name
Škontrada	Jezera, Mali, Lošinj Isle.

＊風向きが SW（そして W，NW）から NE へ時計回りに変化するとき，その方向は急速に変化する．そのパターンは，ほとんどの場合，NW または SW から NE に変化する．これが *Škontrada*（シュコントラーダ）だ．

Local terminology	Site name
Zasunčar	Jezera

＊ *Maestral*（マエストラル）の風は（午後の）「太陽を追いかける」．つまり，W から NW まで太陽の動きに続く．これを *Zasunčar*（ザスンチャ）という．参考までに Sunce は太陽を意味する．

Local terminology	Site name
Sunčar / Paljar	Novigrad

＊ *Sunčar*（スンチャ）は，風が *Levant*（SE）から方向を変えて，太陽を追いかけるように吹く風で，夏の安定した天候に起こる．*Paljar*（パリャ）は *Maeštral*（マエシュトラル）NW まで変化して終わることをいう．夏季にはワインヤードに干ばつをもたらすこともある．

Local terminology	Site name
Smorac，*Zmorac*（古い言い方）	Korčula

＊ *Mištral* は夏のさわやかな風のことだが，古くは *Smorac*（スモラッツ），*Zmorac*（ズモラッツ）といわれていた．この風は 9 時か 10 時に気温の上昇とともに E-SE から吹き始めて太陽とともに S から W に方向を変えていく．

Local terminology	Site name
Levant od crvenih stina	Novigrad

＊ *Levant od crvenih stina*（レヴァント・オド・クルヴェニ・スティナ）は赤色の岩からの風という意味である（既出）．この地ではこの風は，NE から吹く．冬には高気圧性の寒さをもたらす．朝は寒いが，日中は晴れる．Velebit 山の尾根に沿って，SE 方向に吹く．

Local terminology	Site name
Changing of *Pulentac*	Betina

＊ *Pulentac*（プレンタッツ）は北西風である．このプレンタッツは *Tramontana* と呼ばれる北風に方向を変えることがあり，その時は短期間に暴風雨になる．さらに，この後には時々 *Bura*（北東風）が発生する．この地では，プレンタッツはブーラの父（*Burin Otac*，既出）といわれている．

Local terminology	Site name
Changing of *Delevante*	Betina

＊ *Jugo u Levent* ／ *Jugo u Ostar* は風が *Levent* から *Jugo* に変わるときの表現．

Local terminology	Site name
Changing of *Pulenat*	Lukoran(Ugljan Isle.)

＊*Jugo*（ユーゴ）や*Bura*（ブーラ）の後に*Pulenat*（プレナト）がきて，再び，ユーゴあるいはブーラがくると，決まって雨になる．このときの風は短時間だが，強くて破壊的だ．この風は10分ぐらいの間に，*Pulenat*（プレナト），*Lebić*（レビチ），*Garbin*（ガルビン）と変化する．

Local terminology	Site name
Changing of *Pulentada*	Lukoran (Ugljan Isle.)

＊*Jugo*（ユーゴ）や*Bura*（ブーラ）の後に*Pulenat*（プレナト）がきて，再び，ユーゴあるいはブーラがくると，決まって雨になる．これを*Pulentada, Što Nađete ostavi.*「後から見つけるだろうよ（*Pulentada*が去っていくのを見るだろう）」という．少しの雨だが，短時間でも激しい．

Local terminology	Site name
Changing of *Pulintada*	Kali (Ugljan Isle.)

＊*Pulintada*（プリンターダ）は西風で，いつも*Jugo*（ユーゴ）の後に*Nevera*（ネヴェラ）がくる．夏には，ユーゴから始まって，*Pulintačina*（プリンタチーナ）が西からきて，再びユーゴとなる．*Pulintačina*は長く続かず，半日続けばユーゴはもう来ない．

Local terminology	Site name
Škontradura	Lukoran (Ugljan Isle.)

＊風が突然方向を変えるとき*Škontradura*（シュコントラデューラ）という．

Local terminology	Site name
Kurenat, Rasčaralo se	Dubrovnik

＊嵐が止んで，空が明るくなった状態を*Kurenat*（クレナット）という．このとき「明るくなったぜ」というかわりに*"Rasčaralo se"*ともいう．

これは「呪文を唱えたのさ」という意味である．それはそれほど急に天候が回復することがあるからである．

Local terminology	Site name
Kiša i Šuškrapac	Lukoran (Ugljan Isle.)

＊ *Kiša i Šuškrapac*（キシャ　イ　シュシュクラパッツ）は「ちょっとした雨が降る」，「ちょっとしたみぞれが降る」の意味だという．

Local terminology	Site name
Nevera	Muline (Ugljan Isle.)

＊ *Nevera*（ネヴェラ）は嵐を意味することば．天気の変化をともない，嵐になる状況をいう．

Local terminology	Site name
Krenulo na buru, na jugo	Novigrad

＊ *Krenulo na buru, na jugo*（クレヌロ・ナ・ブル，ナ・ユーゴ）は「ブーラがくるぞ，ユーゴがくるぞ」と，風向が変化するとブーラやユーゴになることを予想できる．さらに南に星が落ちれば雨，北に落ちれば天気は安定するともいう．

Local terminology	Site name
Interchange of *Jugo* and *Bura*	Ražanac

＊ユーゴとブーラは時々，交替する．ブーラは上から押すように吹く．ブーラが消滅すると，反対から風（ユーゴ）が吹く．それが冬のシーズンあるいは *Fortuna bura* ならこの現象は起こらない．弱いブーラを感じるときにこのようすを予測できる．

Local terminology	Site name
Diurnal change of *Maestral*	Zadar

＊マエストラルはアドリア海岸で最も快適な風だ．ブーラとユーゴは数日間連続して吹くが，マエストラルは毎日吹く．マエストラルはは午前 10

時頃から始まり，午後2時から午後5時頃には最も強く，1日の終わりには止む．マエストラルはいつも美しい天気をもたらす静かな風だが，時には波が大きくなり，小さなボートに危険をもたらす．

Local terminology	Site name
Direction change of *Bura*	Split

＊人々の経験では，ブーラの風向変化は，トラモンタナが最初に吹き，ブーラが吹き，次にレヴァントが吹く．さらに風向が変化して，ユーゴが吹く．このユーゴはついに南風と西風になって，その後，マエストラルかトラモンタナが再び吹いて終わる．

Local terminology	Site name
Diurnal change of *Burin*	Split

＊昼の *Maestral*（マエストラル）が止んで，夜に *Burin*（ブーリン）が吹く．そして，早朝まで続き，その後再びマエストラルが吹き始める．

Local terminology	Site name
Diurnal change of *Maestral*	Split

＊ *Maestral*（マエストラル）は *NW* の風で，4月から9月にかけてが多い．とくに夏の *Maestral* は午前中に吹き始め，夕方に止む．*Maestral* が最も強まるのは午後2時頃だ．このときの風向変化は，*Maestral* → *Tramontana* → *Bonaca*（ボナッア）→ *Burin* という変化パターンをする．

Local terminology	Site name
Dиže jugo	Split

＊ *Diže jugo*（ディジェ・ユーゴ）は風と波が徐々に増加して，やがて本格的なユーゴに発達するというときの表現で，「*Jugo* になるぜ」と予測する．*Diže jugo* は Dizati（ディザティ）「リフト」というクロアチア語を連想させるため，リフトに持ち上げられるような船乗りの波乗り体験からきているようにも思える．

Local terminology	Site name
Okreće na buru	Split-Kaštela

＊天気の変化をわれわれはことばで表現する．*Okreće na buru*（オクレチェ・ナ・ブル）は「*Bura* がくるよ」の会話．同じように *Okreće na juga*（オクレチェ・ナ・ユーガ）は「*Jugo* がくるよ」．
これらは宏観的観測からブーラやユーゴの発生を予測する表現．

われわれの聞き取り調査でたびたび耳にした *Maestral*（マエストラル）について気象・気候学者の *Penzar I.* と *B. Penzar*（op.cit）は「*Maestral* は夏の風で午前中に吹き始めてやや強くなり，その後，数時間は一定の強さで吹き，太陽が沈むとともに止んでいく．この風は暑さを和らげ，よい天気のときにだけ吹く．この風が吹かないときには翌日 *Jugo* が吹く」（p.80）と述べている．

多くの伝承表現を駆使しての観天望気，局地的な近い将来の気象・海象予測が行われていることが分かる．

この章では調査で得られた伝承表現を紹介してきたが，アドリア海沿岸では，伝承表現（口承・伝承的な表現）をもとに作られた特有の造語，装飾語，接続語・語尾変化表現，風位の中間表現，ランドマーク表現，記号的語彙，象徴語，言い換え語，感嘆符や擬音，そして擬人化表現などが極めて豊富であることに驚かされる．全体を眺めてこれらの表現をみると，局地気象や海象とくに地形が複雑な地域の大気の乱流現象や海の動きが手にとるように分かってくる気がする．さらに，多くの古老や島嶼地域の複雑な地形にまつわる伝承表現や気象予測の俚諺や経験則などを採集できたら，“知覚経験科学”のための豊富な体系が得られることだろう．

この章の締めくくりには沿岸各地で最も知られた伝承表現；
‘*Čuvaj se Škure* bure i vedrog juga’
「暗い *Bura* と明るい *Jugo* には気をつけよ」
がふさわしいように思う．

注 1）http://www.istarski-rjecnik.com/projekt/

◉第4章◉

伝承表現の宝庫，アドリア海

4-1. 差異と共通性の謎解き

4-1-1. 風の名前と羅針図

i）平面世界の方向観

地域社会を中心に天体の運行や四季の移り変わり，季節風の吹く方向，あるいは短い周期で変化する風の方向などを体験していると一種の天動説に近い「平面世界の地域中心主義」が生まれる．朝日がのぼってくる方向が東，沈むのが西．もし，北半球に住んでいれば北から吹いてくる風は冷たいことが多く，南風は暖かい．四季すなわち春夏秋冬の変化と東南西北はそれぞれ対応しているようにも見える．平面世界の方向と寒暖，それをもたらすかのような空気すなわち風のやってくる方向との一致から，多くの民族は風と神々に関する類似した神話的体系をつくってきた．

このような経験知を体系化しようとした古代ギリシャ人は方向とその方向から吹いてくる風の神を季節の訪れと重ねて特徴づけている．この神々をΑνεμοι（アネモイ，Anemoi）という．代表的な神としては冬を運んでくる冷たい北風—Βορέας（ボレアス，Boreas），夏至から初秋の風，乾燥した暑い南風—Νότος（ノトス，Notos），春の訪れを告げる西風，豊穣の風—Ζέφυρος（ゼフィロス，Zephyros）がある．

有名なルネサンス期の画家ボッティチェリの絵画「プリマヴェーラ」では，春を告げる西風の神ゼフィロスが3月の冷気を吹き飛ばし花を咲かせ，人々に開放的な季節の雰囲気をもたらしている．

このように東西南北で季節を重ねるやり方は「平面世界の地域中心主義」の時代には，洋の東西を問わず，見られる傾向である．

おなじ枝を分けて木の葉の移ろうは西こそ秋の始めなりけれ

（藤原勝臣，古今和歌集，255）

9世紀に詠まれたこの和歌は，西の枝の葉に紅葉が始まっているのを見て，なるほど西が秋の季節を象徴しているのだと実感したという歌である．

このように季節と方向を対応させて同一視をしていた時代があった．

ii）風の名前，羅針図の混在

ここで，風の名前と羅針図（Compass rose）に関する混乱を整理しておこう．

羅針図にあてられた古代ギリシャや民族的な神話などに由来する名前が東西南北の方向として使われた．この名前はアリストテレスの時代から中世に至るまで，さらに本書の調査が対象にする風の名前として使われている今日まで，各地で微妙に変化しながら生き永らえてきた．これがわれわれに若干の混乱をもたらす．

古代ギリシャ，ローマ時代の羅針図では12方位も使われた．前述のようにこの神話伝承的な風の名前は季節を象徴する神々や風の特徴に由来するものである．ギリシャのアテネに残るローマン・アゴラの「風の塔」は東西南北をもとにした8角形をしているがその各方向には伝統的な神話の神々（Anemoi）のレリーフで飾られている．神話の神々を由来にして描かれた図は風位図（Azimuth chart using Anemoi）あるいはアネモイ図といってよいだろう．

その後，実用としての羅針図が航海で使われ，さらに大航海時代には必須の航海図となって，Diogo Homemの8方位の名前（第3章2-1）に見たように方向としても正確な羅針図が求められるようになる．外洋航海で求められたのは測地的な正確さであり，そのための羅針図はさらに進化していく．この大航海時代に船の針路の拠りどころになった図は多様であるが羅針図（Compass rose）とまとめることができる．

Fig.4-1 Wind tower of Roman agora, in Greece. (Photo. by Dr. K. Noda)

羅針図は天体観測などによって，地球上の現在位置と目的地との関係が正確に測定できるようになって，航海図（Chart：海図）とともに発達した．天文航法では地球の東西南北という概念と天球図の南北概念が重要になっていく．地球上の方向に関して北－東－南－西を時計回りした角度の数値によってさらに正確に方向や位置が得られるようになる．

しかし，最近まで，あるいは最近でも，東西南北の図に伝統的な風の名前が重ねられていることもあり，絶対的方向と風位の呼称が混在していることがある．

羅針図や航海図に重ねて記載されていた伝統的な風の名前がその風の特質に注目することによって，方向を示す役割から風そのものが方向とは独立して語られるようになって描かれる羅針図のようなものまでが存在する．本書で紹介した各地の風の名前の図がそれであるが，これは風名図(Wind name rose）というべきものである．

このように羅針図といってもその時代や用途，そして使おうとする人の解釈によって似て非なるものになってしまうのである．

神話の神々を由来にして描かれた図は風位図あるいはアネモイ図，大航海時代から船の針路の拠りどころになった図が羅針図，近代的な測地データによるものが航海図（海図），風の名前と吹く方向を示したのが風名図とすれば一応整理できるだろう．

このような混在を韓国東部沿岸地域，日本の日本海沿岸地域，クロアチアのアドリア海沿岸地域の調査結果から現状を見てみよう．

韓国の場合には，風位図として伝えられた方向の呼び方は，北から時計回りに８方位で，고（コ，高），고사（コサ，高沙），사（サ，沙），긴마（キンマ，緊麻），마（マ，麻），긴하늬（カンハニ，緩寒意）または긴하의（カンハヌ），하늬（ハニ，寒意）または하의（ハヌ），긴하늬（キンハニ，緊寒意）または긴하의（キンハヌ）であった．

これらの呼称のうち，現在東部沿岸地域で使われているのは，Sの“마”（マ）とEの“사”（サ），そしてWの“하늘”（ハヌ）である．その後この風位図の呼び方が風名図として使われていくうちに，地域で該当する風が吹かないために廃れたと思われるものがある．

S風の마바람（マバラム）は南部の暖かい地域でしか使われず，W風の하늬바람（ハヌバラム）あるいは하의바람（ハニバラム）は中部以北し

か使われていない．その하늬바람（ハヌバラム）あるいは하의바람（ハニバラム）の方向は各地域の地形によってWからNWあるいはNNW方向までまちまちとなっている．これは寒風が吹き出す方向が場所によって異なるためである．

このことから風位図が結果的に風名図として描かれるようになり，吹く風に注目することで方向とは独立して伝承されるようになった（第1章5-1）．

日本の場合には，Nの子（ね）から時計回りに12方位に十二支をあてはめた風の呼び方，子・丑・寅・卯・辰・巳・午・未・申・酉・戌・亥に加えて，北東･南東･南西･北西にはそれぞれ艮（うしとら，丑寅），巽（たつみ），坤（ひつじさる），乾（いぬい）が使われていた．これらは風位図の名前というよりは，羅針図や航海図に近い．

また，東西南北の文字を風の名前として使うときには，語尾にゲ（気）をつけて，ニシゲ（西気），ヒガシゲ（東気）などと区別して使った．これは今日の北風，西風と同じ発想である．もっとも，この方法も地域では全ての方向の風に使われたわけではなく，韓国と同様に注目されない方向の風の名前は廃れている．

今日の正確な方向決定のために全円周360度とこれらの呼称とを対応させる技術はすでに17世紀にはオランダから日本に伝えられていたという（Suzuki, Tanabe, 2009）．このように早くから方向を示すための図として展開できたのは，もともと伝統的な名前と東西南北が方向のみを表していたためであろう．

日本海沿岸での風の名前の調査をするときには羅針図の方向名（風位の呼称）が邪魔をすることは少ない．

一方，民族的語彙として地域の生活に根ざした風の名前が定着しているのが日本の特徴でもある．例えば，朝に陸風が吹くことによって船を沖に出しやすいという経験から「ダシ」(船を陸から出してくれる陸風の名前)などが漁師の仕事に必要な呼称として共有され伝承表現となった．

このように日本の場合は農業や漁業といった生業に関わる民族的語彙から派生し，造語された伝承表現が風の名前として普及している．したがって，風位の名前と羅針図，風名図の混在は少ない．

iii）**アドリア海でのようす**

地中海沿岸では一般的に方位の呼称すなわち羅針図の呼称と風の伝承表現が永く併用されてきた．そのため羅針図（Compass rose）と風名図（Wind names rose）が分離されていない傾向がある．海図の発達した地中海という航海史との関係も考えられるだろう．すなわち，異なる文化の交流が盛んだったために方向の正確な地図とともに異文化の人にとっても理解可能な用語が重要だった．さらに地中海航路は沿岸を目視する航海から発達したために航海図では基点となるいくつかの海上地点から陸の目標地までの方向が重要とされた．この航路の方向を助ける方位に関していえば，いち早く「風位の呼称を共有するという考え方を意識して各地に広まった」ためと考えられる．

しかし，羅針図に示された呼称が風の名前としても使われていくうちに地域の地形や風の特徴の方が重視され，次第に風の名前が方位から離れていくことになったのも事実である．

むしろ，現在，地域で使われている風の伝承表現は羅針図の方向と一致しているわけではなく，風そのものの特徴を意味している場合が多い．第３章の調査結果で示したように *Tramontana*（トラモンターナ）がN方向からの風と認識するよりは地域で観察できる概ね北の山から吹く風と理解して使用する地域が多いのがその例である．そのために地域の人々が語る *Tramontana* はその地域の代表的な山あるいは陸側から海に吹く風の意味になっている．

Opatija では通常 *Tramontana* はＮ風を指すことばであるが，実はそれ以外の風に対しても使われ，

「*Tramontana* はおもにＮの風をいうけれど，地形条件によって吹く風なので Opatija ではいろいろな方向の風になる．」

と現実的な局地風の名前として使っているようすが窺えた．

補足すれば，アドリア海に面したイタリア南部の街 Brindisi はＮ方向が海となっている．この近郊の Fasano では *Tramontana* をＮ方向からの風とすると海風となってしまうため，漁業従事者によると「*Tramontana*

は近くの山から渓谷沿いに吹く NW 風のこと」という．

　このように *Tramontana* はヨーロッパ全般によく知られた呼称で，羅針図では N 方向という意味ではあるが，地域では概ね北の方を意識した「山からの風」とみなされている．

　さらに地形の影響を受けやすい局地風として，海陸風を挙げることができる．

　陸風の伝承表現として日本でよく知られているのは，ダシ（出し），ヤマセ（山背），オロシ（颪），アラセ（あらせ）などである．これらの風はその地域の陸と海の位置関係で方向が変わってしまう．これについてもすでに第 1 章 5-1 で紹介した．

　アドリア海でも *Baba Tera*（バーバ・テラ）を夏の典型的な陸風として使うとすれば，その地域の陸の方向から吹くことになる．そのため海岸と陸地の位置関係によってその方向は大きく変化する．

　Opatija では，陸から吹く風は陸側の NW 方向（第二象限）からの風となる．

　また，Split では陸風を *Terin*（テリン）というが，この風は陸の方向と海岸の向きを意識した使い方がされるため，NE や E 方向とさらに微視的な基点の場所によって変化している．

　このように地域の伝承表現は地形等の影響で基本的な方向そのものが各地で異なっている．そのため 16 分割の風位の呼称と風の特徴から理解されている呼称がその吹く方向によって大きく異なってきてしまうことになる．

iv）**羅針図の風位と風の名前**

　地形によって風の方向が大きく変化した例として Ugljan 島の Muline の例を挙げることができる．

　Ugljan 島の北西端の Muline は Fig.4-2 の地図に示すように NW 方向が海に向って開けた港町である．Fig.4-3 はこの地域で聞き取りをした方向を風の名前で表したもの（Wind name rose）である．この図から分かるように，*Bura*（ブーラ）という NE 方向の風位の呼称は文献や外部情

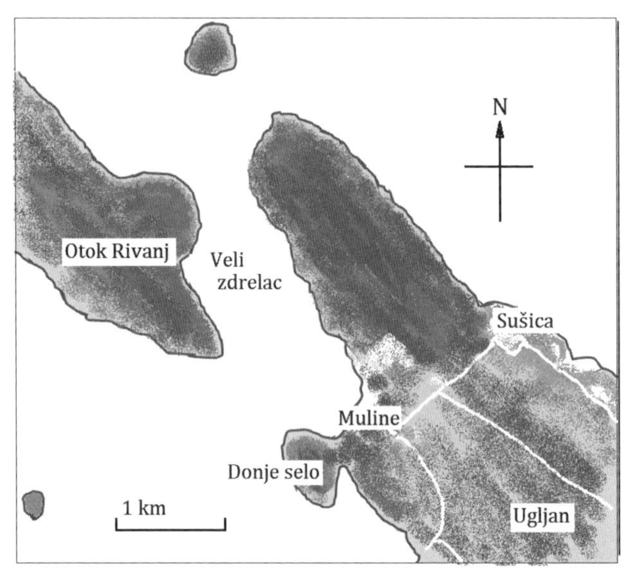

Fig.4-2 Geography of Muline in Ugljan Isl.
The bay mouth opens to the NW direction.

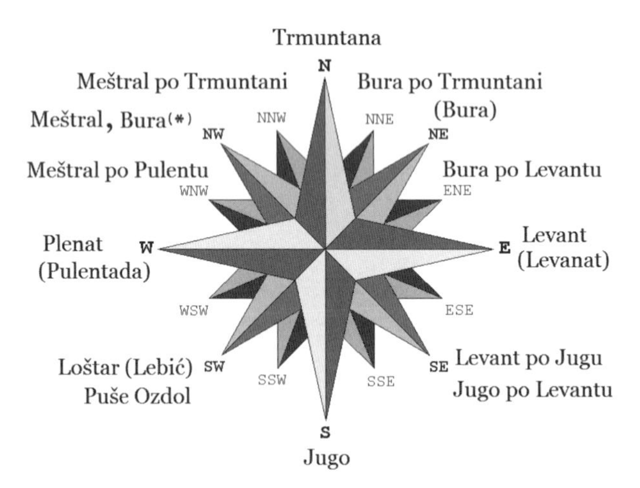

Fig. 4-3 Wind name rose at Muline, Ugljan Isle.
Attention to the NW Bura (*)

報として知ってはいても，この町の人々は実際の*Bura*（という特徴の風）はNW方向から吹くという．つまりNEから吹いてくるはずの*Bura*の性質の風は岬と島にさえぎられて，岬を迂回してNWから吹くというのである．

このように*Bura*は羅針図の風位の呼称としても使われるのであるが，*Bura*という風そのものはNEの方向からは吹かずに，NWの方向から吹く風となっている．

さらにこの場所では，WからNそしてEまでのNE象限とNW象限，SW象限に関する風への関心は高く，SE象限については風位の呼称がない．

この理由は，陸側の南西方向からシビアな風が吹かないため，地域の生活ではほとんど気に留めることがなく，そのためにこの方向の風には固有の呼称が存在しないか，廃れてしまったためと思われる．このMulineのN，NNW，NW，WNWに名前があってEからS方向の風に対する関心が薄いという表現傾向は，同じようにSE象限からの風が吹きにくい地形をもつSelceにも見られた．

クロアチア南部の観光地Dubrovnikは*Jugo*がしばしば吹く地域として知られているが，Fig.4-4 に見るように地形的にNEからE方向の風が峡谷沿いに吹く．また，NW方向（第二象限）は風向のあまり変化しない海からの風となっている．地形図から分かるように，おもな強風はSEとNNE方向からの風が卓越することになり，*Jugo*と*Bura*に注目することになるであろう．この地域の風の伝承表現を見ると，ほとんどが南よりの風に対するものが多い．一方で，W方向からN方向までの風は年間を通じて強風とならないためか，風の名前も*Tramontana*と*Maestral*で代用し，指し示す範囲も広い．この方向に対する関心が薄いことから詳細な風の名前のヴァリエーションが少なくなっているようすが分かる．

このように羅針図として伝わった呼び方は風位の呼称ではあったものの同時に風の特徴をも表していたために地域の地形によっては使う必要のな

Fig.4-4 Topography of Dubrovnik
The author created from Google Maps and http://en-us.topographic-map.com/Dubrovnik-4131388/.

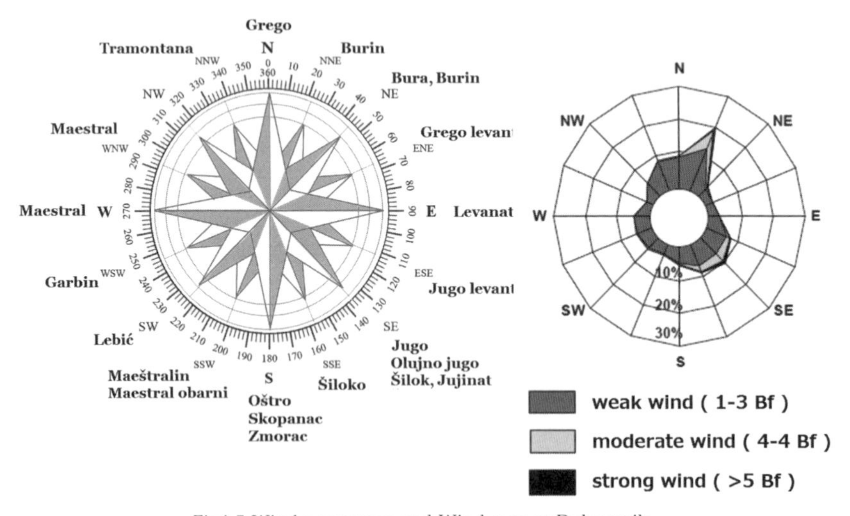

Fig4-5 Wind name rose and Wind rose at Dubrovnik

い風の名前となって廃れていくという予想はアドリア海沿岸の地域にも見られた．さらに風位の方向が地形によって変わってしまうという状況は日本，韓国およびアドリア海でも見られた．ここまでは期待していた謎解きのひとつであった．

しかし，その理由はアドリア海と韓国，日本とでは若干異なっている．

韓国と日本の場合には風と方位の呼称が早くから分離し，風の名前が独自に地域の地形や気象特性にあった形態で使われた．

そして，日本の場合には，地図上の方位には東西南北と古い「十二支」などをもとにした方位の名称が使われてきた．このうち「十二支」などをもとにした方位の名称は近年の日常生活ではほとんど廃れている．これらのうち現在も風の名称に引き継がれたのは丑寅と乾ぐらいである．もうひとつの東西南北では，語幹の後ろにゲ（気）を付けて，方向ではなく風を意味することが明確に分かるようにしてきた．その一方で，風の名前に関しては地域特有の呼称が考え出され，全国で 2,000 以上の豊富な風の名前（伝承表現）が存在する（関口，1985）ことになった．

一方，韓国東岸では古くから伝わった方位の呼称が実際に体験される風をもとに再構成され，柔軟な使い方がされている．その理由は韓国東部の沿岸地形にある．韓国はユーラシア大陸から南北に突き出た半島であるが，東側に沿って太白山脈（テベクさんみゃく）が 500km ほど走行する．しかもこの山脈は東部沿岸に迫っており，沿岸地域の後背には 1,000m 級の山々が続いている．つまり，日本海に面した東部沿岸は地形が複雑な地域が多い．そのため，地域で使われる風の伝承表現は地域特有のものとなっている．

北西からの寒い風하의바람（ハニバラム）はほとんどの地域で山脈の切れ目の峡谷に沿うため西風に転じて使われる．暖かい南風마바람（マバラム）は南東部の釜山周辺までしか吹かないためにそれ以北では廃れて使われていない．

このような地形的特徴は韓国東部沿岸地域を左右反転すれば，アドリア海のクロアチア側沿岸に同じようにあてはまる．

地中海の場合には，地図の方位の呼称は地中海各地での地図の歴史から羅針図（Compass rose）の呼称が伝えられ，それらが継承されるかたちでアドリア海（クロアチア）にほぼ標準的な方位の呼称として定着してきた．

イオニア海の中央辺りで地図をつくって方位を想定した場合，北東方向がギリシャ，南西方向がリビアとなる．この地図をもとに風の名称を見れば，*Greco*（*Gregale* ともいわれ，原義はギリシャの方向）および *Lebić*（リビアの方向）は呼称と一致する．

しかし，アドリア海中北部のダルマチア海岸では，*Greco*（*Gregale*）が北東風というのは無理が生じ，継承されてきた呼称は形骸化する．ここから地域の人々の独創性が発揮され，改めてこの方向から吹く風，例えば *Bura* に風位の呼称としての関心がはらわれる．このような理由から，風位の呼称に地域独自の例外的な風の名前が許されるようになり，次第に風位の呼称と風の名前が共存する展開になったと考えられる．つまり地図上の方向を表す呼称と風の名前の二重構造である．

実際にわれわれの調査での回答においても，地図上の方向を表す呼称（方位の呼称）と伝承表現の風の名前の二重構造が若干見られ，各方向に複数の異質な呼び方が見られた．人々の頭の中では方位の呼称と風の名前が区別されているのであろうが，同じ表現を使うことがあったりする．とはいっても二重構造がありながら，結局は各地域に適合するように使い分けられていることが調査を重ねていくうちに理解できた．

「謎解きの旅」の謎のひとつ，「風の名前はどのように伝えられ，どのように廃れていくのか」については，アドリア海沿岸ではおもに *Bura* と *Jugo* という特徴のある２つの風の名前をもとに風の名前の体系がつくられていて，その他の *Greco* や *Oštro* などの風の名前は廃れていったようである．

その一方で新たな発見として，アドリア海では代表的な *Tramontana*, *Bura*, *Levant*, *Jugo*, *Lebeć*, *Maestral* という呼称が歴史的な羅針図の呼称でありながら，現在でも伝承表現において豊富なヴァリエーションの世界をつくっていることが分かった．アドリア海がさまざまな国との交易の歴史があって羅針図が文化的遺産として重要であることと羅針図の呼称が現在でも有効活用されていることがその理由であろう．後者はさらに補足すれば，アドリア海は世界有数のヨット（帆船）のクルージングの海域であり，この伝統的な呼称を使っての操船技術が欠かせないからである．

このような文化的背景とともに地域の地形や気象特性に合わせた形態で伝承表現が使われていることを考慮して，同じ伝承表現であっても地点ごとに差異のあることまで了解しておけば，風や波や天候に関する伝承表現と気象・海象状況とを対応させて整理でき，伝承表現の体系が浮き彫りになってくる．

アドリア海沿岸のヴァリエーションのつくられ方と日本海沿岸の風の名前のヴァリエーションのつくり方は共通しているのか，異なっているのか，次の「謎解きと新たな発見の旅」が再び始まる．

4-1-2. 風の名前と語彙の変化

i）伝承表現の類似性は偶然か，必然か

アドリア海での調査では伝承表現の変化形は韓国や日本よりも多様性が見られる．そのために接頭語と接尾語で変化を表現するものと形容詞句などを使う場合などに整理する必要があった．そこで，この仮説はさらに３つに分けてまとめてみることにしよう．

① 接頭語あるいは接尾語による強弱表現

風の名前は接頭語や接尾語をともなって使用され，そのヴァリエーションには日本と韓国にある種の共通のパターンがあった．

韓国の場合には，全ての地域で見られるわけではないが，새바람（セパラム）というＥからの風に対して，호미곶（ホーミー岬）の地域では岬の影響で複雑な強風が吹く．そのようなときに単に새（セ）の바람（パラム：風）とはいわず以下のように接頭語をつけて表現する．

새바람（Sae-baram, セパラム）→독새바람（Doksae-baram, トクセパラム）

새바람（Sae-baram,　セパラム）→왁새바람（Waksae-baram,　ワクセパラム）

とくに現地の人は독〔Dok,　トク〕あるいは왁〔Wak,　ワク〕を力強い語調で発音する．

おなじような強調表現として，日本においてもクダリ（下り，ほぼ西風）

Table 4-1. Words that express the change to strong or big

Wind name	Strong wind name	Direction	Region(Pref.)
アイ（Ai）	オオアイ（Oo-Ai）	NW-NE	Niigata, Toyama
ダシ（Dashi）	オオダシ（Oo-dashi）	SE	Niigata
クダリ（Kudari）	ドクダリ（Do-Kudari）	SW	Niigata
ニシ（Nishi）	オオニシ（Oo-Nishi）	W	Shimane, Fukui
ハエ（Hae）	オオバエ（Oo-Bae）	SW-S	Shimane, Yamaguchi
コチ（Kochi）	オオコチ（Oo-Kochi）	E	Yamaguchi

既往調査（矢内，2005）の多くの事例から一部を示した．

の強いものをドクダリ（ど下り）と強調語によって強さを表現しようとするものがある．これらはより強い風を表現したものである．この接頭語は形容詞ではなく，感嘆詞に近い強調である．これらは接頭語と同時に発音の力点のおき方によっても違いを意識させようとしていると考えられる．

Table 4-1 は日本の風の民俗的語彙の中から，アイ，ダシ，クダリ，ニシ，ハエ，コチという風が強くなったとき，それぞれに接頭語をつけて強さを表現しようとしたものを示した．実際にはこれ以外にも多くのものがあるが，表は調査からの抜粋である．強さは「大きい」を表す形容詞をオオ（大）という接頭語と例えば南風を意味するハエ（南風）の組み合わせで強風をオオバエ（大南風）のように表現する．

風の強さを表現する方法はアドリア海沿岸においても大中小という形容詞を付加して風の強さの変化を表現するのであるが，こちらの方がきめ細かい．これらについては第3章で紹介した Selce の *Bura* の強さに関する4段階区分などを思い出していただきたい．

また，弱い現象に関する表現もアドリア海沿岸では，数多く見られた．*Bura*，*Jugo*，*Oštro* に対してその特徴をもった風が弱い場合に以下のような表現をする．

・*Bura* → *Burin*・*Burini*・*Burinac*

・*Jugo* → *Južin*・*Južina*

・*Oštro* → *Oštrin* *

＊ *Oštrin*（オシュトリン）は夏に多い弱い SE 風.

アドリア海沿岸では伝承表現の変化形には接尾語が多い傾向がある. これはクロアチア語の文法体系のためであろう.

クロアチア語の場合はイタリア語なども同様であるが言語の変化形として,「小さい」を表現するときに "---in" などをつけることによる文法上の特徴があり, この日常会話の延長から自然に伝承表現に変化が生まれたと考えられる.

強弱に加えて, 天候を含めた風の名称では悪天候のときには「黒（クロ）」あるいは曇り空のために「暗い」, 雨のために濡れるなどの表現が加わり, 好天のときには「白（シロ）」, 青空のために「明るい」,「クリア」など, 状況に応じたヴァリエーションをもっている. これはイタリアにもあり, 既に *Bora* や *Sirocco* などに形容詞をつけたものが見られた.

民族的語彙に接頭語をつけた例をアドリア海と日本の沿岸地域で対応表として見ると偶然以上の対応関係が見られる.

Škura bura は悪天候をともなう *Bura* という強風がもたらされるようすを意味していたが, その情景を *Škura*（dark：暗い）で表現している. つまり天候が悪く, 雲が空一面を覆うような光景を表している. このような天候が激しい強風と荒れ狂う波, その他の現象が引き起こされるため, 人々は危険だと恐れていたことは既に紹介した.

Škurina は風波とともにおもに空のようすを観察した伝承表現である. また, *Tamna* は地域によっては *Šcura bura* と同じ意味で使われる.

天候と風に関する表現をアドリア海の *Bura* と *Jugo*, 日本のキタ（North wind）とハエ（south wind）について, 類似した条件で対比させて表にしたのが Table 4-2a である.

補足すると日本でもハエ（南風）という S 風によって同じような天候になるときにクロ（黒：black）という接頭語を付けた天候表現となる. また, 天候の良いときの表現は黒の反対語であるシロ（白：white）あるいは晴天のときの空の色アオ（青：blue）をつける．アオキタ（青北）は秋の強い寒風で天気は比較的良いときに使われる．この風は2日くらい吹き，波は高いが地域によっては漁ができる．しかし，危険な風であるという．

Table 4-2-a　Commonality with the variations to the name of the north wind.

	The Adrian Sea（Croatia） アドリア海（クロアチア）	The Sea of Japan（Japan） 日本海（日本）
Name	*Bura* （ブーラ）	キタ (North wind)
cloudy 曇 暗い rainy 雨 黒い	*Škura bura* （シュクラ・ブーラ） *Scura bura* （スクーラ・ブーラ） *Škurina* （シュクリーナ） *Tamna* （タンマ）	クロキタ (*Kuro-Kita*)
clear skies 晴れた クリアな	*Čista Bura* （チスタ・ブーラ）	アオキタ (*Ao-Kita*)

Table 4-2-b　Commonality with the variations to the name of the south wind.

	The Adrian Sea（Croatia） アドリア海（クロアチア）	The Sea of Japan（Japan） 日本海（日本）
Name	*Jugo* （ユーゴ）	ハエ (South wind)
cloudy 曇 暗い rainy 雨 黒い		クロハエ (*Kuro-Hae*)
clear skies 晴れた クリアな	*Vedro jugo* （ヴェドロ・ユーゴ） *Čista bura* （チスタ・ユーゴ） *Ćiaro Jugo* （キアロ・ユーゴ） *Suho jugo* （スーホ・ユーゴ）	シロハエ (*Shiro-Hae*)

S風の*Jugo*とハエ（南風）に関しても，そのときの天候によって同様のヴァリエーションで比較することができる．そのようすをTable 4-2-bに示

した．アドリア海の場合には晴れた日の *Jugo* が高波をもたらすという危険性から，晴れたときに吹く *Jugo* に関する表現が多いのが特徴である．

日本の場合には天気の悪いときの表現と良いときの表現を前述のパターン，シロとクロという色でヴェリエーションを構成している．

天候の良いときのイタリア語の表現としては，*Bora ciara*（ボラ・キアラ：澄んだ bora）が知られている．天気の良いときの *Jugo* は多くの地域で *Vedro jugo*（ヴェドロ・ユーゴ：Clear jugo）が一般的である．

そのほかに *Ćiaro Jugo*（チアロ・ユーゴ），*Suho jugo*（スーホ・ユーゴ）という伝承表現がある． *Ćiaro* ，*Suho* はどちらも「クリアな」という意味で，Split の方言では，*Suvo jugo*（スーヴォ・ユーゴ）となる．

このときの気圧配置は高気圧が張り出しているので，高気圧性ユーゴ（Anti-cyclonic Jugo）と気象系の論文では解説される．この場合には一般にその影響する規模が大きく持続時間も長いのが特徴となる．

D. Kraliev（2005）らによると，高気圧性シロッコ（Anti-cyclonic Scirocco）は *Bjelim jugom*（ビィェム・ユゴム：白いユーゴ）あるいは *Bjelojugom*（ビィェロ・ユゴム：白いユーゴ）といわれる．さらにそのときの高温多湿の状況から *Rotten scirocco*（腐ったシロッコ）ともいわれ，クロアチア語では *Gnjilo jugo*（グニロ・ユーゴ：ひどいユーゴ）あるいは英語の scorcher（非常に暑い日）を意味する *Palac*（パラッツ），*Osšuje*（オスジエ），*Pali raslinje*（パリ・ラスリェ）という表現もあるという．

今回の調査では *Rotten scirocco*，*Gnjilo jugo*，*Palac* は確認された．

悪天候でしかも雨がひどく，身体が濡れてしまうような不快な状況をつくる N 風や S 風に関する表現のヴァリエーションについても，両者の類似性を指摘することができる．Table 4-2-c にそのようすを対比させて示した．

天候の悪いときの *Jugo* には *Gnjilo jugo* や *Šporka bura* がある．*Jugo* は多湿であるために天候の悪い表現よりも湿度に悩まされるようすが表現に加わったのである．

Table 4-2-c　Commonality of expression against bad weather (north wind and south wind)

	The Adrian Sea（Croatia） アドリア海（クロアチア）	The Sea of Japan（Japan） 日本海（日本）
Wet Sweaty smell dirty 雨にぬれた 汗臭い 汚い	*Gnjilo jugo* （グニロ・ユーゴ） (Rotten Jugo) *Šporka bura* （シュポルカ・ブーラ） (Dirty Bura)	ミズバエ (Mizu-Bae：水南風) ドロ・バエ (Doro-Bae：泥南風) ジュル・キタ (Juru-Kita：じゅる北)

Gnjilo jugo は腐った *Jugo* という意味で，湿度が高く，気温が高い南風である．は意欲をなくし，仕事のやる気も失せる．また，神経症的な病気や気分をおこさせる *Šporka bura* は雲が出ているときの *Bura* をいい，*Šporka* はイタリア語の Sporco（汚い）から転化したと思われる．

次に天気の良いときに吹く *Bura* に関する表現としては，*Čista bura* があり，*Čista bura* は雲のない天気のときの *Bura* をいい，Čista は英語の clear にあたるイタリア語 chiaro とおなじパターンの変化である．日本の場合には「アオ」，「シロ」であった．

Table 4-2-d　Commonality of expressions for “typical wind”

	The Adrian Sea（Croatia） アドリア海（クロアチア）	The Sea of Japan（Japan） 日本海（日本）
Real 真の	*Čista bura* （チスタ・ブーラ） *Fortuna(l) bura* （フォルトゥナ・ブーラ） *Prava bura* （プラヴェ・ブーラ） Pravo Jugo （プラヴォ・ユーゴ）	マキタ (ma-kita：真北) ネギタ (Ne-gita：子北) マバエ (Ma-bae：真地南風)

基本的な伝承表現のヴァリエーションの作られ方を共通性という視点から見れば，アドリア海沿岸と日本，韓国とで共通するものが数多く見い

出せる．とくにTable4-2-aからTable4-2-dのように対応表で示すことができるほどである．このことは人々が自然現象を受容し，その体験を民族的語彙で伝えようとするときの発想は，このような対応表ができるほど，人間が現象を知覚するときには類似性があるのだといえる．

これは，「謎解きの旅」の収穫である．

② 接頭語あるいは接尾語で変化する状況を伝える

代表的な民族的語彙に造語をして，嵐など天候全体に意味が変わる場合などがある．以下がその例である．

・*Oštro* → *Oštrolada*

・*Lebić* → *Lebićada*

・*Nevera* → *Neverin*

・*Garbin* → *Garbinada*

・*Plenat* → *Plentada*

・*Maestral* → *Maeštralun*・*Meštral* → *Meštralada*

・*Škura* → *Škurina*

さらに，接頭語では，

・*Levent* → *Delevante*

風向きがSW風から南風に変わるときに使う．
方向は*Jugo u Levent / Jugo u Oštar*）と同じ．

・*dah*（means breeze: そよ風）→ *Zdah* (Ugljan島Muline)

‘*Zdah* means a light breeze. You say «*zdah* odozdol» (*zdah* from below) or «od bure zdah» (*zdah* from bura). *Zdah* doesn’t blow strongly, it just is, like *bonaca*.’

「*Zdah*（zdah，ズダー）は軽やかなそよ風．われわれはよく‘*Zdah odozdol*’という．これは，『ズダーが下からくる』という意味だが，『*Bura*から生じた（収まった微風）』でもある．ズダーがさらに弱くなると*Bonaca*（bonatsa，ボナツア）のようになる．」

・*Sunce* → *Zasunčar*　(Jezera)

Smjer Maestrala se mijenja slijedeći sunce od Zapada prema Sjeverozapadu.
「*Maestral* の風向が太陽を追いかけるように W から NW に変化するようす」

がある.

このようにアドリア海沿岸地域では，風の伝承語彙を語形変化させることで,変化する状況を伝える伝承表現が得られた.しかもそのヴァリエーションは韓国や日本よりも多様で豊富である.

この違いはクロアチア語の言語特性と自然現象や地形が関係している.

基本的な伝承表現に気象・海象現象の変化を表現するために基本的な用語にprefixやsuffixをつける方法は,日本海沿岸およびアドリア海の人々に共通する傾向である．もともと基本的なセマンティックス（semantics）にヴァリエーションをもたせて伝承表現の数々を共有しようとする動機の第一は危険回避であり，この点は日本，韓国，クロアチアの漁業者に共通した傾向である.

しかし，その方法は異なり，日本では大小や色などの形容詞をつけて一語にする傾向があり，韓国では発音の強弱やニュアンスの音を変化させる傾向がある．さらに，クロアチアでは大小や色などのほか，文法から派生した多くのヴァリエーションが見られるという三者三様の違いがある.

③ 風向の細分化

基本的な 4 方向あるいは 8 方向の風の名前が定まれば，その間の角度から吹く風に対しては，S と E の中間の風というようなヴァリエーションをつくりだすことができる．この方法は日本海においてもアドリア海においても同じである.

方位の呼称は基本的に 8 方位である．この 8 方位からさらに詳細な 16 方位をつくるために，N の *Tramontana* と NE の *Bura* を組み合わせて中間の NNE を *Bura po tramontani*，ENE を *Bura*（NE）と *Levant* (E) から *Bura po levantu* と表現している（cf. Fig.4-3)．あるいは，S の *Oštro*

と SW の *Lebić* を組み合わせて，SSW の *Oštro po Lebić* という表現をしている．このような使用例はほかにも見いだすことができる．

同様の方法が日本でもみられ，ニシ（西：W）とアナジ(あなじ：NW)の間の WNW 風をニシアナジ(西あなじ)と表現したり，キタ(北:N)とアナジ（あなじ：NW）との間の NNW 風をキタアナジ（北あなじ）と表現したりする．

ただこの方法は地域社会が独自に生み出したのではなく，地図の方位の名称として伝わった方法を利用したものと思われる．なぜなら古くから地中海航海用の地図に記された羅針図（Compass rose）の中には 32 方位のもの[注1)]もあり，そこではこの両サイドの角度の呼称を組み合わせるという表現方法が使われているからである．

Muline における羅針図（Fig.4-2）では，NE 象限と NW 象限，SW 象限までは，*Levant* から *Tramuntana*，*Pulenat* までとその中間を表す *Levant po jugu*（レヴァント・ポ・ユーグ），*Jugu po levant*（ユーグ・ポ・レヴァント）が使われていた．

日本海とアドリア海を比較すると，32 方位まで方位の名称を定めて利用した地中海沿岸地方の方が厳格である．しかし，これは当初はあくまでも航海用地図の方位の名称であり，風の名称とは異なっていた．このような表現が方位と関係なく使われる場合には，地域でたまたま中間方向から吹く風の名称がないときであり，この方位の名称が汎用的に風の名前として使われていると考えるべきだろう．

多くの場合，人々にとっては局地風の観察では 8 方位が使えれば実用に支障はない．

ii）統合感覚による観察

・ヌメヌメした海水

山口県の沿岸ではフグの漁期に高波が起こると，フグが海岸に打ち上げられる．そのために海岸一帯がフグの体液で粘り，滑る．このような状況をつくり出す高波をナメタレオトシ（なめたれ落とし）という．「なめたれ」はねばねばした感触をいい，「おとし」は取り除く（波）という意味である．

山口県沿岸の「なめたれ落とし」は別名フクノナミ（フクの波）という．フクは魚のフグ（河豚）の方言でフグの漁期にあたる波という意味でもある．

アドリア海にもこれと似た表現があり，波が海中のプランクトンを破砕し，また汚れた海草を浮き上がらせる海の状態を *Cvjetanje mora*（チュヴェタニェ・モラ，Split）という．

Cvjetanje mora je prljava morska površina uzrokovana abnormalnom pojavom planktona.

「*Cvjetanje mora* というのは，汚れた海面の状態をいうのだけれど，この原因は異常な海流によるプランクトン（海草）の流入によるのだ．」(Split で海洋生物学者談)

・寒い，暑い，乾いた，湿った天候

このように人々は現象を皮膚感覚すなわち暑い，寒い，痛い，汚い，味覚，臭いなどの体験を記憶することがある．このような刺激は人間感覚に直接的に作用するために前述のように民族や文化に関係なく，かなり類型化した伝承表現をつくる．すでにアドリア海沿岸クロアチアでの呼称については，寒い・冷たいという感覚から生まれた *Sušac*，*Ujad*，蒸し暑い感覚をもっている *Vedro Jugo* ばかりでなく塩辛いという味覚にまで踏み込んだ表現 *Bura posolila* が使われていることを紹介した．

この皮膚感覚を表現する伝承表現を韓国や日本の場合に重ねてみよう．

韓国では，昔から西の風が寒い風を意味する하늬바람（ハニバラム）があった．そのほかに夏の盛りに海岸に打ちつける波を文字どおり「暑い波」더비멀기〔Deobimeolgi，トピモルギ：標準語の더위の変化〕や「暑い風」더비나블〔Deobinabeul，トピナブル〕という表現がある．また，極めて寒いというニュアンスを含んだ風の名前に잔질〔Chanjil，チャンジル〕，찬질기〔Chanjilgi，チャンジルギ〕，찬질바람〔Chanjilbaram，チャンジルパラム〕があり，その風で起こる波を잔질나블〔Chanjillabeul，チャンジルナブル〕という．

日本の場合にはこのような熱い風や波，寒い風や波を直接表現する呼称は気象用語以外には見かけない．気象用語では大気の状態として寒波（cold wave），熱波（heat wave）が使われる．これらは英語の気象用語でもあるので外来のものである．むしろ，日本の場合にはそのことばの背景になっている情景から暑さや寒さが連想されるような間接的表現となる．

例えば，地域にはボンボロ風という伝承表現がある．この風は，

「暑くて乾いた風が吹くときには，ボンボロといういかにも乾いた風の音を聞くのだ」

といい，このオノマトペ（Onomatopoeias）表現「ボンボロ」自体が暑い日に乾いた風が吹きつける情景をイメージさせる．

アドリア海沿岸には気分や雰囲気の伝承表現として *Mulajtina*（ムライティナ）がある．

「*Mulajtina* は息苦しさを感じるときのことばだ．*Nevera* が起こる前に多くの飛沫が煙のように上がるようすをいう．」（Crikvenica で取材．*Mulajtina* の意味は不明）

「*Mulajtina* は *Nevera* の嵐の前に（海面の）飛沫が上がって煙のようになる．このときの雰囲気を言い表したものだ」

といい，単に光景ばかりではなく身体での知覚も含んでいる表現である．

このように感覚を表現した伝承表現も第3章で一覧表にしたが，その結果分かることは寒暖の他に塩辛い味覚など，感覚表現が多いのがアドリア海地域の特徴である．これは，言わずと知れた *Bura* がもたらす激しい飛沫や風に混じる海塩粒子の直撃を受けたさまざまな状況が表明されているからであろう．もちろん *Jugo* の不快さも感覚表現の豊富さに一役買っている．

ダルマチア地方南部で特徴的なのは *Jugo* に対する倦怠感や作物に対する被害の体験である．この体験は *Vedro Jugo*（ヴェドロ・ユーゴ）という伝承表現によって心身に深く刻まれている．

ドブロヴニクでは *Jugo* による個人の倦怠感や社会への影響に関する興味深い逸話が残されている．われわれがドブロヴニクの住民から聞いた逸

話には，この過酷な環境の下では人間は正常な判断が衰えることを前提にした次のようなものがあった．

U staroj Dubrovačkoj Republici, zločini počinjeni tijekom razdoblja dok puše Jugo su se smatrali omanjim zločinima. Čak je i Veliko vijeće ili Consilium maius imalo zabranu donositi bitne odluke za Jugo, budući da vjetar loše utiječe na ljudske emocije i odluke. (Dubrovnik, Tomo Perdija：71-godišnjak)[注2)].

「旧名ザグーザ (Old Ragusa) あるいはドブロヴニク共和国 (Dubrovnik Republic) では，*Jugo* がやってきたときに犯罪が起こったならば犯罪者は軽微な犯罪として扱われたのだよ．なぜなら，*Jugo* は人間の感情や意思決定に悪影響を及ぼすことが知られていたからね．また，(*Jugo* がやってきたときに) 大陪審 (Veliko vijeće，ヴェリコ・ヴィエチェー) や評議会 (Consilium maius，コンジリウム・マイウス) では，重要な事項の決定をしてしまうことは許されませんでした．」

と Tomo Perdija，71 歳は語っている．

このコメントは巷間にはよく知られた伝説のようで，クロアチア各地で耳にした．このような社会制度に関することがらについて，法令の明文化されたものがあれば「気候と社会制度あるいは人間生活」というテーマでさらに興味深い事実が分かると思われる．

このように視覚，聴覚，触覚などを使ってそのときの外部環境を表現するやり方が日本や韓国にもあるがこの両国にも特徴がある．

日本の沿岸地域には視覚表現のほかに擬音（オノマトペ）を使ったものが多いのが特徴である．波が砂浜に強く打ちつけるときの音から生まれたドウドウドンという波の伝承表現，海水の擾乱（じょうらん）によって水中で気泡が発する音（「ごぼり」という音）が普段より大きいようすからゴボリ波（ごぼり波）など．本書の冒頭で述べたザーザー降りの雨などに通じる地域語である．ほかには，海面が赤く濁るような激しい風をアカカゼ（赤風），湿度が高く湿った北風を擬音のように表現するジュルキタ（ジュル北，既出）がある．ジュルは湿った物体を触ったときの感触を表す擬音である．擬音を除いては海で生業を行う人々の着眼点には似たところがある．

同じような擬音表現で，韓国には뭉달다불〔Mungdaldabul，モンダルナブル＝棍棒波〕がある．뭉달〔Mungdal，モンダル〕は棍棒のことで，海岸を棍棒でたたくような音が遠くまで聞こえるような高波をいう．

アドリア海での聴覚による表現は，*Bura* に関連する擬音（フッ，フッと息をともなって激しく吹く）に見られるが，伝承表現として造語されているものは韓国，日本のように多くはない．

色彩感覚に関しては，マルタ島では「血の雨」という表現があったのを思い出す．色，音，皮膚感覚など知覚を駆使して観察をした結果生まれた伝承表現は人間機能の基本的部位に働きかけるために直接的で，ことばそのものが印象に残りやすく，独特の生活ぶりが窺える．

感覚を取り入れた伝承表現は，まず，皮膚感覚から寒い，暑いが代表的なもので，これらは日本，韓国，ダルマチア沿岸に共通している．次に乾燥した，湿った感覚が続き，視覚的な変化の表現，さらに嗅覚の汗くさい臭い，そして塩辛いなどの味覚と人間の五感を縦横に使って伝承表現を形づくっている．これらに類別した伝承表現の多寡によって，自然現象による環境変化に対して人間が知覚機能をはたらかせるときの順序性を窺うことができるかもしれない．

近代になり人間の知覚は視覚中心になったといわれるが，自然現象を体験し，さらに地域で共有しようとする「伝承表現の世界」は五感などをさまざまに駆使して現象を捉えようとしていることが分かる．中には第六感のような総合的に知覚機能をはたらかせた「雰囲気を感じる」というような伝承表現もあった．

視覚からの印象を盛り込んだ伝承表現，すなわち晴れや雨などを色に例える方法に始まり，日本と韓国，クロアチアの人々の表現方法が類似していることが分かった．このような共通性は調査への期待「謎解き」に応えるものであった．

iii）宏観現象への関心

宏観とは人間が計測機器などを使用しなくても知覚機能を使って，ある現象が起きたときに周囲のさまざまな変化―これを宏観現象という―に気がつくことで，宏観観察はそのさまざまな変化を関係づけようとする作業をいう．良く知られた宏観観察には地震が起こったときに井戸水が枯れた，小動物が騒いだ，地鳴りがした，鳥がいっせいに見えなくなった，など予兆との関係を指すことが多い．現在の科学ではこれらと宏観現象の直接的な因果関係が説明できないため，多くは偶然かあるいは関連があっても蓋然的な関係で予知と結びつけることはできないとされている．

しかし，自然環境の構成要素の中には物理的なものばかりでなく，化学的なもの，さらに生物的なもの，とくに生き物や植物などがあり，ある自然現象が発現したときには大なり小なり影響を受けて変化をすることは否定できない．もちろんこの変化によって数日先の現象の発現が予測できるというものではない．

Bura や *Jugo* あるいは *Lebić* による強風や高波によって，大気の変化としての雲の出現，風の作用による海面の変化，気温の変化や湿度の変化ばかりではなく動植物の変化も起こるので，人々はこれらの変化を宏観的に観察して印象深いものを特有のことばやフレーズで伝承表現している．

通常とは異なった大きな波（うねり）が起こったとき，韓国では特別なうねりという意味をこめて，웅둥나블（Ungdung-nabeul，ウンドゥンナブル）という．海中の水が深いところまで動く．このような波を日本の漁師は「根強い波」というが，西日本の地域ではソコエブリ（底えぶり），ソコネチ（底ねち）という．

このような波で海中の物質がかき混ぜられるときには海草が根こそぎ取れてしまうような光景も目にする．この波をメカブオトシ（芽株落とし）というが，これと全く同じ情景表現が韓国にも，미여귀나블（Miyeo-gwi-nabeul，ミヨキナブル）という伝承表現にある．ミヨキナブルは「わかめ波」という意味で，この波は海底まで水粒子の運動が起こるようなうねりをいい，そのために海藻のワカメが根こそぎ千切れてしまうほどの波の威力だという．この「わかめ波」は海面に海草が浮いて漂うようすを表

現しているが，このときの粘性の高い海水の性質を含んでつけられた表現と考えられる．

芽株の頃というのは4月末から5月頃のワカメの芽が生える時期で，旧暦であれば梅雨の季節に相当する．この時期のうねりである．この時期の波は西日本でツユナミ（梅雨波）といわれる．

イタリアのOstuni（Brindisiの北西約20kmの町）の沿岸地域では，*Alghe oiposidonia*（アールゲ・オィポシドーニァ）という表現があり，

"*Alghe oiposidonia*" si riferisce all'accumulo di notevoli quantità di maleodoranti alghe marine sulla spiaggia dopo lo *Scirocco*.

「*Alghe oiposidonia* というのは，*Scirocco* によるうねりが収まったときに多くの海藻が海岸に打ち上げられてくることをいう．このときは海岸に悪臭が漂うのだよ」

という．良く似た情景表現であるが，こちらは高波と嗅覚が統合されている．

特有の自然現象に対して，注意深い観察と経験の蓄積から，その宏観的に植物・動物，その他の周囲のようすが変化するのを見いだして，その現象の呼称にしているものがある．これはとくに韓国に多く，" 호박나블 "〔*Hobang-nabeul*，ホバクナブル：かぼちゃ波〕，" 끼띠기바람 "〔*Kkittigi-baram*, キッティギパラム：麦の風〕など農産物の収穫の時期と重ねた表現，あるいは波による海底の動きの状態を表現するなどがある．

大波がおさまった直後には大漁になるときにはクロアチアの漁師は「漁師のお祭り」といい，これとほとんど同じ言い方が日本にもある．このような局地的で微視的な観察の体験から生まれた伝承表現はそれぞれ驚くほど良く似ている．

vi）海象現象に関する伝承表現

風の名称の調査はこれまで多くの研究者が行ってきたが，波の呼称に関してはほとんど資料がなかった．しかし，著者の調査によって，韓国においても日本においても極めて多くの波の伝承表現が使われていることが

分かった（矢内，op. cit. 2005）．しかもそれらには気象状況の観測と共に海象を交えた天候に対する観察の結果生まれた伝承表現である．

ただ，日本海とアドリア海は海象の条件としては異なる点に留意しておかなければならない．

日本海はNE象限からSW象限に細長く広がった縁海である．年間を通じて波の発生状況を見ると夏のシーズンは比較的穏やかで，冬のシーズンは高波が多い．ただ，台風による高波は夏から秋に多く，不定期に発生する．また，秋から冬，春のシーズンには日本海低気圧といわれる移動性温帯低気圧や台風の通過による風波が起こるが，このときには風の向きが変化するとともに波の伝播する方向も変化する．ただ，海岸では波の性質—浅海効果—から波は海岸に平行にやってくるのが常で，沖に出た船舶でなければ方向の違いは分からない．冬の高波はおもに中国大陸に生じる寒冷な高気圧による北西からの季節風による高波である．このときには風と波は同じように発達する．

日本海の波の大きな特徴は，北海道の西の海域すなわち北東から南西に向かって長距離を伝播するうねりが発生することである．このうねりは移動性温帯低気圧がアリューシャン列島付近で発達し停滞するため吹き続けた強風による波で，日本海を伝わるときには大きな波長の波となって，昔は津波ともいわれた．地域によってはヨリマワリナミ（寄り回り波：おもに富山湾，富山県）などで伝承されていることばである．

一方，アドリア海では地中海の低気圧が，移動性温帯低気圧としてアドリア海に侵入する．地中海に影響を与える低気圧としてP. Lionelloら(2006) は８つのケースに分類して，その影響範囲と発生する季節をまとめている（Table4-3）．

このうちアドリア海に最も影響を与える低気圧はGulf of Genoa（いわゆるジェノバ低気圧：Genoa cyclone）である．またこの低気圧の年間発生頻度は10月から冬にかけて多くなり12月，１月をピークに３月までが多く，春から夏にかけては少ない．

この移動性温帯低気圧によって発生する波の特徴はおもに風波である．また，Cyclone of Sahara（サハラの低気圧）など北アフリカをはじめとした南に発生する低気圧は *Jugo* をアドリア海にもたらすが，*Jugo* が長時間吹いた場合には日本海を南下したうねりと同様に，北西（SE 象限から NW 象限）に向かううねりとなって高波をもたらす．ただ，アドリア海は日本海ほど吹送距離(fetch)が長くないので波高は高くないはずであるが，沿岸は急峻な海底地形で深いところがあり，波が減衰せずに沿岸を襲うことがある．さらに *Jugo* の風とともにアドリア海の北の端 Venezia に高潮(Acqua alta）をもたらす．

Table 4-3. Cyclogenetic regions in the Mediterranean area and respective seasons with significant activity; values represent average cyclone radius (km).

Area	Seasonality	Radius (km)
Sahara	Spring, Summer	530-590
Gulf of Genoa	Whole year	380-530
Southern Italy	Winter	520
Cyprus	Spring, Summer	330-460
Middle East	Spring, Summer	320-460
Aegean Sea	Winter, Spring	500
Black Sea	Whole year	380-400
Iberian Peninsula	Summer	410

以上のように日本海とアドリア海には多くの類似したところと若干の違いがあるので，この共通性と違いを意識しておけば，海象に関する伝承表現を対応させることに無理がないであろう．

・Waves & sea-surface

波の状態を観察した伝承表現にもアドリア海と日本との類似性が窺える．目視観測で海面の状態を判断する方法にビューフォート階級と風浪階級がある．風が次第に強くなり，ビューフォート階級が３～４になると海面には波が立ち，砕波現象が起こるために白波が見え始める．このときの風浪階級は３程度，波高にして 1m 位となっている．さらに風波が発達すると海面全体に白波が見えるようになる．白波は英語で white cap (a small wave with a foamy crest.) というが，アドリア海の人々は *Ovčica*(羊）という．白波を羊に例えておそらく海面を走り回る羊を連想したのだろう．ところがこのような海面の白波を日本ではウサギナミ(ウサギ波)，ハクトナミ（白兎波）という．こちらはウサギが海面を跳ねるようすを想像している．とくにこの呼称を使う地域には「因幡の白兎」という８世紀に編纂された日本の神話『古事記』の中の逸話の舞台になった地域である（鳥取県，島根県）．

この「うさぎ波」は５月初旬から６月20日頃に発生することが多く，日本の雨期の梅雨（ツユ）でもあるために,別名「つゆ波」ともいわれる．少しの雨と弱い北東風のときに海面の波がうさぎの耳のように見えて，静かに岸に寄せる光景であるという．

Bura が発達してさらに海の波が高くなると，*Bura* 特有の強い風の息が吹き，方向もまちまちになる．このときの急峻な波の形と白波のようすを *Pilasti*，*Stupi* という．

風波が起こって，海面に白波が見えるときに

「*Pilasti* はノコギリ，*Stupi* は柱のことで，それほど極端な波の先端(steepness) になるのだ」(Crikvenica,etc.)

という．

強い *Bura* が吹くときの海面は劇的に変化するが，そのようすを表現する伝承表現には，アドリア海特有のものがある．海面から上がる飛沫，水煙を表現しているものとしては，*Pjeni*，*Bura posolila* などがあった．

‘*Bura* puše na refule’(Zadar)

「*Bura* が海面をたたきつける」

といわれるように，典型的な *Bura* が吹くときには風は突風状に吹き，激しい息とともに海面をたたきつけるように吹く．

このような状況は激しさでは及ばないが，日本海沿岸におけるスブキナミ（すぶき波：新潟県），ゾエキ（ぞえき：福井県）という伝承表現にあたるであろう．

すぶき波は，春の季節風による波が激しいしぶきを上げているようす．「すぶき」は「しぶき（飛沫）」の方言である．

「ぞえき」は強風による激しい風波の表現である．強風で海面の水を巻

き上げるように波立つことで「ぞえき」の意味は不明であるが，ことばのニュアンスからは同じように飛沫が上がるようすを想像できる．

これらの波の表現は海面から海水の飛沫が激しく上がるようすを表現しているのでアドリア海での伝承表現に対応する．

このようにアドリア海と日本海の人々の表現方法の類似性が見られるので，ここでも対応表で確認してみよう．

Table 4-4. Similarity of waves expression between Japan and Croatia

	The Adrian Sea(Croatia)	The Sea of Japan(Japan)
White cup by wind waves	*Ovčica* (Crikvenica, etc.) :sheep *Pilasti* (Crikvenica, etc.) :Sawtooth *Stupi* (Crikvenica, etc.) : Pillar *Pivac* ※ (Betina) : Cockscomb	*Usagi-nami* (Western Japan) Usagi=Rabbit
Spray from the waves	*Pjeni* (split) :Foam *Refuli* (Zadar) *Reful* (Šibenik) : gusty	*Shubuki-Nami* (Niigata Pref.): Shubuki=Sprey *Zoeki* (Fukii Pref.): Zoeki is an unknown word.

※ *Pivac* について…一般に風波が強く白波が目立つときには，風も波も激しいはずで，とくにヨットの船乗りには危険を伴うことがある．このようなときには，*Pivac* という（Betina）．*Pivac* はダルマチア方言でニワトリのトサカ（鶏冠）のことである．この表現には，“この波を怖がるのはチキン野郎（臆病者）”と言うニュアンスを感じさせる．

アドリアの地域風を各種文献から総括している D. Poje (1995) は，*Garbin*（SW からの風）の項の中で，

“*Garbin* angry that view to thr bottom of miti”

「怒り狂った *Garbin* は海の中をかき混ぜて濁らせる」

という表現を紹介している．

この状況は SW の風による強いうねりが深い海の水粒子まで動きを誘発するようすを表している．

Prvic 島の Šepurina 村で調査をした A. Kursar（1979）によると *Refulada*（refulada，レフラーダ）という波を表す伝承表現があり，これは，

‘Tragovi vj etra na moru’

「海面が収まらない状態」と解説されている．(p127)

また，大きなうねりが収まらないときには，日本では「余波（よは)」というが，クロアチアでも同じ状況が起こるようで，このときは魚がよく獲れるという．

渡辺（1974）はラブ島の漁民からの取材で，

「*Bura* が吹きやむと2時間ほどで海面は静かになり，うねりもなくなる．海水が上下にかきまわされていたために海底に何日も沈んでいた魚が水面に浮かんできて跳ねるので漁には最もよい」このときは「魚の厄日で，漁師にとってはお祭りだ」という逸話を紹介している．同様の言い方は筆者の調査でも耳にした．

アドリア海ではそのほかに，静穏な海面状態を表現した *Brdura*（ブルドュラ）や *Kalma bonaca*（カルマ・ボナッツァ）がある．

Kalma bonaca は *Bonaca*（ボナッツァ）という穏やかな風による海面のさざ波をいうが，この Kalma はイタリア語の Calma（穏やか）の発音から慣用されたことばである．

Brdura は弱い風 *Bonaca* が吹いたときの海面のさざ波をいう．

このような穏やかな海面状態についての伝承表現は韓国，日本では圧倒的に少ない．

島根県にナバ（なば）という表現があるくらいであろう．「なば」は穏やかな波のときに船を着岸させるとき，「良いナバだ」というように使うという．これは凪（なぎ）という穏やかな海面状態を指すことばに場所をあてて「凪の場」からつくられたことばと思われる．

早くから交易の場として発展してきたアドリア海では「良好な風が吹くか」，「無風状態になってしまうか」と風に対する関心が高い．その理由は帆船による航行のために無風状態で船が航行できなくなるような海況（うねりはあっても風のない状態）に関して神経質になったためと思われる．無風状態に関する伝承表現，そこから脱出できそうな風を探そうとする伝承表現があることが特徴である．

そのようすを表す表現に
“Upali smo u lokvu Bavižela”
「水溜まりに入っちゃった」
がある．おそらくリップル状の海でありながら凪状態で，そこが水溜まりのように見えるのだろう．この状態からの脱出の風も *Bavižela*（バヴィツェラ：とても弱い風）という（Split）．

一般に海象を観察するときにアドリア海の人々はまず風と雲行きに注目してその後に波のようすを観察するようである．日本の場合には風と雲行き，波ともに観察するが，地域社会では波の表現が多い傾向がある．

4-2. 風は何を連れてくるのか

4-2-1. 彼方への“おもい”と地域愛

アドリア海の場合にも地名を冠する風の名前がある．地名を付け加えた表現は第３章に見るように広範囲から局地的な地名まで含んで多くの事例が見いだせた．この点では調査前の期待は裏切られなかった．むしろその種類は日本海沿岸に比較すると格段に多く，また，各地域独特の言い回しがあることが分かる．アドリア海は島が多く，その島や島の集落を特定することによって正確な航路の方向を指し示すことができるという機能的側面が大きいようである．つまり風の吹く方向を正確に表現する役割を果たしている．

人びとが伝承表現に場所名をつけて用いる意義はいくつかある．

まず，正確な方位を得られること，次に地域の人が良く知っている地名を使っていれば，親しみやすく覚えやすい．すなわちその現象が表す内容を共有しやすいこと．そして最後にその地域固有の地名が入った呼称をつくるという作業が命名権という優越感をもたらし，郷土愛につながるということである．

アドリア海に地名を交えた伝承表現が多い理由は正確な位置や方角を定めるときにランドマークとなる地名を利用するメリットがあったためと思われる．クロアチアには1,000を超す島があるといわれるほど，アドリア海には島が多い．そのため島や島の集落がランドマークになりやすい．古くから海上交通が発達したアドリア海では島から突然吹く風から船を避難させるために島々の名前になじみがあったであろう．あるいは外敵の攻撃から避難するためにも周囲に注意を払ったであろう．

普段から行き来する場所の名前やいつも見える山などの名前をつけた伝承表現は覚えやすい．人々の住む近くの地名がついた呼称には愛着を抱くようになる．同時にそれは風の吹く方向を正確にいい表すことになる．

Bura の前兆を表現する伝承表現には Velebit 山が大きな役割を果たす．これはこの山が Croatia の沿岸の人々にとっての象徴的な山であるからであり，よく知られた山に関する伝承表現であれば広く親しまれることにな

る．

日本や韓国にも地名が含まれた伝承表現があるがその意図は若干違うようである．

地中海地域の中世の羅針図 に *Afriko* や *Levant*，*Greko* などの名称があり，これらは風の吹いてくる方向を指している．このような名前の発想の源は似通っていると思われる．

アドリア海における地名を風などの呼称に冠する方法の特徴には地中海における交易や戦いの歴史的な理由も考えられる．

I. Penzar と B. Penzar（op.cit.）は，次の逸話を紹介している．

> フランス人の水路測量技師 Charles Francois Beautemps-Beaupré（1766–1854）は，帆船で頻繁にアドリア海の東沿岸を航行している．そこで，たびたび局地風にも遭遇している．彼はこの海域で最も危険な風は *Bura* であることを認識しているが，そのために沿岸海域を航行することを推奨する．なぜならこの海域には多くの島があり，島や島陰が風から船を避ける避難場所を提供してくれているからである．*Jugo* の場合にはうねりが大きく，波が高くなるために視界がきかないが，それでも良い避難所を東海岸のいくつかの場所で見つけることができる．（p74）

このようなときに風や気象の直接的な伝承表現ばかりではなく地名を冠した多くの伝承表現が役立つに違いない．

A. Kursar（op.cit.）によると，シベニク近くの Prvic 島 Šepurina 村の古老への調査から，

Nozdra：mala uvala na otoku

「島の小さな湾（島の小さな入り江）」（P117）

Rivica：mala lučica

「小さな港」（P129）

という表現を紹介している．

Šepurina の村はシベニク近くの半マイルほど離れている Prvic 島にある村であり，シベニクの沖で *Bura* に遭遇したときには，いち早くこのよ

うな小さな入り江や港に避難するときに使われたことが多かったための特有の表現と思われる．

4-2-2. 特別な方向認識がある（上下，高低など）

ｉ）局地的な上下という方向感覚

韓国では古来，北には「高い」という漢字が当てられ，北の方向を「高（コ）」としていた．この名称は日本海の海上交流の歴史の中で日本にも伝えられたと考えられる．

新潟県・兵庫県の地域では，低気圧の接近時に風向がNWになったときに暴風雨になるため，風向が変化して強まるかどうかということに細心の注意を払った．温帯低気圧の接近によって風向が北の方に回転していくのが，嵐の予測の経験則である．

風の方向がSEからS，SW，NW，そしてNに変化してくるとき「風が高回る」（風が“高く”なる）という．やがて嵐が来るという天候変化に関する伝承表現である．

日本海沿岸では，一般的にタカイ（高い）風はNやNW方向を指し，ヒクイ（低い）風はSやSEを指している．また，下・上に関する表現としては，シモカゼ（下の風）とカミカゼ（上の風）があり，シモカゼはN方向，カミカゼはS方向を指す．

日本海地域の場合，京都・大阪（カミガタ，上方）から西日本の端の山口県から北上して北日本まで航行する北前船（Kitamae-ship, Sailing vessel）という帆船が文物を輸送していた．この北前船の航路に沿って文化が伝わってくる方向を「上（カミ）」（SWからNE）といい，そちらから来る風をカミゲ（上気）といった．反対が「下（シモ）」（NEからSW），風はシモゲ（下気）である．

上方（カミガタ，京都・大阪）を日本海沿岸から直接方向として指示するときには，上方を指す上（カミ）がS方向となり，下（シモ）が反対のNを指すのが習慣となっている．

関口も『風の事典』の中で北前船との関係を指摘しており，このようなクダリ，ノボリ，カミ，シモの考え方は「当時の船の寄港地を拠点として知られているので，航海業者・船人の間で，使われていた言葉であったのが，よく似た海上生活を行っている漁民に伝えられ，さらにその周辺の人々に知られていったものと思われる」(P31）と述べている.

Muline では風にまつわる上と下という表現について，イタリアから吹く風を「下」，山側（Mt.Velebit）から吹く風を「上」とみなすという.

Korcula 島の老航海士（Tomo Perdija，71 歳）はセーリング用語ではあるがと断りつつ,

風上に向かうことを *Šopravento*（ショプラヴェント）

風下に向かうことを *Šotovento*（ショトヴェント）と紹介する.

さらに，Crs 島 Stivan に永く住む 89 歳の女性（Marija Krivičić）は,

「わたしたちはね，外海から吹いてくる風を “*Zdonji Vjetar*” といいます．この意味は下風（bottom wind）という意味ですよ.」

と語る.

Priverika には *Odzdol* を SW からの風，夏の *Meštral* は NW の風というが，そのとき対比的にこの *Odzdol* が下風と同様の意味で使われるという.

ダルマチア海岸の筆者の調査では，地図の北が「高い」，南が「低い」という回答は見られなかった.

その一方で海の方向を「下から」，山（陸）からの方向を「上から」という区別はあるようである.

前述の Šepurina 村での古老からの聞き取り調査を行った A. Kursar (op.cit）によると，Ispo が下，Izna が上として使われていたようで，その意味は,

Ispo：s donje (vanjske ili južne) strane (otoka)

下（外部または南部）側（外側または南側）の辺り（Otok 島）

Izna：s gornje (unutarnje) strane (otoka)

上（内側）側の辺り（Otok 島）

とあり（P128)，島の人々は海の方向を下，内陸側を上としていたことが窺える.

また，V. Skračić (2004) によると,

下（下側）は *Dolinji* : Gorinji brak na Dobri（Dugi otok）

上（上側）は *Gornja* : Zmorašnja sika od Morovnika（podmorje, Olib）と用語の解説をしている（P444）.

さらに風の上・下という表現について, V. Skračić は地名学（Topominy）の観点から,

・海から陸に吹いてくる風を *Žudij*（SW）

・陸から海に吹き出す風を *Dolnjak*, *Donjak*, *Dolinjak*（いずれもNE）

と述べている．つまり海側の低い方から吹く風が「下からの風」, 陸側の高い方から吹く風が「上からの風」である．陸側はおもに島の中あるいはVelebit山やディナル・アルプス山系を指している場合が多いと思われる．

特定の方向のどれに注意を払うかといえば, *Bura* の被害の多い地域ではN風やNE風に関心が高くなるであろうし, *Jugo* に悩まされる地域ではS風やSE風に関心を払うことになるであろう．また, さらに想像をたくましくすると, 島の人々は海からの風：低い風は不案内な場所（海や彼方の島々）からの風であり, この方向の風に関心を払っているといえないだろうか.

このような特徴について, V. Skračić は「アドリア海の沿岸の人々の地名の選択や語彙項目の選択には風の強さや特徴あるいは方向が影響を与えている.」と指摘している.

ii）山と雲行き

アドリア海沿岸全般にいえる傾向として, 調査では全ての回答者から真っ先に *Bura* と *Jugo* という風が挙げられた．人々はこれらの風に対して特別な関心を払っていることが分かる．前出の V. Skračić はダルマチア海岸の海岸線の特徴から, ここでの地域社会は,

「沿岸の地形と島々によって, 本来基準となっているはずのN, S, E, Wという方向は, この地域に吹く風の特徴がNEからSWの *Bura* とSEからNWの *Jugo* という顕著な風のためにその他の方向に比べてこれらの風の重要性が高くなった.」(p437)

とすら述べている．

嵐や時化にみまわれる体験をした地域は次の嵐や時化の予測に注意を払うであろう．天気の予測には風や雲行きの変化に対する教訓的な言い伝えが予測に役立っているはずである．そこで天候の予測に関して注意されている方向や地点について見てみることにしよう．

後背地に山を抱える海岸沿いの地域社会では，山風（山岳波の下降流）による強風被害や熱風あるいは寒風による天候の変化に注目する．また海からの風にも注目を払う．さらに沿岸漁師や付近を航行する船舶の船乗り，セーリング・ボートなどでレジャーを楽しむ人にとっても，突然の強風や海上での風向変化，あるいは高波に注意しなければならない．このような局地気象の世界では，いわゆる観天望気にもとづく伝承表現の数々が役に立つ．

高い山からの山風による影響が大きい地域では，その代表的な山の天候，具体的には山にかかる雲のようすによって風の吹き出しを判断する．

西日本の兵庫県美方郡，島根県八束郡にはダイセンモノ（大山もの）と呼ばれる風の名前がある．これは西日本の代表的な標高 1,729m の山，大山から吹き下ろす風のことである．兵庫県では W 風，島根県では SE 風で共に山からの方向を指している．この山に雲がかかると強風が吹き下りてくるとともに海が波立ち，高波になる．

兵庫県では雲が雨をともなって次第に山頂から下りてくるようすを「大山くずれ」という．また，島根県八束郡では次第に強風になると「沖波になるぞ」と警告する．沖波というのは海岸から数 km ほど沖合の風波のことである．

北日本の代表的な山，標高 1,625m の岩木山に雲がかかると青森県津軽郡の日本海側の地域では，「やがてオオヤマセ（大やませ）がくるぞ」と強い下降風に対する注意をうながす．

この山岳波の下降流の前兆と強まりを警戒する伝承が，アドリア海の場合には，

Kapa（カパ：Cap），*Kupa*（クパ：Cup），*Bravina*（ブラヴィナ：Maton），*Brk*（ブルク:Moustache），*Rak*（ラク:Crab），*Račići*（ラチチ：little crab），*Brv*（ブルヴ：Hat）である．

さらに雲が山から下りてくるようすは，Ugljan島のMulineほかの伝承表現では，

「Velebit山がおめかしを始めたぞ（頭に被り物をしたぞ）」

「雲のドレスだ」

「髪の毛（被り物）を滑らせてくるぞ．」

という情景描写がある．この情景描写はかなり文学的ではあるが，前述の日本の場合の「大山くずれ」と同様の観察から生まれたものであろう．

移動性温帯低気圧による荒天の予測のためにはその前兆となる風や雲などの観察が欠かせない．低気圧が発達しながらやや北の海上を通過していくときには，SE方向からの風が，S，SW，Wと時計回りに次第に強くなりながら嵐となる．ピークは状況によって異なるがNWあるいはN方向からの強風になり，やがて弱まっていく．また，低気圧が発達しながらやや南を通過していくときには，EあるいはNE方向からの風が，N，NW，Wと反時計回りに次第に強くなりピークの嵐となり，やがて弱まっていく．

日本海の中部，新潟県の古い港町出雲崎の人々は，やや北の海上を低気圧が通過しそうなとき，前兆のSW風に注目して，しばしばオヤカゼ（親風）と呼ぶ．やがて強風のNW風になることを警戒するのである．同じ新潟県の40kmほど南西の名立ではオヤカゼ（親風）はピーク時の強風NW風を指している．同じ表現であっても地域特有の意味が付与されているため，普遍的な法則をつくることには結びつかないのが地域の伝承表現の特徴である．しかも，低気圧の通過という現象に反応する地域の地形などの特性の違いによって，きめ細かい変化のようすを物語っていることが分かる．そして，いずれにせよ注目している特定の方向があることが分かる．

アドリア海ではNEばかりでなく，NW方向にも注目する地域があっ

た．Zadar と Šibenik の中間の町 Betina での *Pulentac*（プレンタッツ）という表現がその注目する方向である．これは NW からの風であるが，この風が N 方向に変化するかどうかを注視する．もし *Tramontana* と呼ばれる N 風に方向を変えることがあれば，その後，短期間に暴風雨になる可能性が高い．さらに時々は，引き続いて *Bura*（NE 風）にまで発達する．そこで *Bura* にまで発達する前兆となった NW 風の *Pulentac* は Bura の父（*Burin Otac*，既出）といわれる．

移動性温帯低気圧による荒天の予測の場合，その気圧傾度や気圧配置と細部の風の分布はアドリア海と日本海では異なっていることはいうまでもないが，表現自体が良く似ていることに驚きを隠せない．

4-3. 人智を超えた"もの"の存在

4-3-1. 年中行事や宗教行事に因んだ伝承表現がある

i）年中行事に因んだ風や波の呼称

韓国には年中行事に因んだ風や波の呼称が多いので見てみよう．

これは一種の気象の特異日と暦の年中行事を重ねたもので，波についても同様の波の名前がある．この日に必ず風が吹き，波立つというものではないが，経験的にこの時期にはこの風と波の気象現象が多いという備えをうながす表現である．

５月５日の東風は오윌던오새（オーウェルタノセ），６月の風波は유두나블（ユドゥナブル）と 유두바람（ユドゥパラム），７月７日の風波は칠석나블（チリチョクナブル），칠석바람（チルチョクパラム），８月の北風は팔얼가구새（パレヲルカブセ）あるいは팔월가구（부）새（パレヲルカグセ）という．

ここで，오윌던오새（オーウェルタノセ）は５月５日 (May 5) の五月端午の節句の NE 風という意味で，칠석바람（チルチョクパラム）は７月７日（July 7）の七夕祭りの E 風という意味である．それらの名称を Table4-3 に示した．

韓国では奇数の重なる月日を縁起のよい日とみなすため，５月５日，７

Table 4-3. The wind names corresponding the Korean annual events.

Koreanwords	pronunciation	Seasonal wind/wave
오월던오새	Ooeldeono-sae	5 月 5 日の東風
유두나블	Yudu-nabeul	6 月の波
유두바람	Yudu-baram	6 月の風
칠석나블	Chilseong-nabeul	7 月 7 日の波
칠석바람	Chilseok-baram	7 月 7 日の風
팔얼가구새	Pareolgagu-sae	8 月の北東風
팔월가구(부)새	Parwolgagu(bu)-sae	8 月の北東風

いずれも聞き取り音のままの表記

月7日がお祝いの日とされる．つまりこれらの年中行事に重ねて，そのときに吹きやすい風や風波，夏に起こりやすいうねり，などの教訓を経験的に伝えようとしたことが始まりであろう．

日本での月や季節を冠した表現はシワスノアブラギタ（師走の油北），ツユナミ（梅雨波），サツキナミ（五月波），ドヨウナミ（土用波）がある．

師走（しわす）は12月，油（あぶら）はオイルのようなという意味で，「師走の油北」は冬の荒波が多い季節であっても，

「(待っていれば）北風が弱く海面がオイルのように波立たない日がやがてやってくるものだ」

という教えである．五月(さつき)は5月の別名で，この時期の波である．旧暦（Chinese calender）の5月は実際には6月の波にあたる．五月波と梅雨波は同じ時期の波である．

日本全国に良く知られている土用波は日本海側ではほとんど影響がないが，太平洋沿岸では8月から9月に到達する台風からの高いうねりである．この土用(どよう)は月ではなく，盛夏の18日の期間を指している．

さらに仏教行事との関係では，日本にはオッコウジケ（回向時化），ヒガンノアトサキ（彼岸の後先）などがある．「回向（おっこう）」とは，仏教の一宗派の開祖親鸞聖人の命日（西暦1263年1月16日）をいい，西日本ではこの日になると天気が悪くなり海も荒れるといわれる．彼岸（ひがん，the equinoctial week）は仏教信仰では彼岸は先祖を祭る重要な日である．ちょうど春分の日（Spring equinox day）にもあたる．この時期には日本海や日本海南岸を移動性温帯低気圧が発達しながら通過することが多く，注意をうながすことばである．

釈迦（Budda）の命日に法事を行うことからきた表現にネハンアレ（涅槃荒れ）がある（山口県）．旧暦の2月15日（現在は3月中旬）の頃の嵐をいい，同じ時期の3月21日の弘法大師の命日に吹く風をコウボウゴチ（弘法ゴチ）という地域もある．

秋の彼岸（Autumn equinox day）にも嵐が起こりやすいために同様の呼び方がある．嵐に対する備えには仏教の伝説や聖人の名前を付けることによってさらに効果的に人々の注意を喚起することができる．

Table 4-4　Representation of wind and wave related to religious events / saints

Local terminology	phenomenon	Pref.	Commentary
彼岸の後先	時化、風波	秋田県	春先の時化.
彼岸波	風波とうねり	秋田県	3月中旬に発生．低気圧の風のピーク後，約1時間後に起こる.
彼岸いぶり	うねり	島根県	春から夏にかけて天候が良いのに波が来ること.
彼岸いぶり	うねり	島根県	春から夏にかけて天候が良いのに波が来ること.
彼岸の後ろ前	時化	島根県	春の彼岸の頃の大きな時化.
彼岸前後の岩おこし	時化	山口県	春の彼岸の頃の大きな時化．岩を動かしてしまうほどであるということ.
涅槃彼岸の岩おこし	時化	山口県	春先の彼岸会の頃の大時化．ハエは春先の風に多く使われる．アラシ（S）を南からの突風で使うこともあり.
彼岸の岩おこし	時化	山口県	季節の変わり目の大時化。大バエ，アラシによる時化.
涅槃彼岸の石おこし	時化	山口県	春先の彼岸会の頃の大時化．ハエは春先の風に多く使われる．アラシ（S）を南からの突風で使うこともあり.
彼岸の後先	風波とうねり	山口県	風とともに波が高くなる.
ボンキタ	NE風	島根県	7～8月中旬に5～10日くらい続く風.
ボンキタ	N風	島根県	7～8月に多い北風.
コウボウゴチ	E風	山口県	春先の荒天に伴う風.
コウボウゴチ	E風	山口県	春一番，雨まじりの強風．4月21日，船祭りの頃に吹き，手漕時代は，沖から帰る船は向かい風になり萩の見島まで流され遭難者を出したこともある.
ネハンノイワオコシ	風向不定	山口県	春の訪れを告げる強い風，春一番.

一方，今回のクロアチアでの調査では宗教行事に関わる伝承表現はあまり多くは得られなかった.

A. Kursar（op.cit）によると，

Najvišja je vručina o svetomu Lovri.

「聖ロヴリ（Sv. Lovrijanac：聖ローレンスの日）8月10日は最高気温だ.」(P109)

という言い伝えがあるそうである．

また，興味深いのは，「彼岸の岩おこし」に近い表現として，前出の A. Kursar の中に，*Škuljere* という表現があり，

Škuljere：veliko kamenje nabacano iza lukobrana koje ga štiti od valova doseči iz mora - izvaditi iz mora

「波を保護する防波堤の後ろから，（波によって）大きな石が海からやってくる．」

という意味と受け取れば，この時期の特徴を現したものと思われる．

クロアチアは多くの民俗が行きかう歴史がありながら何よりカトリック信者が多い国である．年中行事や宗教行事の時に起こる現象について，その行事の名称に重ねる傾向があっても不思議ではない．

ii）特異日と歳時記

年間の気象現象を永年の統計情報から整理すると，この月のこの日は晴れが多い，この日は雪になる確率が高いなどが見つかる．永年その地域で暮らしてきた老人もこのような特徴をもった日を経験しており，「この日は晴れるはずだ」と確信していることがある．このように気象現象が確率的に偏る日を特異日という．

日本の京都の 1961 年から 2010 年までの冬の積雪記録を見てみよう．

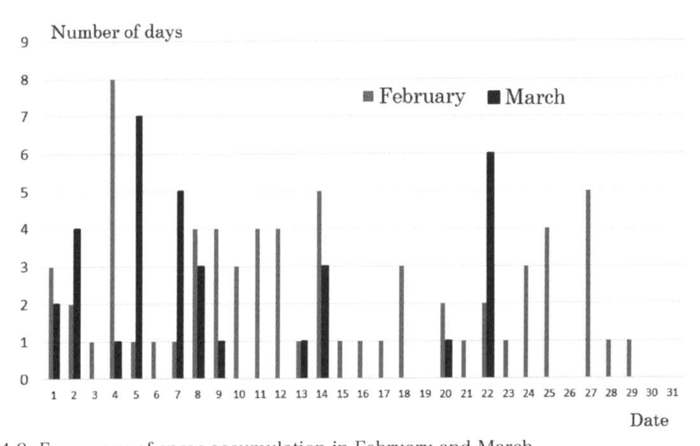

Fig.4-9. Frequency of snow accumulation in February and March.
The total cumulative snowy in Kyoto(1961-2010), from the statistics information of Japanese meteorological agency.

日本の気象の特徴として，京都が積雪の日には，多くの場合日本海側の沿岸地域ではさらに激しい雪と風が起こっている．したがって，このデータを冬の嵐の頻度と見ることもできる．

京都の冬は寒いが積雪はそれほど多くない．それでも 2 月にはたびたび雪が降る．

50 年間で 2 月に積雪をした回数を見ると，2 月の 7 日前後，2 月の 23，24 日が積雪することが多かった．とくに 23，24 は回数も多い．

そこで言い伝えとして「2 月 23 日と 24 日には雪が降って積もる」という表現が生まれても不思議ではない．さらに 3 月を見ると上旬と中旬と 22 日頃に積雪が多い．3 月の 21 日前後は春分の日（Spring Equinox Day ）である．この時期に限って風が強く，雨や高波が起こるのである．

西日本のいくつかの地域で伝説と共に伝わったトウジンボウ（東尋坊）あるいはトウジンボウアレ（東尋坊荒れ）がある．

> 昔，勝山の平泉寺（Fukui Pref.）にとても力持ちであるが，性根の悪い僧侶がいた．僧の名は“東尋坊（とうじんぼう）”．暴れん坊で，村の人々や寺の僧侶たちから嫌われていた．その東尋坊が恋をした．あや姫という美しい娘だ．しかし，同じ寺にいた真柄覚念という寺の守護侍も彼女が好きだった．覚念は東尋坊を「酒を飲もう」と誘い出して酔い潰し，断崖から海に突き落とした．そのとき東尋坊が「覚えておれ，毎年この日に海が荒れたら俺の祟りと思え」と言って，死んだ[注 3)]．

その日が 4 月 5 日で，それ以来，春に起こる嵐をトウジンボウあるいはトウジンボウアレというようになったという（異説もあり）．

ii）アドリア海沿岸の特異日

アドリア海沿岸ではこの特異日に相当する表現は *Marčana bura* であろう．

A. Bajić (2011) によると，*Bura* がとくに顕著な Senj と Rijeka の年間

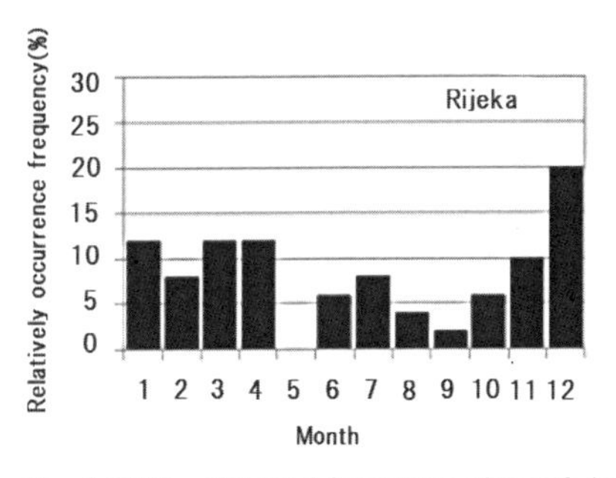

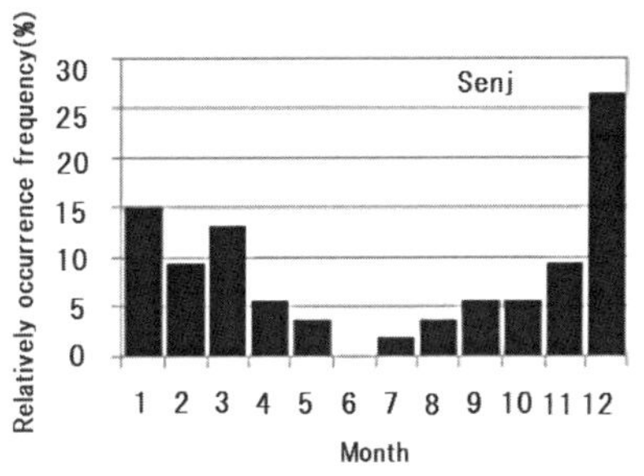

Fig. 4-10 The NE-wind frequency of month in Rijeka and Senj.
From Alica Bajić (2011)'s Diss., Univ. of Zagreb, P28.(Translated by the author).

のNEあるいはENEの強風分布は，必ずしも3月が多いというわけではない．Senjの場合を見ると*Bura*は12月に最も発生頻度が高く，1月，2月は急激に減少する．しかし，3月には再び発生頻度が高くなる（cf. Fig. 4-11）．このことから*Marčana bura*という口調は人々に再び注意を喚起するというねらいがあると見るほうがよいだろう．

I. PenzarとB. Penzar(op.cit.)は*Marčana bura*という表現について，

> 冬は寒くなければならないし，*Bura*にとってもそうだ．しかし，1月，2月と*Bura*が強くなければ，かえって3月には強い*Bura*になる．
>
> 民間伝承では「3月に強い*Bura*が3回吹く．それは，7日，17日，27日だ」と一部の地域では信じられている（p76）．

と3月に強い*Bura*を期待する民間の迷信について触れているが，発生頻度から見ると全く根拠がないわけではない．調査の中の回答にもあったが，「7日，17日，27日」というのはよくある符丁あるいは語呂合わせであろう．

4-3-2. 天気の変化を「正常」あるいは「奇妙」とみなす心象

日本には，はっきりしない天候のときにトコボケシキ（とこぼ気色．とこぼ化色）という表現がある．この表現の背景には平常時の1日をパターン化した日変化を「正常」とみなす．一方で，頻繁に変わりやすい1日を「異常」あるいは「正常でない」「奇妙」と表現する，見方があると思われる．

頻繁に変わりやすい1日を「異常」あるいは「正常でない」「奇妙」と表現する直接的な事例はアドリア海では見いだせなかった．しかし，風向が定まらない風の吹き方に対しては，

Škontrada（シュコントラーダ，Jezera），*Sijunadu*（シニュナドゥ），*Nevera dela*（ネヴェラ・デラ，Crikvenica）

という表現があった．

Korcula島では，嵐が止んで空が明るくなった状態を「明るくなったぜ」というかわりに“Rasčaralo se（ラスチャラロ・セ）”という．これは「呪文を唱えたのさ」という意味である．この表現は魔法をかけたように天候の回復が早いことからきている．しかし，「その天候も長く続かないことが分かるときには“*Šugavela*（シュガヴェーラ）”という」(Tomo Perdija，71歳談)

この*Šugavela*と表現された天候は不安定な状態で，「ふざけた天気だ」というニュアンスがあるのではないかと思われる．

さらに，*Friškac*（フリシュカッツ）という予測がとても難しい海岸近くの突然の風に対する表現まである．

風が頻繁に変化することに対する観察眼はアドリア海の人々特有の鋭さがある．

これはアドリア海が帆船航行のメッカであったことから，帆船の航行に都合のよい風の吹き方をするかどうかに関心が高く，無風状態を最も嫌うという発想につながっているものと思われる．

風のない海域で前述の”Upali smo u lokvu *Bavižela*”「水溜まりに入った」という表現は航行不能の状態に通じ，その後，この状態からの脱出できる弱い風を*Brdura*（ブルドュラ）あるいは*Bavižela*（バヴィツェラ）ともいい（Split），このような風波に対する詳細な伝承表現からようやく順風を得たという安堵感が窺える．

順風に関しては，帆走に適した力強い安定した風を*Dišteži*（ディシュテジュィ）という（Korčula島）．

これらから，むしろ，正常・異常という認識よりさらに本質的と思われる自然観の存在を窺わせる．それは海象･気象に対して「活き活きした」，「死んだような」という一連の表現が，アドリア海の人々独特の世界観であると考えられるからである．この点については次章で考察しよう．

4-3-3. 危険な体験と共存するために

アドリア海の場合には伝承表現そのものよりも，言い伝えやフレーズ表現そのものにアイロニー，ユーモア，ブラックユーモアあるいは諧謔（かいぎゃく）性（せい）が含まれている．海上での危険な体験を潜在化し，地域社会には巧みに伝えようとする．このような表現の特徴は諧謔性やユーモアあるいはブラックユーモアを含んでいることである．

そのようすは，

‘Neka te bog sačuva škure bure, vedrog juga i stare cure.’,

「神さまがオールドミスと *Škure bura* と *Vedro jugo* から，あなたを守ってくださる」

‘Dabog dajti beli vali grob bili’.

「神さまがあなたに波と墓を与えてくださる（だろうよ）」

‘Puše ka na pirju’,

「彼はタバコを吸っている」

‘Iz Babine Guzice bi Izvukao Kišu’,

「ばあさんの尻から雨が来る」　注）Babine = Babice とみなした．

‘Ne pišaj proti buri’,

「ブーラに向かって小便しないで！」

‘Ajde pusti je poludila je, vidiš da je *jugo*’,

「彼女はユーゴのせいだよ（彼女が変なのはユーゴが吹いているからだよ）」

‘Za sve je krivo *jugo*’

「全てはユーゴのせいだ（全て狂ってしまうのはユーゴが吹いたためだ）」

などと語る地域の人々の台詞から知ることができた（既出）．

ユーモアや諧謔性の生まれる素地としては，沿岸に住む人々は自然の恩恵をおもに漁によって得ているが，一方で激しい嵐に遭遇すると身の危険にさらされることになる.あまりにもシビアな危険を体験した人たちは，その体験を地域の未体験の人に伝えようとする.

その伝え方にはふたとおりがあるようである.

ひとつは未体験者に同じような危険に遭遇した場合に如何に危険を回避したらよいかを真に迫った情報で伝えようとするやり方である.

もうひとつはあまりにシビアな危険体験である故に深刻な情報として伝えない．むしろユーモラスな体験として伝えようとする傾向である．この心理は地域の人（とくに家族）に無用な不安を与えないという配慮でもある.

さらに，漁業は基本的に男社会であるため，このときのようすが独特のユーモアやブラックユーモアによって彼らの符丁や台詞で味付けされることになる.

この傾向は日本でも同じで，カカアシラズ（嬶知らず：島根県）という風の吹くときの波の名前をボウズコロシ（坊主殺し）という．カカアは(wife：妻）のこと，シラズは「まったく知らない（She don’t know at all.)」という意味である.

早春の比較的暖かい日に沖に出た漁師が，沿岸とは対照的に冷たい強風と高波に苦しめられて危険に遭遇したときに，波と風につけた表現である.

「このような冷たい強風が吹いて俺が苦労していることは陸にいるカカアは知らないだろう」

という心情である．また，ボウズは僧侶またはスキンヘッドという両方の意味がある．どちらも頭の髪の毛を剃っているので，

「もし，この寒風にスキンヘッドの人がいたら，頭が寒くて殺されてしまう（ほど）だろうよ」

という意味が込められている．さらに同様の天候状況の表現にヨメナカセ（嫁泣かせ：京都府）がある．ヨメは嫁（wife：妻)，ナカセは文字どおり「泣く（lament)」という意味に近い．つまり

「(時化で) 魚が獲れずに俺はつらいけれど陸にいる嫁も嘆くだろうなぁ」

という気持ちが込められている．

海の作業がそのくらい過酷であったにもかかわらず，港に帰った彼らはユーモアや自虐的ブラックユーモアを込めてそのときの体験を伝えようとするのである．

良く似た表現にナベワリギタ（なべ割り北）やイッピョウギタ（一俵北）がある．これらは長く続く北風の強風のために漁に出られずに食料がなくなるようすを表現しているが，過酷な自然環境の下で苦労するようすが表現された風の名前である．

「時化が長く続くときには食べ物がなくなるので，そのようなときのために普段から食料を備蓄しておくべきだ」

という教訓でもある．

このように漁師や船員で生計を立てることは，陸上で生活する人（例えば，妻や子供）には想像以上の苦労がある．それは前述の嵐や寒風ばかりでなく，長期間の航海も含んでいる．

アドリア海にそのような心情と生活の苦しさを表現している言い伝えに，

‘Kruh sa sedam kora’（Dubrovnik）という表現がある．

“ˇKruh sa sedam kora” znaći da je život mornara težak. Kora kruha je tvrda sama po sebi, dakle kruh sa čak sedam kora simbolizira vrlo težak život. Mornari moraju ploviti morem kako bi zaradili novac za vlastitu obitelj, što znaći da se moraju odreći mnogih stvari, kao na primjer vidjeti svoju djecu kako rastu.

「‘Kruh sa sedam kora’ は船員の人生が難しいことを意味している表現です．パンの皮（耳，外側の部分）は硬いが，それが7つもあるようなパンは，それを食べなければならないという船乗り生活が非常に難しいことを意味しています．家族のために金を稼ぐために航海する船員たちの生活は厳しく，子供たちが成長する姿も見ることができず，多くのことをあきらめる必要があるからです．」(Tomo Perdija，71 歳談[注2])．

4-3-4. 擬人化・神格化

ⅰ）擬人化

韓国語の風は바람（Baram）が共通語であるが，そのほかに 風を表現するために伝承表現では，「もの」を意味する내기（Naegi）[注4] や大気の기（Gi）[注5] を用いている．日本においてはモン（もん）を用いることが多い．

수영강내기〔Suyeonggang-naegi，スヨンカン - ネギ〕は，水營江（スヨンガン：Suyeonggan river）の河口から吹き出る極めて寒い風であるが，この風の名前には寒いというニュアンスよりもその寒風そのものを擬人化して「寒さをもたらす風の人（내기：野郎）が来る」というニュアンスがある．

また，韓国には東風を일본바람〔Ilbon-baram: イルボンパラム〕という地域がある．東の方向には日本があるから，日本からの風となる．また，원산내기〔Wonsan-naegi: ヲンサンネギ〕という北風の名前もある．これらの風には吹き出してくる場所とともにそこに住む人という意味が込められているはずである．

アドリア海にもよく似た表現がある．

Boduli:（ボドゥリ，Opatija）がこれに相当し，

Boduli značenje otočani.「Boduli（ボドゥリ）は島に住む人を意味する」

と解説される．

すでに紹介したように日本の場合には，オヤマモン（大山もん），ダイセンモン（大山もん），エッチュウモン（越中もん），トヤマモン（富山もん），タテヤマモン（立山もん）などの風の名前があるが，これらの呼称には，遥か彼方の土地を思う心情が込められている．

風は元来，風の来る方向が文物をもたらす先を意味していた．さらに情報や先進文化や異文化をもたらす異国を想像させた．あるいは都合の悪い風（寒風や強風，嵐など）を発生源と考えた場合，その場所をうらむ心情なども含まれるであろう．そのような多様な意味を地域の名前や住む人の名前と風の名前に重ねたと考えることができるだろう．

日本の場合は前述のように風の代わりに「者（もの）」ということばを使い，風そのものを人と同列の名前にしていた．つまり風を直接的に擬人化して「…モン」という表現の風の伝承表現は筆者の調査でも 46 種類がある（矢内，2005）．

Betina で *Pulentac* と呼ばれる風は別名，*Burin Otac*（ブリン・オタツ，*Burin* の父）であったが，やがて強風と時化（*Bura*）をもたらすことを予測させる前兆風である．低気圧の移動とともに強風と嵐がやってくるとき，その地域では風向が変化して次第に風速が増してくる．このときの兆候となる風を「嵐のこども（*Burin*）の生みの親」とみなす考え方である．

このような考え方は日本にもあり，オヤカゼ（親風：Niigata Pref.）と呼ばれ，この意味は一連の嵐の中で最も強い風を「親の風」とみなすのである．*Burin Otac* は強い風の生みの父，オヤカゼは強い風そのもので，直接的に風を擬人化している．しかし，日本の場合にはこのようなタイプの風の擬人化は多くはない．

多くの地中海地域では，北を意味する *Tramontana* は「山の向こう」という意味があるが，そこに住む人までは含んでいないようである．古くは *Africo*（アフリコ），そして現在でも使われることのある *Levant*，*Lebić*，*Grego* なども吹いて来る場所に由来するが，やはり，そこに住む人を直接指してはいない．

しかし，数少ない例として前述の島から来る風 *Boduli* があるが，*Boduli* は「風が吹いてくる方向に住む人々に思いを巡らすこと」というカテゴリーに入る数少ない例である．

ii）擬人化から神格化へ

アドリア海沿岸ではギリシャ・ローマ神話やスラブ神話の世界に親近性があるためか，自然現象をさまざまに擬人化して寓話の中で登場させている傾向が窺われる．

Betina には，*Zove Vodu*（ズヴェ・ヴォドゥ）という表現がある．

Zove Vodu は「水をほしがっている(Calling water)」という意味である．

人々は海が干潮の時には雲が出やすいと信じていて，干潮時には海の水が少なくなってしまうために，「海という人格的存在が水をほしがる」のだという．

海まで擬人化してしまう大胆さが興味深い．このような擬人化という点ではアドリア海の人々は想像力たくましい．重複するものもあるが，これまで伝承表現で収集されたものから擬人化されたものを再掲しよう．

'*Bura Brije*'（Rijeka，Bakar，Betina）
「ブーラのシェービング」という．
あるいは *Bura* を女性に見立てて，この情景を
'*Obrijala lozu*'（Betina）
「(彼女ブーラが）ブドウの蔓を刈り込んだ」という表現
'Puše ka na pirju'（Jezera）
「奴は，タバコを吸ってるょ」
'*Zakuvala bura*'（Ražanac）
「ブーラが料理をしている」
'*More kuva*'（Ražanac）
「海が煮炊きしている」
'*Bura dimi*'（Ražanac ）
「ブーラがタバコを吸っている」という．

「ブーラがブドウの蔓を刈り込んだ」という表現は，ドイツのフェーンの常襲地帯にもあった．さらに，セルビア神話を紹介している Дискусије Бадњак Форума（Badnjak discussion forum）[注6] によると , Stribog という神の逸話があり，

Стрибога славе бербери, ножари.
「Striboga は（腕のよい）理髪師，ナイフメーカーだ.」
Стрибог зими стриже, брија браду.（Serbian）
というプロフィールの後に
「Stribog は冬の髪切り屋，ひげを剃る.」
とある．

セルビア神話では，この Stribog は風の大神で子供たちにさまざまな気象現象や自然現象を起こさせるようで，

Стрибог узрокује климатске промене преко своје деце. (Serbian)
「Stribog は子供たちを通じて，気候の変化をもたらす．」
という．

クロアチア各地で伝承されている「強風がブドウの蔓を刈り込んだ」等々の表現は，セルビア神話の気候や天候を支配する神が風を起こして山々の木々を刈り込んでしまうという逸話にさかのぼることができそうだ．

今回の調査で「ブーラがブドウの蔓を刈り込んだ」といった類の *Bura* を擬人化したアドリア海沿岸の人々の伝承表現が，神話世界の物語からクロアチアの人々に受け継がれて現代でも各地で語られているのは，「謎解きの旅」としては大変興味深い．

アドリア海沿岸の人々にとって地域に吹き込んでくる風は，このように，時には神が人々に語りかけたり，神の化身が暴れまわったり，対岸の島の住人が海況を変える力をもったりする．さながら神と神からのメッセージの代弁者としての自然，そして自然と人間という三者の神話的な関係を髣髴とさせる．この雄弁さはアドリア海の人々の独壇場である．

注 1）The Malta Map Society, Glossary of terms useful for the derection of maps.(Lafreri atlases/ IATO atlases.) http://maltamap.jakedalli.com/

注 2）ザグレブ大学哲学部文化人類学専攻 Ms. Jelena Roncević による取材．

注 3）乾他編，日本伝記伝説大事典，角川書店，1986，p634．

注 4）내기（Naegi）は（場所を表す言葉に付いて）「そこの人，またはそこの特性をもっている人」を示す．（一部の語根や接頭辞に付くと）そのような「人」を甘く称える言葉．

注 5）기（Gi）は，①生活や活動の源となる力．②呼吸時に出るオーラ．③東洋の哲学では万物の生成のもととなる力．

注 6）http://www.badnjak.com/forum/viewtopic.php?f=5&t=497

◉第 5 章◉

アドリア海沿岸の風土的環境観

5-1. 文化へのいざない

5-1-1. Maestralのもたらす安心感

アドリア海といえばセーリングのイメージだ．そのセーリングを楽しませてくれる風が *Maestral*（マエストラル）あるいは *Zmorac*（ズモラッツ，古い表現）である．安定した天気の下では *Maestral* は海風の性質をもっているために午前中に NW 方向から穏やかに吹き始め，午後２時から３時頃にピークに達する．広い海上では 10m/s 近い強風になることもあるけれど恐れることはない．それ以上にはならないからだ．やがて太陽が西に傾く頃には弱くなり，日没とともに止む．ほとんど規則正しいこの風の吹き方は，とくに初夏から夏のヴァカンス・シーズンに明瞭なので，アドリア海という風光明媚な海でのセーリングの典型的なイメージをつくっている．

早朝に，船を出すときには陸から海に向かって吹く比較的弱い風 *Burin*（ブリン）を利用することになるだろう．*Burin* はディナル・アルプス山脈などの山系からの陸風で NE 方向からの風である．そのため，乾燥して涼しさを感じさせる．NNW 方向に山を抱える地域では，１日の風向の動きは，*Maestral* から午後遅くの *Tramontana*（トラモンタナ）そして凪，つまり *Bonaca*（ボナッツァ），そして夜の *Burin* や *Teran*（テラン）という陸風に交替する．

しかし，油断をしてはいけない．*Maestral* が通常より強くて夕方になっても吹き続けることもある．これは *Maeštralun*（マエシュトラルン）だ．このようなときでも，その後，風が夕暮れとともにおさまれば安心だ．次の日も好天が期待できるだろう．

ところが *Maestral* が WNW から W 方向の風に変化し始めたら，細心の注意が必要になる．*Buri konj*（ブリ・コニ）「*Bura* の前触れ」だ．強い NE 風の *Bura*（ブーラ）の兆候かもしれない．あるいは翌日は *Jugo*（ユーゴ）に変わることも覚悟しておこう．

このような１日周期の同じような繰り返し現象が地域の基本的な自然

現象の認識パターンとなって，この典型をもとにいくつかの気象変化に対して伝承表現がアレンジされ，存在している．これが知覚経験型科学の体系の一部である．そのようすを模式図（Fig. 5-1）に描いた．図では安定した夏の日（左上の“Sunny day in Summer”）からいくつかの変化を追っている．

図をキーワードと変化の矢印とともに解説しよう．

安定した1日は*Maestral*の繰り返しとして，Daytime *Maestral*（日中の海風）と Nighttime *Teran*（夕方から夜，明け方までの陸風）という典型的な風の交替が出現する．この安定した天候の変化の兆候（indication）は*Maestral*の風向変化あるいは風向の不安定さから起こることが多く，*Bura* の兆候（*Buri konj*：各地の表現）か，*Jugo*の兆候（*Diže jugo*：Splitなどでの表現）か，見極めることになる．あるいは，SWからの風*Lebić*（レビチ）の強さや風向が不安定になれば，*Lebić*から短時間の嵐への急変，あるいは別の天候に変化する兆候かもしれない．このときの急激な風の変化は*Škontradura*（シュコントラデューラ）といい，他の天気の変化の前兆として備える．

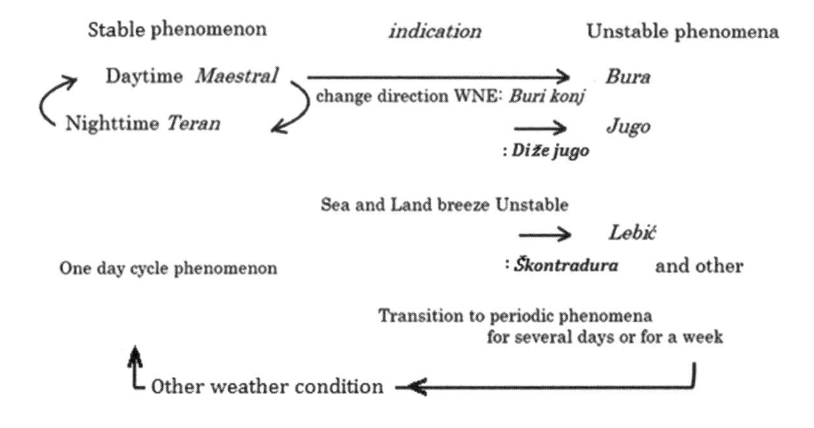

Fig.5-1. From the stable weather of “Sunny day in Summer”to some variation.

このように比較的安定した天候（stable phenomenon）と不安定に遷移する天候（unstable phenomena）とを伝承表現による判断と結びつけたのがFig.5-1である．もちろんそれぞれには固有の繰り返し周期があり，1日周期の穏やかな天候から異なった周期現象に向かう可能性が準備されている．

5-1-2. *Bura*のふたつの側面

i）***Bora*** すなわち ***Bura***

Bura（*Bora*，ボラ）は各種の学術用語集で解説されることがあるが，その標準的な記述は以下のようなものである．

アメリカ気象学会の用語集（AMS Glossary of Meteorology）[注1）]では，

Bora：A regional downslope wind whose source is so cold that it is experienced as a cold wind, despite compression warming as it descends the lee slope of a mountain range.

ボラは，山岳地帯の下降気流で，通常下降気流は断熱して山麓に下りてくるが，ボラは冷たい下降流の風（意訳），

とある．また，人文科学系の解説[注2）]では，

Bora: A violent, cold and northeasterly winter wind on the Adriatic Sea. [Italian dialectal, from Latin Bores, Boreas].

ボラは，冬季のアドリア海に起こる北西の冷たい暴風．〔イタリア語でBora，ラテン語でBores，あるいはBoreas〕

とある．また，自然地理学では[注3）]，

Bora：(Physical Geography) a violent cold north wind blowing from the mountains to the E coast of the Adriatic, usually in winter. [from Italian (Venetian dialect), from Latin borēas the north wind].

アドリア海の東海岸に山から冬に吹く激しい冷たい北風．イタリア語ではヴェネチアの方言，またラテン語Borēas（ボレアス，北風）をいう．

とある．

日本では[注4）]，ボラは「クロアチアのダルマチア海岸に背後の山系から吹き下りてくる北東風をいう．この風は突風をともない，風速が毎秒45

メートル以上に達したこともある．クロアチアのボラは，アドリア海南部に低気圧のある場合に，曇雨天をともないながら吹く低気圧性のボラ（別名ボラ・スクラ：Bora scura）と，中部ヨーロッパからダルマチアにかけて強い高気圧のある場合に吹く，乾いた高気圧性のボラ（別名ボラ・キアラ：Bora chiara）の場合があり，後者の場合は陸上では風はたいへん強いが，海への広がり方は大きくない」とある．

このようにボラはすでに専門的な用語として使われているが，本書ではクロアチア語の*Bura*を用いてきた．

さて，これらを見るとほとんどが*Bura*（*Bora*，ボラ）は山からの強風ということになっている．

これまで筆者が沿岸各地で取材から得た*Bura*という風とその関連現象をもとにすると，*Bura*イベントのホリスティックな捉え方や多様性が用語集では省略され，「山から吹き下ろす乾燥した冷たい風しかも強風」という典型的な一面だけが一般的理解として定着してしまっている可能性を禁じえない．

*Bura*の起こる気象学的要因はすでに見てきたように低気圧性のものと高気圧性のものがある．これらの区別は地域では体験的な知恵として伝承され，さらに発生ケースの詳細についても研究がすすめられている．しかし，研究の多くが*Bura*による強風や高波，あるいは*Bura*にともなう船舶の被害，車の横転など，顕著現象とニュース性に注目しているのはいたし方がないところだろう．

この一方で著者の調査から得られた，弱い*Bura*に対して地域の人々が「*Bura*は清々しい」という体験や感覚を無視することはできない．

このことから，地域の人々は*Bura*に対して，２つの受け取り方をしているというニュアンスが伝わるように示しておこう．それは強く激しく吹く*Bura*は

‘Olujna bura jaki i jaki vjetar’.「嵐の*Bura*は強烈で危険である」

弱い*Bura*は

‘Slaba bura donosi svjež i svjež povjetarac’.「弱い*Bura*は涼しく清々しい風だ」という二面性である．

ii）激しい *Bura*；stormy bura

Bura の代表的な姿は強風が山を下る現象である．強風であるために研究者が注目し，また，前述のように *Bora* としてもよく知られる風となっている．

激しい *Bura* の研究について，B. Grisogono と D.Belušić（2009）は 20 世紀末から 21 世紀初めの数多くの研究をレビューした上で次のように述べている．

> ディナル・アルプス山脈の複雑な地形から，*Bura*（*Bora*）と呼ばれる強く吹き抜ける流れが，山脈に垂直な NE 象限から下ってくる．*Bora* は，異なる総観気象条件によって誘発され，数時間から数日の期間で冬季に最も頻繁に発生する．*Bura* の変動のスペクトル帯は広域にわたり，変動が大きいことを示している．また，風速の最大値は 60m/s を超えるものがある．

激しい *Bura* を地域の人々はさまざまな伝承表現で表現しているようすはすでに調査結果の第 3 章で紹介したとおりである．

雲に覆われた暗い空のようすから *Škura bura*（シュクーラ・ブーラ），*Scura bura*（シュッツラ・ブーラ）と呼び，*Tamna*（タムナ）ともいう．また,風の強さから,*Fortunal bure*（フォルチュナル・ブーレ）などという．さらに海面にあたった強風が水煙や飛沫を上げるようすは，*Špalment bura*（シュパルメント・ブーラ），*Bura dimi*（ブーラ・ディミ）と表現される．このときに風が海面を叩くように吹きつけるようすを *Reful*（レフル）といい，さらに海面が波立つようすを見て，「*Pilasti*（ピラスティ，Saws），*Stupi*（シュトゥピ，Pillars）ができた」，「*Ovčica*（オヴツィツァ，Small sheep）が走り回るようだ」と表現する．

これが「激しい *Bura*」，気温が低く乾燥した強風としての *Bura* の典型的な共通理解である．人々は，このような激しい *Bura* が引き起こすイベントを *Prava bura*（プラヴァ・ブーラ），*Čista bura*（チスタ・ブーラ，ほんとうの *Bura*）と伝承表現を使いながら，一連のパターンとしても認識し，予測したり，危険を回避したり，生活の一部としてきた．

iii）清々しい *Bura*，弱い *Bura*

すでに述べたように *Bura* にはもうひとつの側面がある．それが「弱い *Bura*」，時に「清々しい *Bura*」である．

Prava bura（ほんとうの *Bura*），*Čista bura*（純粋な *Bura* ）という伝承表現は年間を通じて使われるが，地域によってはこの表現の中に「弱い *Bura*」すなわち *Burin* や *Burin sipar*（ブリン・シパー，弱い *Bura*)，あるいは明るい天候のときに吹くあまり激しくない *Bura* が含まれている．

天気の良いときに *Bura* が人々にもたらす気分は Crikvenica では *Burovito*（ブロヴィト）という．「*Burovito* という表現は *Bura* がもたらす状況ではあるけれど，夏の暑さを和らげて涼しさをもたらす．そのために人々は快適さを感じる」という．

つまり，夏の *Bura* は快適で清々しく，涼しいと理解されていて，人々はこのときの感情を表わすのに *Burovito* という特別な表現をもっていることが分かる．この表現は灼熱の太陽の日差しで火照った肌を乾燥した *Bura* の冷風が心地よく撫でていく皮膚感覚を知っているからこそ，生まれ，共有されている表現である．

Burovito は「*Bura* 的」という意味で清々しい *Bura* が吹き始める前の天候状態にも使われる．夏にこの天候になると「やがて天気が良くなり，涼しくなるだろう」という期待がこめられている．この感覚も夏の地中海特有の乾燥した海岸で「気持ちが良い」と実感しないと分からない感覚である．

Split には *Digne ti nervčić*（ディグネ・ティ・ネルヴチッチ）という表現がある．このような涼感をもたらす風が吹き始めるときに人々は「すぐに清々しく（涼しく）感じるさ」という期待をこめて，*Digne ti nervčić* という．この表現にも涼しく弱い *Bura* が吹いてきたことを歓迎する気持ちが含まれている．さらにこのような *Bura* が夜の陸風のようにそよそよと吹く場合はいっそう心地よさを感じるので，この状況のとき人々は「夏の夜の *Teran*（テラン，陸）からの涼しくさわやかな風（気温の下がった夜にそよそよと吹く陸風）を思い起こすのだ」という．

I. Penzar と B. Penzar (1997) は，「弱い *Bura*」について，人々が感じる清々しい *Bura* が健康に良いとみなされている調査例を紹介している.

「Senjでは清々しい*Bura*が頻繁に吹くために空気は非常に良好である.ここでは健康な高齢者が多く，例えばValvasorという人は124歳まで長生きした」(P69) という逸話がある.

日本の日本海沿岸地域ではこのような夏の暑さを和らげる風として，ヤマセ（やませ)，アラシ（あらし）そしてダシ（だし）が「そよそよと山から吹き下ろす風」を意味するが，心地よさを感じるだけでなく，「冷気」を「霊気」に結びつけて清澄な神秘的な風として捉える文化がある(矢内, 2005.)．これは山の辺に神社の社などがあることと無縁ではない.

ただし，アドリア海沿岸の人々の感覚と日本人のこのような自然崇拝とを安直に結びつけることはできない.

弱い*Bura*は*Burin*と表現する地域が多かったが，D. Poje (1995) によると，

「*Bura*はヨーロッパとクロアチアの気象学者の研究では強風を意味することになっている.その一方で弱い*Bura*を表す*Burin*はいくつかのケースに分けられる」のだという.

つまり，単に風の強弱ばかりではなく吹き出す方向が微妙に違うことを地域の人々が認識しているということである．筆者らの調査でも*Burin*を前述のような弱い*Bura*で使う場合と*Bura*とは若干違う方向を*Burin*と呼ぶ場合があった.

続いてPojeは

「*Bura*の起こす荒天（storm）と関連した*Burin*を変化させた異名として，*Burinca*, *Burinac*, *Burinčić*, *Burinet*（Krk島）という表現がある」(pp55-62)

と紹介している．今回の調査では*Burinac*（ブリナッツ）以外は見いだせなかった．とはいえこの伝承表現の世界のように細部まで観察が行き届いていれば，*Bura*という現象の解説が用語集の*Bora*のように一面だけ強調されてしまうことはなく，むしろ，局地現象*Bura*のより詳細な理解につながることにもなる．また，このような２つの特徴があるからこそ

アドリア海の人々にとって親近性のある特徴的な風となっているのである．

地域文化の側面からも見ておこう．

強い *Bura* であれば，

「われわれの地域の *Bura* はいちばん強いのだぞ」

「いいや，うちの *Bura* は波の立ち方が激しいのだ」

「ここを吹き下ろす *Bura* は海水の飛沫が激しい．ほら見てくれ，その証拠には向かいの島には植物が生えていないだろう．塩分が植物を生育させないからだ」

「この地の *Bura* は農作物をなぎ倒すほどだ」

「何時だったか，強い *Bura* で山沿いのブドウ畑が壊滅してしまうほどだった」

といった逸話は各地での調査でも多く見られた．

これらは一種の“お里自慢”と強烈な *Bura* が結びついているのだが，このような逸話には地域への愛着と自然現象に対する畏怖とが表裏一体となっていることが窺える．

一方の弱い *Bura* に対しては，清々しい涼風，夏の火照った体に心地よい乾燥した冷風，あるいは冬の天気の悪い日々から解放される晴れた乾燥した寒気という感覚で受容され，心から心地よいと共感する人々の姿がある．

この両面があるからこそ，地域の人々にとって *Bura* は話題に事欠かず，また，極寒の１月や２月に耐え難い過酷な自然環境が強風とともにもたらされても許容できる風となっているのであろう．

5-2. 繰り返しと歴史的記憶

5-2-1. アドリア海の低気圧

K. Horvath ら（2008）は2002年から2005年までの期間，アペニン山脈を越えてアドリア海に至る低気圧の経路を分類している．

対象とした低気圧はGenoa cyclone（ジェノバ・サイクロン）とアドリア海に発生するサイクロン，地中海を西から進みアドリア海に達する低気圧（地中海サイクロン）などである．このうちよく知られているジェノバ・サイクロンはイタリア北東部のジェノバ湾，リグーリア海，ポー川の渓谷，ヴェネチア湾を経てアドリア海の北部を勢力圏に発達しアルプス南部に達する低気圧である．

K. Horvath らの分類は，ジェノバ・サイクロンと関連したものをタイプAとし，さらにタイプAは連続ジェノバ・サイクロン（A-I）と不連続ジェノバ・サイクロン（A-II）に分けている．不連続サイクロンというのは，ジェノバ湾で発生し，アドリア海に向かって移動するが，アペニン山脈によってその低圧部の発達が阻止され，その影響を受けてアドリア海に新しい低気圧が再び強まった場合をいう．次にタイプBを「周辺地域の他の既存のサイクロンとは何の関係もなく，アドリア海上で発生したサイクロン」とし，北アドリア海低気圧（B-I）と中部アドリア海サイクロン（B-II）に分けている．B-II はスケールが小さい．さらにタイプAとタイプBの混合型あるいは２つのサイクロンの並存型をタイプABとしている．最後にタイプCは「ジェノバ湾からではなく，地中海から移動するサイクロン」

Table 5-1. Seasonal variability of the cyclone in the Adriatic region detected in period 2002-2005. Horvath, K. , et al. (2008)

	A- I	A- II	B	AB	C- I	C- II	Total
December-February	14	4	10	3	14	3	48
March-May	6	2	6	2	11	2	29
June-August	7	0	11	1	1	1	21
September-November	8	4	7	2	10	1	32
Total	35	10	34	8	36	7	130

とし，これも連続サイクロン（C-I）と不連続サイクロン（C-II）に分けている．

2002年から2005年までの4年間に発生したサイクロンはTable5-1のようになっている．

K. Horvathらはさらにそれぞれのタイプの典型的な天気図を示しており，それを見るとA-Iではアドリア海北部では比較的強い*Bura*が吹き，南部では*Jugo*が吹く風況となり，A-IIではほぼ全域ではじめ*Jugo*が吹いていたが，その後，強い*Bura*が吹き続く．B-Iではアドリア海ほぼ全体で*Jugo*が吹いていたが，その後，局地的な低気圧の影響を受ける．B-IIではアドリア海南部で*Jugo*が吹いていたが，その後，局地的な低気圧の影響を受ける概況となっている．また，タイプABでは比較的弱いWあるいはSW風から局地的な低気圧の影響を受けると類型化している．

この分類のタイプから，タイプAが典型的な低気圧性*Bura*の発生した頻度と考えることができよう．タイプAの出現回数は45回．つまり4年間で見ると約32日に1回．タイプBは約43日に1回となる．つまりアドリア海全体では低気圧性*Bura*は典型的なものがおよそ32日に1回の繰り返しで体験されることになる．また移動性低気圧を体験するのは約16日に1回，つまり人々は2週間と少しの期間で1回くらいのペースで低気圧による天気の変化を体験している．

これらからアドリア海全域のどこかで体験されている低気圧による荒天の発生頻度は，約11日に1回となる．これらの遭遇確率は概ね現実的なものであろう．これらはアドリア海の一部のみ影響を受けている場合も含んでいるので,実際に地域を特定すると確率はさらに小さなものになる．

次に規模の小さな局地的な低気圧（storm）の体験はタイプABから生じると考えられる状況を見てみよう．この状況は*Lebeć*から*Nevera*に変化する小規模な嵐の体験の回数と考えてみたい．すると約182日に1回となり，1年に2回ぐらいのあまり高い頻度のできごとではないことになる．

Table 5-2　Generation and encounter probability of seasonal low pressure

Type *of the seasonal low pressure*	*Generation and encounter probability*	
B and AB 局地的な低気圧の発生 *Local low pressure generation*	*42* ／ 4 years	35 日に 1 回 *Once per 35 days*
夏を除く A　*Bura* の発生 *Occurrence of Bura except the summer*	*38* ／ 4 years	*38* 日に 1 回 *Once per 38 days*
冬の 12 月，1 月，2 月の A　*Bura* *Occurrence of Bura in winter season*	18 ／ 4 years	81 日に 1 回 *Once per 81 days*
夏の 6 月，7 月，8 月の A　*Bura* *Occurrence of Bura in summer season*	7 ／ 4 years	209 日に 1 回 *Once per 209 days*

（ただし，陸風は含まない）4year ＝ 365×4 ＝ 1460 day

地域的に見ると *Bura* の常襲地と起こりにくい地域の発生頻度も気になるところである．

シビアな *Bura*（*severe Bora*）という分類がされることがある．これは 1 時間平均風速が 17.0m/s 以上の第一象限からの強風をいうが，A. Bajić（1989）は 1957 年から 1986 年の 30 年間の統計データをもとに Senj にシビアな *Bura* が起こった頻度を集計し，605 回／ 30 年，1 年あたり 20.2 回と算出している．

また，Split における 1 時間平均風速が 17.0m/s 以上の *Bura* が起こった頻度は，V. Vučetić（1991）は 1958 年から 1987 年の 30 年間の統計データから 157 回／ 30 年，1 年あたり 5.23 回であると集計している．さらに Vučetić は Dubrovnik では強い *Bura* の発生頻度はほとんどないとしている．

これらを分かりやすく換算すると，Senj では 18.1 日に 1 回（3 週間弱に 1 回程度），Split では 70 日に 1 回（10 週間に 1 回）程度となる．

5-2-2. 歴史的な荒天

顕著な被害を及ぼした嵐の体験については，D. Camuffo ら（2000）がヴェネチアでの高潮（Acqua alta：アックア・アルタ）を除いた歴史的な顕著な嵐について，ヴェネチアに残る多くの研究資料をまとめ，782 年

Table 5-3 Major sea storms in the Adriatic Sea which cased shipwrecks or major damage,787-1820. (Camuffo, D. , et al. ,2000, P215.)

840;	864;	885;	900;	963;	1004;	1020;	1105;	1154;	1162;	1210;
1321;	1322;	1343;	1380;	1410;	1413;	1418;	1430;	1455;	1471;	1473;
1521;	1525;	1526;	1530;	1531;	1550;	1600;	1656;	1660;	1695;	1742;
1773;	1779;	1783;	1784;	1790;	1792;	1794;	1795;	1797;	1798;	1802;

The numbers represent the calendar year.

から 1990 年までの海面上昇のリストを作成している.

この集計表から 1033 年間に 55 回の顕著な嵐に見舞われたことが分かる．この資料から歴史に残るほどの顕著な嵐は約 19 年に 1 回の頻度のできごととなる.

5-2-3. 典型的な*Jugo*の発生

アドリア海全体に影響を及ぼすような高波を発生させる *Jugo* についての発生頻度を考えてみよう．典型的な *Jugo* は長時間・長距離を吹き続ける必要があるが，このような典型的な *Jugo* の高波は Zadar の沿岸で観察できる.

Zadar の気候環境を紹介している D. Kralijev（2005）の著作から風系に関する章を見ると，「Zadar では 1 年のうち，*Jugo* または *Scirocco* として知られている SE からの風が最も頻繁に吹く．しかし，SE 風が高頻度になるのは Zadar の地形が他の海岸とは異なる」ことも考慮すべきとしている.「次に高頻度なのは NW 風 (*Maestral*), そして E 風 (*Levenat*)」であるといい，「年間の風配（wind rose）の約 55%がこの 3 方向から吹く」，「微風 70％と静穏が 13％あり，やや強風は珍しい」．しかし，「観察された 30 年の観測期間中 10 日間が強風を記録し，そのうち 9 事例が *Scirocco* で 1 事例が N 風であった.」(P98）と述べている.

このことから典型的な *Jugo*（*Soho Jugo*：ソーホ・ユーゴ）の発生頻度は 1 年あたり 3 ～ 4 回というところであろう.

5-2-4. 繰り返しと伝承

気象現象や海象現象は繰り返されるものが多い．その繰り返される周期は海陸風のように半日周期のものもあれば，移動性温帯低気圧の通過のように一見不規則でありながら，年間あるいは数年のデータを見ると1週間あるいは10日程度で現れては通過し，天気の変化をもたらしているものもある．あるいは高気圧の張り出しによって地中海の広い範囲に南風をもたらすような典型的な*Scirocco*，アドリア海では*Jugo*もある．前節ではこれらの代表的な現象について，歴史資料を交えながらおよその再現周期を見た．

また，これらの現象は，規模の小さいものは生成から発達，消滅までの継続時間が短く，規模の大きなものは継続時間が長い．さらに，致命的な災害をもたらすような顕著な現象の場合には継続時間のみならず災害の復旧なども考慮しないといけないものもある．地域の伝承表現の中には現象ごとに経験的な継続時間が示されているものもあるが，ここでは第1章の現象のスケール（Table1-1）を参考にして，継続時間とすることに

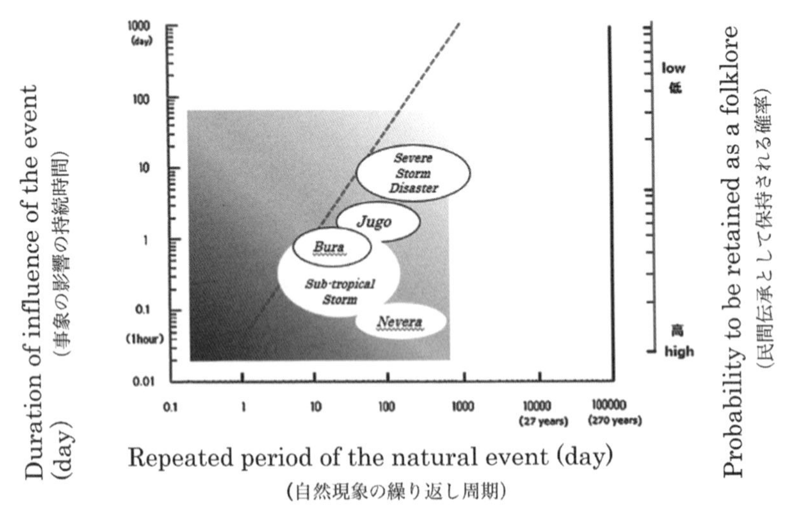

Fig.5-2. Representative weather / ocean phenomena and domains to easily handing down. (schematic diagram)

しよう．このように考えて，Fig.1-1 にそれぞれ代表的な現象を描き加えたものが Fig.5-2 である．Fig.1-1 と同様に図の四角い部分は地域社会が気象・海象現象を口承することができる範囲を示している．また図の濃淡は地域社会が現象を記憶しやすさを表し，濃い部分が伝承しやすく薄い部分が伝承しにくいことを示す．

この図から，地域社会における *Bura* あるいは *Jugo* という現象の体験は人々の記憶に残りやすい繰り返しの周期で起こり，体験談も数多くが存在することが期待される．調査結果に見たように多くの伝承表現が伝えられていたこともうなずける．

歴史に残るような顕著な現象は災害の悲惨さや長期間の影響によって，人々の記憶に残りやすく，インパクトが大きい．したがってこの体験から伝承表現が生まれそうであるが，むしろ稀な現象であるために「現象そのもののパターン化」がしにくく，伝承表現から詳細な体験や現象のパターン，ヴァリエーションは生まれにくい．また物語も共有されにくい傾向は図から推測できるだろう．

Lebić という SW 風から強風になり，また風向も激しく変化し，雨をともなう強風と海面の時化 *Nevera* という嵐は短時間に起こるスケールの小さな現象である．領域を広げると発生確率およびそれが同じ場所で再び起こる周期もさほど頻繁ではない．そのために，詳細な物語が生まれにくいことが予想される．

筆者らの調査では，*Lebić*，*Lebićada*，*Nevera* という嵐になる認識が詳細まで観察できず，風の強弱表現であったり，風雨の表現であったり，風雨と高波の現象であったりと地域によってまちまちであった．記憶に残りやすい身近な体験であるにもかかわらず一定のパターンが得にくいのは，短時間の激しい現象でありながら，統計的に頻繁には起こらない現象となることが一因と思われる．しかも，短時間の急激な現象変化は細かい伝承表現で体系化できるようなものではないのであろう．

5-3. 地域文化としてのギリシャ哲学

5-3-1. 太陽を追いかける風

Privlaka には *Dešoto*（デショト）という表現があり，

Dešoto je ESE vjetar. To je uvijek slab vjetar i slijedi sunce.

「Dešoto は ESE の風だ．それは安定した弱い風で，太陽を追いかける（意訳）」

といわれる．

同様の表現は各地に散見され，

Zadar と Šibenik の間にある Murter 島（Otok Murter）の町 Jezera 地域では，風が太陽を追いかけるときの表現を *Zasunčar*（ザスンチャー）という．

Zasunčar puše poput slijediti Sunce od W do *Maestrala* (NW).

「*Zasunčar* は W から *Maestral* の NW に向きを変え太陽を追いかける（意訳）」

あるいは Zadar 東部の内陸部にある Novigradsko more（ノヴィグラド湖:汽水湖）のほとりにある町 Novigrad 地域では同じ観察を *Sunčar*（スンチャー）あるいは *Paljar*（パルィヤー）という．

U ljeto, *Sunčar* i *Paljar* su početi od *Levanta* (SE), a oni slijedi sunce, a zatim završava na *maestral* (Novigrad).

「夏の *Sunčar* あるいは *Paljar* は *Levant*（SE）から出発し，太陽に続くように向きを変え，そして *Maestral*（NW）となる．（意訳）」

太陽を追いかけるように吹く風の方向は，Jezera 地域では W から NW の方向で起こるとされるので，午後から夕方にかけて太陽の動きとともに風向きも変化するというようすが表現されているのが *Zasunčar* である．

Novigrad 地域では SE からこの現象は始まるとされるので，午前中の太陽の動きと風の吹く方向が同じように動くという観察を *Sunčar* という．さらに *Paljar* は午後の風に対する観察で，W から NW の方向で風向変化が太陽を追いかけるように起こるといわれる．

これらは夏の安定した天候に起こるとされ，風の主方向としては *Maestral* の風に関連して起こる現象と考えられる．

I. Penzar と B. Penzar（op.cit.）のいうように，

「*Maestral* は夏の風で，午前中に吹き始めてやや強くなり，その後，数時間は一定の強さで吹き，太陽が沈むとともに止んでいく．」

という気象学的解釈と重ねてみればおおよそは理解できる．

風の方向が太陽を追いかけるように変化するという人々の観察がこのように複数あることから，太陽の動く早さと同じかどうかは別にして，実際に起こっている現象と思われる．このときの風を海陸風循環であると仮定し，M. T. Prtenjak ら（2008）は Pula, Opatija, Rijeka, Senj, Krk 島の Malinska における実測データを rotary-component method という解析から，その風向変化を時間的に定位してこの現象を確認しようとしている．

B. Penzar ら（2001）は 1978 年の夏の期間，2024 時間にわたって，Pula, Senj, Šibenik, Split, Lastvo そして Dubrovnik-Ćilipi における風速風向スペクトルを比較している．この結果から，夏の平均的な 1 日の風向変化を見ることができる．Fig.5-3 はその中から最も明瞭に風向の

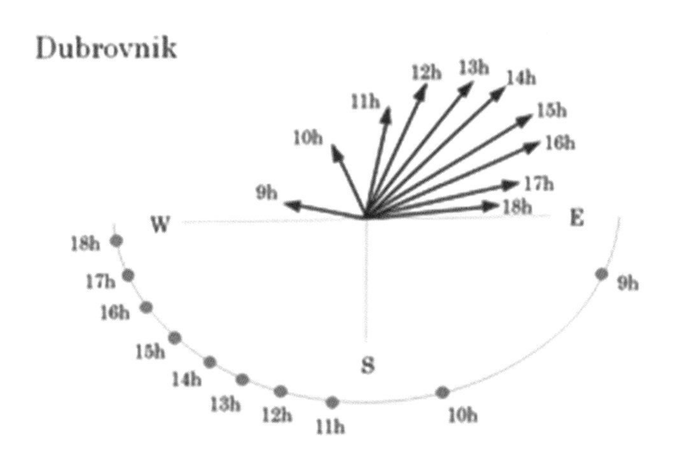

Fig.5-3. The Sun and wind direction.
(Dots show positions of the sun in the figure.)
The author created a schematic figure from the data of B. Penzar, et al. (2001).

変化と時間が一致しているDubrovnik-Ćilipiのものを筆者が太陽の位置（図中●）に描きなおして作成したものである．ただし，Dubrovnik-Ćilipi以外の場所の同様の図ではこのような明らかな太陽への追従は見られない．

アドリア海は島が極めて多いため，海岸線の方向はさまざまで海陸風の吹き方もさまざまである．人々のこの観察は周囲の地形と気象状況など細かい注意が求められるが，「太陽を追いかける風」という表現そのものが大胆で興味深い．

5-3-2. アリストテレスの『気象論』

「太陽を追いかける風」という認識あるいは発想については，古代ギリシャの哲学者アリストテレス（Ἀριστοτέλης：384B.C.–322B.C.）による自然観にまでそのルーツをたどる必要がありそうである．

アリストテレスは彼の著書『気象論（Meteorologica)』において，地球を取り巻く物質と運動について空気や雲，水蒸気を含む水などの階層構造をもとに運動や変化を引き起こす作用因（そのものの運動変化の原因）について考察している．

彼の自然に対する見方は，

現実態（energeia：われわれの場合には自然現象）が別の現実態に移り変わることを変容(metabolê)といい,変容のためには運動の始原(arche〔principle, source〕of kinesis）があり，変容の形態には生成と消滅，性質の変化，量の増減，場所の移動がある，

という説に要約できる．

彼の『気象論』では，地球規模では「大地を丸く囲んでいる空気の全体は，天の運行にともなって動かされるので，円環的に流れる」(第3章16，P10)とし，さらに，ローカルには，「ある風がやむと，太陽の位置が移動していく方向でそれに隣り合わせている風が吹き出すが，運動の始原に接しているものがまず第一に動かされることによってである．そこで風の起点は太陽のように（円環的に）移ることになる．」(第6章18，P84)ここで，運動の始原とは，太陽が水と空気を蒸発させることであるといっ

ている．

分かりにくいが，風の原因が太陽でその太陽の動きによって風の吹き方も変化すると解釈することができよう．

アリストテレスの時代の観察と推論が観天望気にもとづいて形成されたものであるとすれば，現代の地域社会の人々が観天望気によってアリストテレスとよく似た観察をしていたとしても不思議はない．もちろん，このアリストテレスの説が直接的に二千数百年以上も連綿とアドリア海の地域社会に受け継がれているとは思えないが，この太陽の位置と風の吹き出す基点が同じように動くという思索は，「謎解きの旅」の謎が歴史をさかのぼり，謎の奥にギリシャ哲学の扉が見えるようで興味深い．

5-4. アドリア海の人びとの環境観

5-4-1. 海に生きた経験が物語る環境観

沿岸に暮らす人々にとってあまりにも激しい気象や海象現象は災害や時には死に結びつく．そのため，余りにも激しい「動的な自然」を恐れる．とくに静的な世界から動的な世界に移行するときには細心の注意が求められる．一方で動的な世界から静的な世界に移行するときにも周到な観察が必要である．これらについての変化の観察と予測の伝承表現を第３章で紹介した．

多くの伝承表現を共有する人々は，地域文化を有する社会に暮らすことによって，環境文化にもとづく自然との折り合いのつけ方を体得し，生活や心情も含めた自然の見方をする．これを本書では風土的環境観といってきた．

人々が体験した自然現象が地域の歴史に残るような劇的で危険な現象であった場合には集落の存亡に関わり，人々は死を直感する体験であったかもしれない．人々は誰でも死を回避して，生存したいという願望をもっているために，このような危険な現象に対する地域社会の下位文化はこの願いに応える機能をもつ．つまり，顕著な現象が身近に迫っているのかどうかなどの予測，災害になったときの備えの経験知としての役割をもつ．運悪く再び被災した場合にはお互いが運命を共有し，助け合おうとする．災害科学の分野ではこれを災害文化という．災害文化の有無は自然災害が起こった場合に二次災害を少なくする役割があるとされる．

一方で自然環境の静的な状態や安定的な穏やかな繰り返し現象がおとずれると人々は安らぎを覚える．静的な状態がもたらす安らぎは静寂，色彩的定常，空間的定常，嗅覚的定常，皮膚感覚的定常などであるが，これらは心身の健康をもたらしてくれる．経験知を使えば予測の範囲内の状態であるかどうかが判断できる．

このように環境文化の機能を考えたときに今回の調査のうちから海の状態を表している伝承表現を併記してみると，アドリア海の人々の風土的環境観のある特徴が見えてくる．

Živo more（ズィヴォ・モレ）という表現があるが，これは風が吹いて一面が波立っているようすを表現している．とくに３月の *Bura* のようなピークを

過ぎて，まだ波は高いが強風ではなく，船着き場に行ける程度の適度な強さの風を受けている状況にこの表現はふさわしいという．海が活き活きしているという見方である．

次に *Mareta*（マレタ）という表現がある．この状態は風が弱まり，沖の方には白波が見えるが，その風波はやがておさまり，うねりだけが残った状態である．あるいは *Mareta* は小さい波がある（風波が残っている）状態をいう場合もある．

そして多少のうねりによる長周期の上下運動はわずかにあるものの海面に小さな波がなくなった状態を *Bonaca*（ボナツァ）という．

さらに海が穏やかになり，海面に油がひかれたようになった状態を指して *Mrtvo more*（ムルトヴォ・モレ）という．死んだ状態の海という表現である．

アドリア海沿岸の人々にとって海の風波は船が遭難するほどの強風や悪天候はもちろん回避しなければならないできごとであるが，あまりにも静かな状態もよいことではないと見なしていることが伝承表現といくつかの逸話から窺える．

Bavižela（バヴィツェラ）や Brdura（ブルドュラ）という表現は *Bonaca* の海域で無風状態から，風を得て海域を抜け出すことができたときの安堵感を表している．

「*Bavižela* は *Bonaca* の海域から脱け出す風だ」(Split)

歴史的に帆船の航行が盛んであったアドリア海では風が全くなくなり，船が動かなくなる状態を恐れたのであろう．

適度に風が吹いて波立つことが好ましく，一方で，無風の状態は好ましくない．あるいは海の動かない状態，魚など生き物が動かない状態が「死」を連想させ，*Mrtvo* という不吉な表現をする．海のいくつかの伝承表現を表にしたときアドリア海の人々は心象として表の「好ましい（*Preferable condition*）」の欄に安寧を見いだしているのではあるまいか（Table 5-2）．

このようにアドリア海の人々は活き活きした海を好み，さらに人々は激しい海の嵐に遭遇しても死の恐怖を克服して，時には激しさを受容する側面もあるようである．

一方，次のような幸福観の言い伝えもある．

“Sretan čovjek je brod koji plovi pod povoljnim vjetrom” (Dubrovnik)
「幸せな人とは，風を得て帆走するボートのようだ」

Table 5-4　The sea condition and people’s impression

海や自然の状態 The sea condition	伝承表現 Local terminology	心象 *people’s impression*
あまりにも激しい動き Intense movements	*Šcura bura, Orkanska bura, Fortuna(l) bure*	死の恐怖，身近な危険 Fear of death, Danger
激しい *Bura* も心地よい Comfortable strong Bura	*Prava bura* (real bura), *Čista bura* (Pure bura) *Burovito* (Crikvenica)	好ましい Preferable condition
Bura の心地よさ Comfortable Bura	Digne ti nervčić.(Split) (たちまち涼しくなるようす)	
活き活きとした動き Active movement of the sea	*Živo more*	
動きを感じさせる Feeling of the movement	*Mareta*	
穏やかなわずかな動き Gentle movement	*Bonaca*，　*Molajka* ※)	戸惑い A little bit of confusion
無風・静止状態 Windless/deadly state	*Mrtvo more*	好ましくない Not desirable condition
		静寂を死に結びつける心情 Association of death

※) When the sea is calm in the winter we call it“*molajka*”. When the weather is like a limbo: “hanging” in the winter–when there’s a light mist for a little bit and then a light rain for a little bit, we say the weather is“*vreme curi*” (Opatija)

この言い伝えは風を得て帆走することがどれほど幸運であるかを表明している．

この活き活きした環境に生きるということが身を守ることに結びついた歴史的な事例も紹介しよう．

I. Penzar と B. Penzar（op.cit.）は，激しい *Bura* が人々に幸運をもたらした逸話を次のように紹介している．

1571 年の記録によると，夏のある日に Korčula 島の市民はガレー船

> の海賊に襲撃されたが，突然猛烈な嵐が彼らを襲い，風と波が彼らのガレー船を岩にぶつけたために難を逃れた．風と波がなければ Korčula 島の市民は海賊に抗するすべはなかった（p56）．

人々が激しい海の嵐を受容できるのは，アドリア海が日本海や外洋に比べて海域が狭く高波の波高が限られているという物理的理由も関係しているのかもしれない．

さらに I. Penzar らは人々が激しい *Bura* を熟知し，むしろ利用しているようすを次のように紹介している．

> 1598 年 2 月のこと，Krk 島から Primošten 岬までの海域[注5)] でトルコとヴェネチアが戦ったときに，Senj の Uskok 人[注6)] たちは嵐を利用して戦ったが，敵はそのような強風を利用することはできなかった．(p56)

ヨーロッパの精神性の歴史という観点から，A. Colvan と J. Lebrun (2001) は彼らの著作『L'homme dans le paysage』で次のように述べている．

> 自然の猛威—地震，暴風，雷雨，そして船の難破など—によって，人は自然に比べて極めて矮小だということを思い知らされる．その結果，人は自然に対して崇高さを抱く．18 世紀に多くの難破の絵画が描かれたのは，崇高さを表現するためであった．さらに，海は活力源とみなされ，人の病を治す力を秘めていると考えられるようになったため，海水浴の心理的な効用が知られるようになる．すなわちヨーロッパでは，歴史的に海はすばらしい活力源であり，人間に活力を与えると考えられた．(p192)

以上のことから，われわれの調査が示していたアドリア海の人々の海に対する環境観は，顕著な現象に対しては死に隣接しているけれど恐怖の感情を克服すればチャンスとなるという二面性を抱いていると解釈できる．さらに，このような動的な海をポジティブに評価する一方で，全く波の立たない穏やかな海を「死んだ海（*Mrtvo more*）」と表現する心象が生まれていると考えてよいだろう．

5-5. 伝承表現*Bura*のリアリティ

5-5-1. 自然現象に臨場する人々

i）劇場空間と臨場

これまで見てきた地域社会の人々の伝承表現は自然現象がおこったときの状況下でどのような役割をしてきたかを知ることができた．そこで部外者としてのわれわれはさらに踏み込んで，そのときに人々がどのように臨場体験をしていたのかについて「彼らの物語」に立ち会い，鑑賞することにしよう．

自然現象に遭遇する地域の人々の物語る劇場空間にわれわれも臨場し，疑似体験をしてみようというのである．物語の出演者は数々の伝承表現である．

長く記憶に残るような実際のできごとに遭遇した人にとっては生々しい状況に臨場した，つまり“臨場体験”したことになるであろう．そこで自然を比喩的に劇場空間とみなし，次々に変化するストーリーに立ち現れる出演者が*Bura*であったり，*Jugo*であったり，場面転換に応じて扮装を変えて登場する*Burin*（ブリン）や*Juzina*（ユジーナ）と考えてみよう．あるいは彼らから生まれる柱のような高い波*Stupi*（ストゥピ）や*Morska prašina*（モルシュカ・プラシュィナ，煙霧，飛沫）が登場しては消える．このようすを地域の経験豊かな人々に舞台の上で物語ってもらおうというのである．

ii）鑑賞，観察

臨場体験の前に，鑑賞という行為から現実のできごとに臨場するときの人の内面を若干哲学的に掘り下げてみよう．芸術作品を前にした人々は「芸術を鑑賞」する．鑑賞者としての人間は鑑賞する自由な時間と現前する芸術作品との間で自由で創造的な対話をしている．

このようなときには芸術作品は単なる鑑賞物ではなく，あたかも生きた“もの”となり，人間の前に立ち現れる“現象”となる．この状況をH. Mersmann（1925）は「芸術作品は有機体である」(Das Kunstwerk ist Organismus.)という（P376）．現象学の哲学者であるMersmannは芸術を現象としてあつかうことによって，臨場する人々が感情移入や感動という主観的反応から客観的解釈に到達できることを示そうとする．

これを本書のあつかう自然現象にあてはめれば，自然現象に遭遇した人々が，“あたりまえのようにおとずれた今日という日の穏やかな天気を漫然と過ごす”，あるいは“異常な荒天をただただ恐れおののいたりする”という主観的な反応から，その時々の対象の現象をリアルな現実として観察し，対話して，目の前の自然現象が発するさまざまなメッセージと自分との関係に意味を見いだそうとする能動的な行為に相当する.

気象・海象現象に遭遇するわれわれは，J. J. Gibson の『The ecological approach to visual world』の考え方を援用することができる．ただ，Gibson との違いは，視覚のみならず聴覚，皮膚感覚，味覚など全ての感覚によって現象を捉えていることと，彼が現象から注目したのが「不変項（invariant）」(P66, p132, etc.）であるのに対して，われわれのそれは単にそのときに傾注したできごとで，それ自体の変化も前提とする「個別事象（mode event）」によって現象を理解しようとする違いがある.

さらに本書の立場は，対象となっている現象が常に変化してわれわれの前に現れるからこそ，われわれは対象をよく理解できると考える．つまり，われわれの対象とする現象は多くの出来事が共存しつつわれわれの感覚を刺激するので，その現象の持続性を視覚以外の知覚機能によって認識し続けようとする態度が必要と考える.

J. J. Gibson の不変項もわれわれの個別事象も環境世界に実在しているので，われわれはこれを能動的に，あるいは受け身的であっても再構成する自由をもっている.

このように再構成されたものをわれわれは知覚経験科学と呼んだが，自然科学が科学的世界をわれわれに示すのに対して，知覚経験科学は生態学的世界をわれわれに示すといえるだろう.

iii）現象から個別的事象を見いだす

自然現象は多様な動きを起こすが，その多くは繰り返しすなわち広義の波動の動きに由来する．気象・海象をもたらす自然現象は科学的には地球を取り巻く大気現象が原因であるものの，全く同じ条件になることはない．夏の安定した気候の日々に繰り返し起こる海陸風，アドリア海の場合には *Teran*（テラン）という夜半から早朝の陸風，そして昼前から午後に強く吹いて夕方に弱くなる *Maestral*（マエストラル）．この繰り返しが規則的なものと観察されても，朝の雲の現れ方は前日とは異なっているだろうし，*Maestral* の強くなる状況も開始時刻も異なっていることだろう．

このように日月歳々同じように繰り返される現象であっても完全に同じことが再現されることはない．しかも芸術作品とは違って作者の存在しない自然現象には意図や目的がなくコントロールされていないので，現象を受容する人間の態度としては，時空間スケールにおいての開放的態度と人的被害が起こるような現象に対しても天譴論で片付けるようなことをしない，不偏見の態度が求められる．開放的態度と不偏見の態度とは，例えば，前述の *Maestral* の変化に対応した伝承表現 *Buri konj*，*Diže jugo* が挙げられるだろう（Fig.5-1）．

自然現象から人間は観天望気によって宏観的に変化を読み取り，現象を知覚して強く知覚された“ことがら”を記憶する．この多様な現象の中から強く知覚された“ことがら”をここで改めて“個別的事象”ということにしよう．知覚されるか，されないかにかかわらず自然現象にはさまざまな個別的事象が包摂されている．人間は現象を受け取ったできごとから個別的事象を盗み取り，個別的事象の変化を記憶するのであるが，それが「体験」にあたる．また体験されたことを記憶の襞にとどめることができる．

個別的事象には大気の質，空の明暗，雲，波の音，皮膚感覚などがある．個別的事象はそれ自体がホリスティックであるが，ここでは現象から個別的事象をとりだすことを「還元」と呼んでおこう．ただし自然科学における要素還元主義という手法の還元ではなく，観察されたできごとの中でとくに注目したものという意味である．

個別的事象の例として上に述べた空の雲の変化や大気の質などは，それぞれ変化し，相互に関係し，生成と発展，収束という過程を示すことが多い．人間にとっては個別的事象そのものが周期性，波動性をもって繰り返されるように思われる．もちろんいつもこのパターンではないことはいうまでもない．幸い気象・海象現象などの自然現象は時間的な周期性と空間的なスケールと持続時間に関係をもっているので，個別的事象の関連や対立関係を見つつストーリーを感得することができる．

iv）個別的事象の関係

個別的事象は相互に副次現象の連鎖に属していて，個別的事象は近親性が近い副次現象を起こしやすい．人間から見れば，個別的事象Aの因果関係と個別的事象Bのできごとに近親性が感じられたとき，それらのできごとの原因が近い，あるいは同じという状況を連想する．別の個別的事象にも同じような状況が得られれば，その結果，統合化された体系的な現象と捉えようとする．

この状況は，*Lebić*（レビチ）という南西風が吹いている海上で次第に風が強まり，雲の動きが速くなる（個別的事象Aのできごと）という一連の因果関係が感じられたとき，海面の波が高まり（個別的事象Bのできごと），さらにこれらの個別的事象の変化が顕著になり，*Nevera*（ネヴェラ），*Neverin*（ネヴェリン）という嵐の状況に統合化される．多くの場合*Neverin*の嵐は数時間で収束するとされるため，対処の仕方も適切なものを選ぶことが可能になる．

あるいはこれらのできごとに加えて，雲の色が狭い範囲で濃い灰色に変化するとともに風向きが不規則になり，船体に異常が感じられれば，嵐の来襲に備えるために「帆をたたむ」などの対応を思い描くことになる．

シベニク近くのPrvic島Šepurina村でクロアチア語のChakavian方言を交えて古老への調査を行ったA. Kursar (1979) によると，冬の嵐の怖さを知っている船乗りは

Majštral zimski- vrag pakleni

「冬のマエストラルは，地獄中の地獄」

といい，その前兆としてのマストの軋み（異常）に気がついた船乗りは，

“*Ščopica!*, *Ščopica!*（「シュトピッツァ，シュトピッツァ」）”と叫び，さらに強風で帆を張るロープが笛のような音を発し始めると，

“*Hujka!*, *hujka!*(「フイカ！フイカ！」)”と注意を喚起しあったという(P108).

ひと昔前のベテランの漁師や船乗りは「雲行き」という個別的事象からこのような複線型のストーリーを数多く想定しあっていた．これが自然現象を物語る複雑さと臨場するときの即興的な醍醐味といえるだろう．

v）体験の記憶

現象は物理的時間とともに変化するので，現象を体験することによって生

じる情動や感情を記憶しようとする思いは，記憶における主観的な時間感覚の現在，過去，未来に結びつけられる．

結果的に人間は個別的事象の記憶の集まりに対して，まとまりがあると思われるひとつのイベントに結び合わせようとする．「終わりから始まりを，あるいは経過をストーリー化しようとする」．ここで人間は構造を意識した物語をつくり始める．

ノイズを切り捨てて，小さな差異を無視して，全ての個別的事象を統合してひとつの全体にする―ひとつの物語にする―ことは「還元的統合」あるいは「還元による再統合」といってよいだろう．

このようにストーリー化された自然現象の変化を指してわれわれは「自然現象が繰り返される」という．繰り返される現象は，小さな揺らぎを無視しているので，同じような現象とみなされて“ある種のグループ”に組み込まれる．これで物語の台本のひとつができあがる．

典型的な *Bura* の吹く前兆から，海面に風が下りてくる強風や強い風の息，そして海面が波立ちもうもうと飛沫が上がり，塩辛い大気と息苦しい体験，という *Škura Bura*（シュクーラ・ブーラ）の物語．あるいは同じような経過をたどりながら *Bura* の弱まりとともに風向が変化しやがて *Jugo* が吹き始める“*Jugo je*”で表現された物語など，多くの気象・海象イベントの物語が地域社会に蓄積される．

vi）記憶の本質的側面

人間の精神活動は絶えず多様な現象と相対している．相対している瞬間と過去との関係で反復記憶される．その際，人間の精神活動は外の刺激に向かって身構えているが，同時に知覚したものを自分のものにしながら同一化＝共感する，あるいは相関性のないものや取り込むことのできないものを捨て去るという作業を瞬時にしている．

このような精神活動を支えているのは，Ekagrata（One-pointedness）といわれる集中力である（Chopra, R.Ed,2005）．Ekagrata は一点に思考を集中するような極めて高度な集中力によって現象を受け止めようとすることで，このような精神力で自然現象に対峙しようとする行為は，日本の地域社会で行われていた“鳴り聴き”[注7] に相当する．またこの行為ができる経験者は多くの場合地域の経験豊かな老人であろうが，このような態度を追究する姿勢は仏教の禅僧のようでもある．

普通の人はこのような集中力を持続させることはできないが，常人であっても顕著な自然現象に遭遇したときには瞬間的に能力を超えたこのような精神活動ができるかもしれない．例えば，海上で嵐にあったときに危険を回避するために状況を瞬時に判断して対応しなければならないときなどが，これにあたるであろう．伝承表現 “*Ščopica, Hujka*” の瞬時の判断である．

vii）ストーリーの共有

現象と人間との関係を見れば，現象に臨場している瞬間，瞬間であっても，瞬間の個別的事象の変化と心理的状況の合致するところに体験の痕跡が残りやすい．その結果，ストーリー化された現象の総体（物語）はその時間的な構造と人間の「記憶のありよう」とが合致するところが印象深い体験として印象づけられる．しかしながらこの現象の体験は全く個人的な営みである．これらのグループ化された現象は個々には完全に同じではない．個人的な体験は，個々の現象の個別的事象の取り出し方と組み立て方，また，そのときの個々人の心理的状況によってまちまちになっているおそれがある．

一方で，気象・海象に日々接している漁師，船乗りらにとっては，物語の組み立ての目標に大きな目的の一致がある．それは，現象を伝承表現の組み合わせから解釈し，物語が実際の現象に合致したときに，漁師であれば「危険回避」ができたり，「大漁」になったりという心的・物的な見返りを得る目標に収斂するからである．また船乗りであれば，豊富な物語の組み立て如何によって無事に航海できたという充実感と「優れた航海士」としての名声を得ることができるという実利もあるだろう．あるいは，クルージングのスキッパー（skipper，艇長）としてヨット・レースの賞を獲得するなど，実利的な見返りを得る目標となることもあるだろう．

この場合には，少なくとも個人の体験にすぎなかった物語であっても彼の属するコミュニティで共有され，実益性が評価されればよいのである．誰それの体験が有益とみなされることが共有しようとする動機になる．顕著な自然現象つまり類い稀なできごとであるときにも，地域社会にとって有益な情報となるのであれば体験者の語る物語は有益なものとなる．ということは個人的な体験はどのようなものであっても「仲間と共有したい，あるいはしてもらいたい」という潜在的インセンティブを内包しているといえよう．

そして公共的には多くの体験者の知見が地域社会の知見として蓄積されていき，地域文化の形成や危険を回避するためのノウハウとして地域文化を豊かにする．このようにして環境文化が醸造されていく．

寺中（1965）は，科学を経験科学の範疇で捉えたときに，個人的な経験であるにもかかわらず，具体的経験そのものが言語によって普遍的なものを捉えられているのであれば，その内容も伝達可能という公共的普遍性をもってくるという（p110）．

経験が浅い船乗りにとっての切実な要求としては，目の前で起こる危険に遭遇したときに「その現象の既視観を得たい」という願望があるだろう．つまり類似した物語という台本に沿ったマニュアルがあれば，そのマニュアルが的中するかどうかは別にして，予測可能な範囲から「安心を得る」ことができるからである．

ⅷ）ストーリーからの逸脱

繰り返しで同じようなストーリーを組み立てようとする人間の「再び，単純な繰り返しを示してほしい」という願いを自然は許さない．なぜなら，現象はホリスティックで人間の個別的事象の選び方は恣意的だからである．このことは音楽を例に説明するのが分かりやすいだろう．

現象の中に音階のC音（440Hz）という個別的事象があったときにこの音を聴いた人間は，もちろんできごととしてのC音（440Hz）の音を知覚する．しかし，実際には予想外に「上行倍音」も発せられ，人間はその影響も受けることになる．これが自然現象の複雑さとホリスティックな性質で，人間に開放的態度と不偏見の態度が求められる所以である．

海の沖合を見ていたベテランの船乗りが，「今日は波の高さは5mくらいだろう」という．しかし，実際に測定機器を使って波の高さを観測すると波の高さは統計的にまちまちで数cmの波から10m近くの波まで記録されている．およそ5mという数値は簡単には得られない．小さい波は個数が多いので平均を求めると小さな値しか出ない．このときに全体のデータの波高の大きいものから3分の1の波を抽出して平均をとるとベテランの予測した5mの波高に近いことが知られている．これは海洋物理学の分野では有義波の統計手法としてしばしば使われる．

あるいは海上の風速が5mを超えると白波が見え始めるなどの経験則も現在の観測にほぼ一致している．小型船にとっては，この風速であれば操船に支障があるだろうし，帆船にとってはむしろ都合がよいだろう．

人間は情報を処理できる限界と自然の複雑さとの間で常に最善の選択を迫られている．実際の現象は大まかなストーリーから逸脱したものが多いにもかかわらず直観的本質をおさえておけば，むしろ精密なデータを必要としないのが知覚経験型科学に生きる人々の知恵である．

とはいっても経験則（知覚経験型科学）からは予想できない現象を見せるのも自然である．このようなときの自然は，手持ちの知識を超えた現象となってしまい，人々をたちまち不安に陥れる．「いつこの状況が収束するのか」という状況である．

しかし，このような不安に対してもいつかは終焉するという希望を提供するのも伝承表現の役割である．地域社会の人々の歴史の中を見れば，なかったことではないという安心感である．

「季節の移り変わりの兆候が異常だ．このような状況は，経験則の蓄積が十分ではないが半年後の気候が異常になるといわれている」など信憑性に乏しい側面もあるが，これも「近い将来の異常気象に備えればよい」という教訓としての役割が伝承表現にはある．

M. Sijerković（2001）が紹介するクロアチアの伝承集にも；

Božićna kiša i vjetar donose pomor.

「クリスマスの雨と風が疫病をもたらす」

Če je na Božić južno, spravlja se ljeto tužno.

「クリスマスの南風（暖冬）はか弱い夏をもたらす」

Nije primjereno toplo i kišno vrijeme o Božiću, pa će plodnost sljedeće godine biti mala.

「クリスマスの時期に通常夜暖かく，寒くならずに雪となるような気温まで下がらず，雨が降ったりするときには，翌年の夏は冷夏のような異常な夏となる（意訳）.」

がある，

ix）地域文化となる物語

自然現象に臨場することで人々が得てきた知見としては以下のようなものが考えられる．

まず，自然が静的世界から動的世界をへて，再び静的世界にもどるという自然現象の繰り返しという特徴を知った．次に混沌とした多様なものごとの変化から世界の秩序を見いだす．さらに，自然現象に臨場しつつ自身も参画しているという「自然との一体感を得た」という内面的な共存観も得るかもしれない．それは決して自然を克服する，客観的に理解するという近代の自然科学が目ざそうとする姿ではなく，自然と一体化した競演＝共演の劇場空間のようになっていることだろう．

同時に極めて危険な状況であれば，身近に存在する「死」を意識せざるを得ないだろう．順風に恵まれて航行していた船が無風で停止してしまったとき，島陰から櫓船を操る敵がいつ現れるか分からない状況のように切羽詰まった体験から生き残った人々は地域社会に情報を残そうとする．むしろ，そのような危険を生きのびた者こそが地域社会に有益な情報や教訓をもたらすのだ．

このような危険な状況は稀にしか起こらないので，地域の人々には無駄な恐怖心を植えつけることはせずに寓話的伝承，ユーモアのある表現を交えた伝承，人智を超えた存在を連想させるような伝承という工夫が必要になる．例えば無風状態の海に長く動けないような状態での苦痛であっても，”Upali smo u lokvu Bavižela”「水溜まりに入っちゃった」などの表現スタイルである．

そのほか，寓話的伝承としては，*‘Zove Vodu’*「(海という寓話的存在が) 水を欲しがっているのだよ」．

ユーモラスな伝承としては ‘Iz Babine Guzice bi Izvukao Kišu’「おばあちゃんのお尻からの雨だよ」．

人智を超えた存在を連想させるような伝承には ‘Dolazi Sodoma i Gomora sparina’「灼熱のソドムとゴモラがやって来るぞ！」があった．

このように自然現象のイベントに出演する伝承表現という役者の顔ぶれと演技のしかたによって人間に訴えかけるようすも想像できるようになった．ではいよいよ自然現象に臨場するための劇場空間に向かうことにしよう．

5-5-2. *Bura*の発生に臨場する

*Bura*の発生と強風，そして海面のようすを伝承表現でたどってみよう．

大型帆船に乗り組んだ男たち，ベテランの船長と経験豊かな老船乗り，さらに各地から集められた乗組員の体験である．冬のある日，Bakarの港を出航した帆船は湾内からやがて外海に出た．航路は沿岸航路でVinodolski kanal（ヴィノドルスキ海峡）を抜けて，目指すのは古代ローマやヴェネチア共和国時代の遺跡で知られるZadarである．

Bakar湾の出口では，風向が一定せず*Maeštralada*（マエシュトララーダ，WNW風）や*Pulentac*（プレンタッツ，NW）が方向を変えながら吹いている．風は強くはない．

船長が「*Bura*の前兆は*Bura*の吹いてくる方向とは反対から吹く風なので，今日は*Bura*になるかもしれない」という．続いて隣の老人が「*Burin Otac*（ブリン・オタツ）」とつぶやいた．*Pulentac*が*Bura*を誕生させようとしているのだ．さらに「この*Maeštralada*（WNW風）はやがて*Bura*を連れてくるはずだ」という．

やがて狭い海峡に入ったところで強い*Tramontana*（トラモンタナ，N）が

Fig.5-4 Clouds crossing Mt. Velebit before *Bura* blows.
On the other side of the mountain is Lika, on the front side is the sea and Velebi channel.
(Photo. by Ms. M. Kobešćak, 10th June, 2013)

吹き始めた．船乗りたちがVelebit山の彼方の空が曇ってきていることに気づく．

誰かがいう「Tramontana bura parićana（トラモンタナがブーラを呼ぶぞ」．

この頃にはVelebit山には*Bravina*（ブラビナ，長い雲）がはっきり見えてきている．

風はNE方向に変化してきている．そして次第に強くなる．いよいよNE方向から*Bura*が吹き始め，海面が波立ち始める．*Kantinele*（カンティネーレ）と呼ばれる巻雲も出ていることに気がついた者もいる．

風向の変化を観察していた数人がいう「*Buri konj*（ブリ・コニ，ブーラだ）」，「*Burji vjetrovi*（ブリ・ヴェトロヴィ，ブーラだ）」．

すでに山々には独特の雲がかかってきている．やがて山全体に細長く覆いかぶさるような雲となり，とくにVelebit山が帽子をかぶったようになった．*Kapa*（カパ，Cap), *Kupa*（クパ，hut), *Brk*（ブルク，moustache)などと呼ばれる雲だ．

さらに別の声が「*Burji vjetrovi*（いよいよ*Bura*だ」と叫ぶ．その声につられるように「*Buruo je, Buruo je*（ブーラだ，ブーラだ」と人々が口々に叫ぶ．

山の上にかかるこの雲は，初めは小さな複数の雲が山頂を包むように見えていたが，このときの雲は，*Račići*（little crab), *Rak*（Crab), *Bravina*（maton）と例えられるような稜線特有の形にそって，触手を麓に向かって伸ばしてくるように風とともに下ってくる．

この雲がいよいよ麓と海岸に下りてくる頃にはあたりは灰色の雲に覆われて暗い．時々霙のような細かい雨が吹きつけている．人々は心の中で*Tamna*(タンナ)，*Škura bura*（シュクーラ・ブーラ），*Scura bura*（シュッツラ・ブーラ）などの表現を思い出してことの推移を見守る．ますます強風になることが予想されるからだ．

強風が激しく強弱を繰り返しながら海に叩きつけられるようにぶつかる．いよいよ本格的な強風が激しい風の息をともなって吹いてきた．

船乗りたちは「*Krenulo na buru*(*Bura*が暴れだした)」，「*Okreće na buru*(*Bura*の始まりだ)」という表現を口にする．

このとき年老いた船乗りが，「このような*Bura*が冬の２月に吹くときには，

思わず口から *Ujad*（ウヤド，噛みつかれるほど痛い）という台詞が出るほど冷たいものさ．どうだ」と体験を語る．若い船乗りも風を受けながらうなずく．確かに *Bura* の強風は皮膚に刺さるように吹いてくる．

老船乗りは「これが *Fortunal bure*（フォルチュナル・ブーレ）」といい，船長も「*Čista bura*（チェスタ・ブーラ）」といい，典型的な強い *Bura* となってきたので細心の注意をするようにと指示をする．

波はあちこちで尖った形をして波頭が崩れ，*Pjeni*（ピイェニ，泡）ができる．波はまるで *Pilasti*（ピラスチ，のこぎり）か *Stupi*（ストゥピ，はしら）のようだ．これらの波頭を強風が吹き飛ばし，飛沫が舞う．激しく断続的に吹く風によってあたり一面に巻き上がる．*Bura* が *Špalment bura*（シュパルメント・ブーラ，塩辛い *Bura*）に変容しているのだ．

まるで *Bura* が海を沸騰させたようだと，ベテランの船乗りは「*More kuva*（海が料理をし始めた）」，「*Zakuvala bura*（*Bura* が煮炊きしている）」という余裕があるが，経験の浅い船乗りはそうはいかない．

水煙はさらにあたり一面に上がり，もうもうと煙のよう．辺りが見えない．彼らは叫ぶ「*Mulajtina*（ムラティナ），*Morska prašina*（モルシュカ・プラシュ

Fig. 5-5 Bura from Paški most (Pag bridge)2016, Sept. 6th, by Marin Pitton Photoart.

ナ，呼吸が苦しい)」そして「*Bura posolila*（ブーラ・ポソリラ，塩辛い)」と．

狭い海峡の風下側の岩に激突しないように操船していた帆船は，いつの間にかSenjの南に来ている．最も*Bura*が激しいといわれる海域である．これ以上外海にとどまっていると危険だ．船長は島の入り江に避難することにした．

風下の島の海岸にはすでに*Špalment bura*の子供のような*Posolicaosoli*（ポソリツァ・オソリ，塩溜まり）があちこちにできている．水煙も上がる．

ようやくKrk島の西側にある昔からよく知られた入り江に回り込んだ．*Bura*の風下に入ると海はうそのように穏やかになっている．このような状態が長く続いた後，ようやく外海の風波が収まってくる．

山々を覆っていた雲も風とともにうすれて，切れ間から空が見えるようになっている．

ベテランの船乗りはこの後も「風向の変化に注意しろ」という．*Bura*(ブーラ)の後に風向が変化して*Pulenat*（プレナト，W風）が来るようであれば，決まって短時間でも激しい雨になるからだ．「このようなときは，*Štonađeto ostavi*（後から知るだろうよ)」と付け加えた．空を観察していた船乗りは「風向が変化して今度は*Jugo*が吹き始めるだろう．*Krenulo na jugo*（ユーゴが来るぞ)」といい，船長は「Zadarは*Jugo*が吹くとうねりが高くなるから，波が高くならないうちに港に着かなければならない」という．

海面の白波が少なくなり，風も次第に弱まる，風向きが変わり，波はうねりに変わっていく．やがて激しい*Bura*の物語は終息し，次は*Jugo*の物語が始まる気配である．

もちろん*Bura*の吹き方は地域ごとにさまざまなパターンがあり，このような物語に限られるわけではない．しかし，さまざまなパターンがあっても伝承表現が表明する世界は科学的データが表明する世界より親しみやすい．一般の人もそれなりの伝承表現に対する予備知識があれば自然現象にリアリティを感じるだろう．これが本書の提唱する知覚経験型科学の良さである．

5-6. 風土的環境観

5-6-1. 地理的共通性, 職業的共通性

自然環境側面においては，アドリア海と日本海沿岸地域はその規模は違うが，ほぼ同じ中緯度帯に属し，1年を通じた気象・海象現象は四季の変化，北からの高気圧の張り出し，南の高気圧の影響，さらに温帯低気圧の通過など自然条件は類似している．

一方で文化的側面においては，アドリア海と日本海沿岸地域は文化的にも歴史的にもほとんど異質な発展をしてきたといってよいであろう．

今回，沿岸の漁業関係者を中心に伝承表現の調査を行ったが，漁業に従事するという点ではお互いのライフスタイルが類似していることは予想される．

日本では漁業従事者は農業従事者より大胆で長期の計画性より中期・短期の計画を重視する傾向があることや自然に対する接し方は繊細で大胆，また収益に関しては博打的な大もうけを好む，というようなプロトタイプによる見方をする．このように見ると漁業関係者特有の気質もどことなく似ていると思われるところもあった．

しかし，本書の目的とする人間の自然に対する本質的な共通性はこのような表面的な類似性ではなく，より深層にこそ存在すると考えられる．本調査が人間の深層まで明らかにするに足るものかどうかはさらに議論が必要と思われるが，多くの点で風土的環境観の共通性が窺える．

5-6-2. ホリスティック・ビュー *Lebić*から*Nevera*へ

ここで現象の全体を捉える具体例として，*Lebić*（レビチ）とその関連語である*Lebićada*（レビチャーダ）および*Nevera*（ネヴェラ）の調査結果のバラつきについて考えてみよう．

*Nevera*という強風による嵐について，各地で人々は30分くらいの短時間に天候が急変するようす，すなわち*Lebić*から*Nevera*に遭遇した体験を次のように語る．

「Opatijaの地域の典型的な現象に*Neverin*（ネヴェリン）がある．これは海にいる人にとって極めて注意すべき現象で，短時間に*Lebić*から強風や雨，ときには雹をともなう嵐になる現象である．遭遇したときは，沖の海から岸などに避難する．*Neverin*のあとは再び穏やかな天気となるので，1時間ほど通り過ぎるのを待つ．Opatijaでは*Neverin*の予測は熟練者にとっては比較的簡単で，暗い嵐の前兆特有の雲の発生と雷によって知ることができる」．

気象・海象現象は，時にこのように雲行きの変化とともに急速な海況の変化をもたらす．さらにいえば，風向の変化，激しい風と雨，気温の低下などが同時に起こる．このような現象を伝える個別的事象の伝承表現には多種多様な意味が含まれていることになる．

現象を捉えるときにはFig. 5-2に図示するように，初めから全体を見ているか，全体を見てはいるがその中の風に注目しているかによってその後の現象の見え方が異なる．

われわれの調査でSW風を*Lebić*と回答した地域は21であったが，その関連語である*Lebićada*および*Nevera*については使われる意味が異なっている．

その概要をTable 5-1に示す．*Lebićada*を天気ではなく，強い*Lebić*の風として使っている地域は5地域あり，2つの言葉を区別せず使っているという地域が3地域であった．また，*Lebićada*は*Lebić*によって引き起こされる嵐（storm）の意味として区別しているのが1地域である．

*Nevera*はほとんどの地域で嵐（storm）として使われている．また，*Lebićada*の回答数が少ないのは*Lebić*と*Nevera*の2種類だけをおもに使い分ける地域が多いためである．*Neverin*は弱い*Nevera*であるが，区別していない地域もある．さらに*Lebić*という場合にSWの風を指すが同時にそのときに起こる波に対しても使うことがあるという回答もある．

Table 5-5. Focus to the wind / to the weather

	Lebić	***Lebićada***	***Nevera***	***Neverin***
wind	21	5	3	
weather		1	16	5

Numbers of column mean that the Local terminology is used in each area.

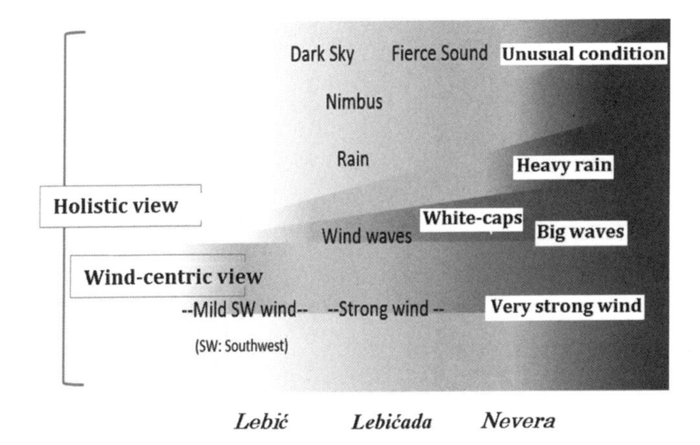

Fig. 5-6 Wind centric view and the holistic view

このように *Lebić*，*Lebićada* あるいは *Nevera* という伝承表現は SW 風による一連の変化を表す表現であるが，地域ごとにその内容はバラつきのある使われ方をしている．

このようすを模式的に表して解説してみよう（Fig. 5-6）．

例え Holistic（ホリスティック，全体観的）に *Lebić* を見ようとしても，初めは SW の風に注意が向き，波や天候変化がほとんど目につかない．そのために *Lebić* の認識は「SW からの風」という認識で，異なる余地が少ない．やがて SW 風が強くなると波立ち，天候が悪くなると全体の諸現象が見えてくる．これが *Lebićada* で storm という状況になる．しかし，このときにも風の強さや風向き，吹き方の変化のみに注目していれば，Lebićada は「SW の風の強くなった現象」を意味することになる．

一方で，さらにホリスティックに周囲の状況を見ている人にとっては，風，風波，雲行き，雨の降り方，あたりの暗さなどが統合的知覚の現象として観察される．

この状態を指して *Nevera* が storm を意味することばとなる．この２つの立場はどちらもホリスティックな立場であり，そのために最後には諸現象（風，波，雲行き，温度，湿度，気圧，などなどの総体）が激しくなる storm を意味する *Nevera* という認識に到達する．

各調査地域による *Lebić*, *Lebićada*, *Nevera* という伝承表現の認識のばらつきはこのような経緯で生じたのである.

言い換えればこれらの観察は，風あるいは天候，雲という要素を還元した使い方をされているのではなく，相互に関連した現象として捉えられていることを表している．つまり気象・海象現象全体をホリスティックに捉えているということが分かる.

同じような例として，Jezera における *Garbin* と *Garbinada*（この地域では,）は SW 風から強い SW 風に変化する場合に使い分け，Split では SW 風から強い SW 風によってもたらされる嵐を指しているケースや W 風の *Punente* と同じ W 風の *Punentada* をほとんど区別していない Mali, Lošinj や Jezera，あるいは WSW 風の *Punente* が変化して雨を含めたものを *Punentada* という Lukoran, Ugljan 島がある．また，夏特有の短時間の比較的強い W 風を *Polenat* という Split では，その風が強まって Storm となった場合を *Plentada* と呼ぶなどがあげられる.

このようなタイプの変化形については各地でその理解にバラつきがみられることから *Lebić*, *Lebićada* あるいは *Nevera* と同様にホリスティックな観察の結果と考えてよいだろう．ただ重要なのは，認識のしかたの違いではなく，図でいえば Wind centric view か Holistic view の立場から現象を観察し始めたとしても地域社会が共有していることである.

5-6-3. アドリア海の風土的環境観

i）自然現象を鑑賞する

A.Wulf（2015）は A. von Humboldt の著作『Essay on the Geography of Plants』をもとに「Humboldt は自然を全体の反映されたものとし，全体の部品が互いに関連して働く有機体と見なしていた」と述べている．さらに「自然界の謎を理解するためには詩が必要だった」，また「風景の絵画的な描写と正確な観察を組み合わせた」と論評している（P127).

A. von Humbolt の自然観に倣えば本書の場合には「自然現象を気象，海象その他，宏観的現象の全体として捉え，その謎を理解するために“ことば”が人々におよぼす影響（＝生成意識）の謎を理解するためには必要なもの」とみなし，さらに「動的な風景という絵画の時空に臨場した人々がいだく環境意識」に迫ろうとしているともいえよう．

これまで人間が歴史の中で体験してきた自然現象は多様なスケールの渦あるいは波動のような構造をもって出現しては消滅することを繰り返してきた．そのスケールは虫の羽を振るわせるような小さなものから，空にポッカリと雲を出現させ，また消えていく程度の大きさ，さらには季節の変化を起こす地球規模の大気の動きまで，さまざまである．しかし，体験の歴史から経験的に分かっているのは，それらの現象は固有の周期性（円環性）をもっているということである．

気象・海象現象に注目すれば，自然は風や波の消長，木々の揺らぎや風切り音，海塩微粒子の飛散，雲行き，風景の変化などなどを起こすが，それらは固有の振動周期と生成・消滅の繰り返しをもっている．また，相互に影響しあい，作用しあっている．そこで本書では，自然現象を現象の総体として捉えて個々に観察されるものを個別的事象といった．風や波はその現象のみを捉えたときには個別的事象である．風もNE風とSE風と分けて捉えるときには2つの個別的事象となる．また，個別的事象はそれぞれ独立したものではなく相互に関係しあっていることもある．さらに個別的事象は観察の仕方によっては融通無碍なものである．

このような枠組みのもとで自然現象が起こったときにわれわれは自然現象を時間と空間の中で連続的なできごととして体験する．あたかも，ある種のシナリオに沿って物語が開始され，展開し，周囲を巻き込み，収束する場面に立ち会うようなものとなる．自然現象に遭遇する人は劇場空間に臨場する参加者のようであった．

ii）アドリア海沿岸の風土

地中海は夏に乾燥し，日差しが強く，冬は雨期になるが雨量は多くない．気候区分では地中海性気候と呼ばれる．アドリア海周辺では，イタリア側はテラロッサ (terra rossa) と呼ばれる石灰岩の風化によってできた赤い土に覆われている．とくに北部イタリアからイストラ半島南西部に広がる．

イストラ半島の地質的特徴は1907年にN. Krebsによって赤いイストラ（Crvena Istra），灰色のイストラ（Siva Istra），そして白いイストラ

(Bijela Istra) という3色の色分けによって示されている[注8].

赤いイストラ (Crvena Istra) はテラロッサ (terra rossa) の土壌地帯を指し，内陸まで広がる．テラロッサは石灰に含まれる炭酸カルシウムが溶け出し、後に残った鉄分などが酸化したために赤紫色をしている．沿岸には，Novigrad，Poreč，Rovinj，Pula というローマ時代からイタリアの影響を強く受けてきた町がある．イストリアのワインヤードで収穫されたワインの赤と西側が海に開けているため，アドリア海に沈む夕日の赤い空とを重ねて「赤いイストラ」が観光客向けに語られることもある．

イストラ半島の中央部は灰色のイストラ (Siva Istra) とされ，この地帯はシェールやマールの薄い層と砂岩や石灰石の粗い層が交互に堆積した地質とされる．この内陸部にはやはりワインヤードが所々に広がり，複雑な地形と交通事情が発達していないにもかかわらず，森の丘の上には古代遺跡を思わせる建物や古い教会，城壁の町が存在する．小高い町から見る周辺には小規模ながらも肥沃な土地が点在し，その昔は自給のためであったことを想像させる農地も広がる．海岸からは離れているが典型的な内陸部の地中海の生活様式を保っている．また，丘の周辺は緑が広がるため N. Krebs の分類とは別にグリーンのイストラといわれることもある．

イストラ半島の付け根の地帯は，白いイストラ (Bijela Istra) である．色はイストラ半島最高峰の Učka 山からは 360 度が見渡せ，アドリア海の青はもちろん，半島内陸の緑の森林や農地，入り組んだ峡谷が地形図を見るようである．北東にはスロヴェニアから遠くハンガリー平原まで続くと思われる壮大な景色が見える．この高みから見ると，冬に大陸の高気圧性の寒気が冷気の雲となって大量に押し寄せ，この平原地帯に停滞した後に溢れて地中海に降り下るようすがジオラマを見るように実感できる．さらに南に目を転じれば，アドリア海が遠望でき，もちろん全てが見えるわけではないが，陽光に照らされた海から開放的な感覚をもつことができる．

土壌の色の区分はともかく，アドリア海の紺碧の青，森林や農地の緑，そしてワインの収穫を象徴する赤という色彩がこの辺りの生活様式と重なるなどすると，この地に住まなくても連想が広がる．N. Krebs が色で土地の物理的性質を表そうとしたアイデアは，ブドウ畑やワインの赤など連想を広げて自然環境との結びつき（風土）を人々に意識させる役割を果たしたのではないかと思わせる.

クロアチアの内陸に位置する首都 Zagreb からアドリア海に向かう途中には延々と不毛のカルスト地形が続く. この地の気候の厳しさに比較するとアドリア海の陽光と海の豊かさがさらに際立って感じられる. アドリア海沿岸がイタリアのトスカーナ地方のような肥沃な土地でなくても, そこに暮らす人々はおのずと地域への愛着が湧いているのではないかと想像するに難くない.

Rijeka から Crikvenica, あるいは南の Split など地中海沿岸の地に降りるとき, 急峻な山から複雑な海岸地形を下りなければならない. 下りた先の海には全体で 1,000 を超すといわれる島々が点在する. このような地形をつくるダルマチア式海岸は, その昔, 海岸線に対して平行に連なっていた山地が沈降して複雑な海岸線地形が形成されたとされ, 海岸線に沿って沈降した山頂に相当する平行な細長い島が特色である[注9]. 山々としてはディナル・アルプス（Dinarske Alpe）が海岸近くまで迫り, 沿岸の集落の多くは狭い段丘地形につくられている.

F. Braudel（1991）によると, これらの山は過酷な北風（*Bura*）から避難できる衝立（ついたて）の役割をもっていたといい, この狭い空間で生活することが海洋生活と山岳経済の間のつながりをつくったのだという. 多くの地域が耕作, 菜園, 果樹園, 漁業, 船乗りの生活が渾然と交わっているのが特徴という. また, 複雑な地形を利用して海上交通の寄港地や海上防衛のための要塞としてつくられた地域もある.

アドリア海は既に紹介したように南東から北西に長さ 783km, 北東から南西の平均幅は 170km と細長い. そのためクロアチア側からイタリアまで航行する場合, 帆船であっても風を得られれば 1 日で到着する距離である. またヴェネチアに向かう場合であっても沿岸航路（1 日ずつ沿岸に寄港しながら進む航路）が基本とされ, いつも沿岸や島々を見ながら航行できる. F. Braudel はさらに「常に視野に入っている海岸は最良の道標だった」と述べ, 時に過酷な強風と高波をもたらす *Bura* や *Jugo* が起こっても, その風の利用方法と危険を回避する方法, 小さな湾や入り江, 島陰の所在という回避方法を知れば, 多少の荒天に対しても克服できる海域であることを示している. あとは船乗りの経験と知恵, 才覚次第ということになる.

知恵と経験を試す環境は整っている．

エーゲ海でも同様であったであろう．このことがギリシャ哲学の発端，自然に対して人間が探求という知恵の道具をはたらかせることになったとしても不思議ではない．地中海：ティレニア海，イオニア海，エーゲ海そしてアドリア海のいずれもが，地域の人々にとって，歴史を記憶する時間と空間スケールの範囲が，経験が有効に生かせる環境条件をもっていたと考えられる．

アリストテレスの『気象論』をはじめとするギリシャ哲学がギリシャやイオニア海，エーゲ海，イタリア南部，シチリア島あるいは島々という限られた世界の観察と思索から生まれたローカルなものであることも分かる．大胆な言い方をすればギリシャ哲学の示す世界観（＝環境観）も風土的環境観といえそうである．

これが初めから周期性をもたず，予測もかなわない人智を全く超越した自然環境での暮らしであれば，ただただ人間は恐れおののき運を天に任せるしか仕方がなかったであろう．数百年に１度の飢饉や災害，それ以上の時間スケールで起こったとされる氷河期や温暖期，不測の大災害を含めなければ，という条件付きである．

本書の対象とする自然現象と人間の営みも「地域の人々が歴史を記憶する時間と空間のスケールの範囲」であった．

iii）現象体験の内部化

自然を描こうとする画家が自然を絵画で自然をわがものとするように，地域の人々は自然を“ことば”でわがものとしようとする．絵画に立ち会う人々は無限に近い小世界を見い出す．

絵画の臨場体験をことばで解釈，評論しようとすると多様な心象の森にさまようか，意に反するようなケモノ道に導かれる．リアルな自然体験からことばを紡ぎだす人は，パズルのピースを組み合わせるような構造を意識する．自然に臨場しながらパズルを組み立てる行為は自然に翻弄されずにパズルを完成させていくという主体的行為の安心感と共にある．このとき人々にとって自然はいっそう身近に存在する．内的持続時間と物理的時間という２つの時間のうち，物理的時間という外在的な軸が内的時間の行為と同化して,時間軸の自由度がひとつ減ったように思えるからである.絵画では内的持続時間の占める割合が大きいので，時間軸に２つの自由度があって，個人の受け取り方の幅が大きいまま展開してしまうこととの違いがここにある.

パズルのピースに相当したのが個別事象の伝承表現の数々である.

自然環境を表現した“ことば”に立ち会う人は，パズルでつくられた構造を理解しようとする．この行為が，地域の人々の使う伝承表現を調査し，その体系を科学にするために再構成する作業であった.

さて，次が彼らの自然の見方を探る試みである．ここでは実在する世界の対象から対象領域を自然環境に定め，さらに自然現象の起こる沿岸地域という対象領域での現象と人間の認識のし方を見ようとするので，世界観や自然観ではなく環境観というのがふさわしい．さらに地域社会には特有の伝承表現にもとづく“ことば”を使う下位文化すなわち環境文化が存在するので，この地域文化から見える人々の環境観は風土的環境観である.

iv）コミュニティにとっての風土

伝承表現が使われる地域社会に属する人は，“伝承表現コミュニティ”（以下，コミュニティ）に属しているといえる.

筆者らが地域社会に調査で入ると，ほとんどの取材相手が初めは「こんなローカルな方言のような符丁を取材しても大した有益な学問にはならないよ」と躊躇する．しかし，しばらく会話をしていくと彼らが彼らの属するコミュニティにいかに愛着をもっているかが伝わってくる.このことは,コミュニティに参加している人々にとっては彼らの仲間と特別な関係を楽しんでいて，コミュニティで他人と共通の“ことば”（自然現象に関する伝承表現）を語ることが最も生き生きできる場になっているからである.

このような状況について D. Carr（2005）は「人々が属しているコミュニティ（Gemeinschaft）の過去に何があるかについて非常に完全で具体的な感覚をもっている人々は，“われわれの自然知識（our knowledge of nature）”を地域外の人々は理解していないだろうけれど，彼らは最も洗練された彼らの体系によって厳密に考えているのだ」という．つまり，ことばのコミュニティに関わることで，自分自身のアイデンティティを確認できると同時に現象をもたらす環境に対する「思い入れもさらに深まっている」といえるだろう．

また，言語や地域などの伝統的な形式に基づいている限り，集団的アイデンティティをもつことができ，人々は記憶について話すことができる．そのとき過去の歴史が時には現在の瞬間において円環的な役割を果たすように伝承表現が過去を保持する方法にもなる．これは「社会の記憶」(society's memory) (Carr,D.,op. cit.) である．別のいい方をすると，人々は過去と未来を含む時間的記憶にアクセスできるようにするために現在の瞬間に時間軸を移し，伝承表現のコミュニティに参加している．

このような伝承表現の数々を共有するコミュニティでの会話は，例え危険をともなう自然現象にひとりで向かわなければならない状況に遭遇しても，この状況を乗り越えてきた先人の存在が勇気をもたらす．また，連帯感と伝承表現をもとにした自然現象に関する知見（知覚経験型科学）が安心感をもたらす．

このようなコミュニティに属する人々が抱く環境観は，「生活においても自然現象に対しても安心感とともにある」といえるのだ．

雨という自然現象を前にしたときに，自然科学が行うのは雨量や雨粒の大きさを測定して，「霧ではない，雲でもない，これは雨が降っているのだ」と結論づけて，雨が降っているという結論に至る作業である．もちろん，普通の人はこのような細かい定義から雨が降っていると決めるわけではない．しかし，現代社会のものごとの認識の仕方は，雨粒の大きさ，雨水の pH の値，水温，時間変化などを観察して，別の結論づけを行い認識の網の目を精緻なものにしていく．その結果，さまざまな現象の自然条件が示されて，自然の仕組みとして提供される．人々はこの水も漏らさない理論によって自然を理解する．このような自然科学の方法によって外界（外部世界）に対する認識が培われる．その結果としてわれわれが日常的に抱くのが“自然イメージ”ひいては“世界イメージ”[注9)]となり，このイメージに沿って自然を見る行為が科学的環境観をもたらしている．

自然の現象を閉じた系で理論構築し法則を定立する自然科学の方法は，

現象が自然現象のように“安定でないもの”であるときには有効でない．観察する態度は常に開放的態度であるべきで，決定論的な世界観から離れた生成意識が重要になる．かといって全く法則性も規則性も知識として準備しないで現象に立ち向かうのは無謀である．

実際の地域スケールの自然現象は「ある枠組みの範囲の中で，しかし開放系かつ変動系のできごととして立ち現れる」と考えておくべきなのである．

例え時に過酷な体験や命の危険を感じるような現象に遭遇したとしても，繰り返し起こる自然現象のひとつとして楽観的になれるのは「自然自体に内在化された自由」と「観察する側の自由」がありながら「自然と人間との営みにおいて経験ずみの予定調和した繰り返しという期待」があるためである．厳しい危険に遭遇しながら数々のユーモア表現が使われていることが，このことを表明している．

ⅳ）風土的環境観を育む円環的現象時間

歴史学者たちは多くの場合市井の人々の経験や関与とは無関係に歴史を語ってきた．これらの学者にとって，歴史の意義は人間の進歩の足跡を確認する「物語づくり」であって，時間軸上のできごとの記述，その結果と原因，あるいは目的，意図が中心になっている．

ここで歴史というものが人々に何を伝え，何を確認させるのかを問い直してもよいのかもしれない．さらにそれ自体が意味することを知るためには物理的な時間軸の上に連綿とできごとを並べていく作業をするのではなく，繰り返し起こる現象を自然現象の周期にあわせて，分割し，周期ごとに重ね合わせるという操作があってもよいだろう．半日周期のできごとの歴史的重ね合わせ，1日周期のできごとの歴史的重ね合わせ，半旬期ごとの歴史的重ね合わせ，季節ごとの歴史的できごとの重ね合わせ，1年ごとの歴史的できごとの重ね合わせ，などである．

村上（1974）は時間概念と地域文化の関係について，「時間概念が，日々の太陽や月の周期運動，あるいは，人間を始めとする生命体の誕生，成長，衰退，死などに恐らく起源をもつであろうことは，文化人類学的な見地から言っても自然な説明であろう．＜中略＞したがって，多くの文化圏では，その文化圏に固有の時間構造を，周期的内至（ないし）は円環的な形で所有する.」(p11，ルビ筆者）と述べる．この時間概念は人の一生に限らず，現象の始まりと終わりに関する周期性あるいは円環的構造を中心に考えることによって，これまでとは異なった時間概念を構築できると見ることもできるはずである.

松本（1976）は「私の意識が『昨日の我れ』と『今日の我れ』とを同一視し,『今日の我れ』を『明日の我れ』と同一視する事態は『記憶』と『期待』という単なる２つの心の働きに依存しているだけでない．どうしてもそこに記憶された『もの』が現前の知覚される『もの』と同一であったり，また現前の知覚される『もの』が期待された『もの』と同一であったりする，いわば事物の上での同一が前提されてなくては成立しない」(p10) という.

つまり，ここでいう「もの」を体験された現象と置き換えれば，ここでの意識の上での時間は周期性あるいは円環的構造を中心に構築されえることを示す．さらに本書の対象とする自然現象の繰り返しに対して，この時間概念の構造をあてはめると，現象の生成と消滅の周期ごとに意識の時間が現れるのだと時間概念を柔軟に描くことができる.

これは「円環的現象時間」と呼ぶことができるだろう.

円環的現象時間とは，本書がこれまで述べてきた周期的な現象の数々の体験の蓄積から生まれた時間感覚である．例えば，日変化ごとに折り重ねて経験された物語が知的ストックとして地域社会に存在するときには，日々の生活時間はこの日変化の物語の再現という円環的現象時間に人々は生きるのである．これが１週間周期のできごとの場合には再び知識のストックから一週間周期の円環的現象時間を取り出して，その時間空間に身をゆだねようとする.

このようにして絶えず直線状に流れるように思われている時間感覚であるが，実は円環的現象時間の幾つもの重なりの中から，人間が最も期待できる知識の物語を選び取っているにすぎないという考え方ができる．すくなくとも気象・海象現象の伝承表現に生きる人々が現象と向き合ったときの時間感覚はこの円環的現象時間から選ばれたものとみなすことができる.

v）間接話法の風土的環境観

以上から，アドリア海の人々の風土的環境観を形成しているいくつかの要因が浮かび上がってくる．

ひとつは自然地理的な風土である．つまりイストラ半島の３つの色で特徴づけられたような土地と人々の暮らし，あるいはダルマチア海岸沿岸の人々の過酷な環境の下でのブドウ栽培や農耕，牧畜や沿岸漁業と自然との共存である．次が，長く特異な歴史的な文化と風土である．古代ローマ時代からヴェネチア共和国全盛時代の交易路拠点地域としての暮らしや文化や異民族との交流，海における嵐や凪という悪条件との闘いや人間どうしの戦いと生き延びるための知恵の数々にもとづく知恵と自然の利用である．

そして，歴史時間の流れ以上に暗黙のうちに内在化されてきた「円環的現象時間」における伝承表現の共有，そして自然現象から紡ぎ出されてきた「ホリスティックな物語」これらを臨場体験あるいは疑似体験化する地域文化の機能した共同体意識から生まれる環境観がある．このようないくつかの要因の交じり合った自然とともに営む民間的な知恵を人々の意識にもたらすのが，アドリア海の人々の風土的環境観といえるだろう．本書の数々の事例はこのような風土的環境観の一側面に迫ろうとしてきたつもりである．

5-6-4. 風土的環境観

ここまでの論考を踏まえて，日本海沿岸の人々とアドリア海沿岸の人々との風土的環境観をまとめてみよう．

Ⅰ．一般に東洋人は自然に対して従順であり，西洋人は自然に対立的であるとよくいわれる．しかし，自然現象に関する伝承表現の数々を見ると，この通説を超越した共通性が存在することが分かる．それは両者とも，如何に自然と共存するか－生き延びるか，生活を安寧に過ごすか－という願望から自然に接しているという根源的なところで共通し，その生活手段としてまとっている衣が自然と融和的あるいは対立的という皮相として見えるにすぎない.

Ⅱ. 沿岸地域の人々は四季の変化、年変化などの変化を受容している. さらに沿岸の人々は短期的な変化を日常のものとして受容している. 短期的な変化には再現周期の短いもの, 月オーダーや日オーダーのものに加えてその現象のライフサイクル（影響する時間）の長いものと短いものという２パターンの現象がある. このうちの短期的な変化に対してはとりわけアドリア海沿岸の地域社会は伝承表現による経験的な知見を豊富にもっている.

Ⅲ. 同じ自然現象に対して, 各地域では表現の細部は異なっているものの, パターンがとても類似した伝承表現の使い方をしている. つまり気象・海象現象について科学的な知見（気象条件の吟味）をもとに地域文化的知見（環境文化）が一致することを確かめる作業により, 伝承表現の体系が描くリアルな, そして局地的に通用する現象世界の客観性を確かめることができる. さらに伝承表現の体系（ある現象に対する一連の伝承表現の集合）は地域の歴史の中で繰り返し確認されてきたために, 客観的な認識のものが多いことが分かる.

Ⅳ. 沿岸の人々は自然現象の変化体験を「イベント」（あるいは物語）としてパターン化して捉えているとすら思われる. 本書の対象とする沿岸地域で体験されるイベントの持続時間は数分から数日の自然現象が多い. この時間オーダーのイベントに対しては経験的知見の結果得られた伝承表現が豊富で, 人々が現象の記憶をイメージとして再現するのに十分なものが多い. そしてそれは定性的には科学的知見に一致しているため, 自然科学的に裏づけできるものが多い.

Ⅴ. 経験的知見から予測困難な異常現象（各種の災害につながる稀な強風や稀な高波, その他）に対して, 沿岸の人々はある種の楽観的あるいは諧謔的受容をしている. それは諦観からくるものではなく, 多くの場合, この種の楽観性は「いずれ静穏な気象・海象に回復する」,「現象は繰り返されるのだ」という教訓に由来する．その一方でシリアスな体験にもとづいているために楽観性の中に死の恐怖を身近に捉えた真剣さもある．おそらく地域の人々は自然科学の知識で自然現象を理解しようとするよりも現象をリアリティに富んだものとして受容しているように思われる．

Ⅵ．自然現象に対する認識の手段（感覚機能）は，現代のわれわれが視覚優先であるのに対して沿岸地域の人々のそれは皮膚感覚が重要となっている．その理由は，気象・海象現象の中で最も注意が必要な風が皮膚感覚での認識が不可欠だからである．したがって伝承表現は皮膚感覚も含めたHolistic（ホリスティック）なものとして解釈することによって正しく理解できる．さらにいえば，自然現象に対する認識の手段（感覚機能）すなわち皮膚感覚，聴覚，視覚その他は感覚として個々独立して使われるのではない，気配や気分をもたらす心象までを含めた感性が統合化され，かつ全体的な情報として伝承表現を把持していることが窺える．本調査結果はその具体的な好例の数々を示している．

Ⅶ．人々の「何故」という疑問に応えるために，現象の原因を究明するのが自然科学であるが，知覚経験型科学は人間にとって現象が「何のためにあるか」という問いに応える役割ももっていることが分かる．「何のために」の問いの答えのひとつは自身にとって現象がどのような知恵と生きる力をもたらしたかによって得ることができ，そこからどのような意味を見いだせるかという省察につながり，これが地域文化を豊かにする．アドリア海地域における調査で得られた伝承表現の体系は，その目的を果たしていると思われる．この地域では今後も自然現象から得られる数々の教訓や知恵が受け継がれていく可能性が存在する．

Ⅷ．ライフ・サイクルがあまりにも長い現象や大規模な自然現象になると伝承表現の知恵の体系は不足し，人間自身にとって現象を如何に受容し，解釈するかに応えることができなくなる．一方，身近で局地的で日常的な現象に対する伝承表現の役割は大きい．伝知覚経験型科学の適用範囲とその限界を知ることももちろん重要である．

Ⅸ．円環的現象時間に暮らす地域の人々の姿を見いだしたように思われた今回の調査は，言い換えれば，常に現在が過去を捨て去って足早に過ぎていき，単線的にある結末に向かって生きる人々の姿ではなく，現在を過去の蓄積に重ねることによって日々安寧に暮らしていくやり方を教えてくれているようである．

今回の伝承表現の調査は部外者からの俯瞰的研究視点で行われた．結果としてアドリア海および日本海に共通する多くの認識パターンの傾向が得られた．その理由はこれら海域における自然現象の時空間スケールが適度で自然現象も四季が存在するなど類似性があったからである．一方、この両海域にわたって共通する認識パターンが人々に内在する深層の共通性を見出したかどうかについては，さらに詳細な目的志向の調査で裏づけられることで本格的な「謎解き」になるだろう．

自然環境を共有する伝承表現の体系が育まれる地域社会は環境文化をもち，その中で暮らす地域の人々の自然現象に対するものの見方も特有のものになる．このような素朴でありながら人間の本質的な部分と密接に関わっている“伝承表現”が気候変動の時代といわれ，これまでの定常的な気象・海象現象に限らない顕著現象に対しても“新たな伝承表現”として柔軟に受容・創造されれば，地域文化，環境文化の充実につながり，人々が共感をもって自然現象と共に生きる姿勢につながるのではないだろうか．

5-7. 謎解きの旅を終えて

謎解きの旅についてもまとめておかなければならないだろう．マルコポーロはアドリア海から東方に旅をして，『東方見聞録』を残したといわれる．本書の謎解きの旅は日本海から西に向かいアドリア海の人々を見聞したのだが，ここからいくつかの謎は解けたのだろうか．『西方見聞録－謎解きの旅－』としてふり返ってみよう．

地域風の名前と柔軟な方位について

風位の呼称や風の名前を使う人々はやがて方向から離れて風の性質を体験し，共有していくうちに方向を離れてその地域の地形にあった独自の風名図（Wind name rose）を使い始める．さらに地域にあまり影響のない風については実際的な名前は廃れていくという筆者の東方世界（日本海沿岸地域）での調査結果は西方世界（アドリア海沿岸）でも成り立っている．

伝承表現の類似性・風の呼称と語彙の変化

風の伝承的な呼称とその風が強まったり，弱まったりする表現，あるいは天候変化を含めた表現には，東方世界と西方世界にはかなりの共通する変化形の方法が存在した．その変化形のつくり方には人間の知覚にもとづいたものが多く，人間の共通感覚（五感の統合態）からの記憶がフルに動員されているようすが分かる．

しかし，言語の文法的な特性が変化形の差異として色濃く反映されているのも確かである．共通性に注目するか差異に注目するかは調査者の動機によるところであるが，「謎解きの旅」としては共通する数々の事例が発見できたという喜びが大きい．

統合感覚による観察

風や天候の伝承表現に皮膚感覚の「刺すように痛い冷たさ」，「正常な判断ができないほどの暑さ」，「海水の飛沫が塩辛い」，「汗臭い臭い」，「ぬめぬめした」など語感を総動員した表現の数々は，東方世界にもあったが，西方世界には驚くほど豊かに存在している．

宏観現象への関心・天候変化に関する伝承表現

風の名前から転じて天候変化や心象風景に至る伝承表現の数々もアドリア海には豊富に存在する．これは天気変化を予測する方法として使われていて，とくにリゾート地として世界的に有名なアドリア海でのヨットのクルージングには現在でも欠かせない知恵となっているために伝承されやすいと思われる．

海象現象に関する伝承表現

アドリア海では日本海ほどの高波は起こらない．また大洋を伝搬するような周期の長いうねりも起こらない．しかし，沿岸に注目している漁民や地域の人々の見る海岸の光景はアドリア海も日本海もよく似ていることが分かる．例えば，沖に見える白波の立つ海面を表す伝承表現の存在，海の底までが動くほどエネルギーの大きな波の発生，プランクトンや海藻の破砕した影響で粘性の高くなった普段とは違う海水のようす，海域に発生する危険な三角波（Inkrožano more，インクロッアノ・モレ）などなどの観察から，沿岸現象に関する極めて類似した観察が数多くの類似した表現が存在する．沿岸現象において言語や文化を超えた共通性の存在を見いだしたといえるだろう．

風に対する思い

風はどこから来るのか，何を連れてくるのか，そして風がやってくる地はどのような所なのだろうか，という素朴な感情が風に対する数々の伝承表現をもたらしているようすも確認できる．風は文物をもたらし，心地よさをもたらし，穀物の豊凶をもたらし，暖かさや寒さをもたらし，災害をもたらし，歴史的には外敵さえももたらした．このような観点から見ると，伝承表現の多様さに限ればアドリア海沿岸の人々の方が，日本海沿岸の人々より多様な感慨を抱いているように思える．

特別な方向認識がある（上下，高低など）

風と方向に関してはアドリア海沿岸には独特の方向概念があることが分

かったが，具体的かつ明快な上下の関係や高低という概念を解明するまでには至らなかった．歴史的な方向概念や風や海，島や山に関する方向概念に関して「地名学（toponymy）」という独立した学問分野の一端に触れるにとどまった．この分野の謎をさらに探求するには語学的知識という「道具」が欠かせないと思われる．

人智を超えた“もの”の存在，擬人化・神格化

大災害をもたらすような顕著な自然現象はアドリア海では少ない．過去にもほとんどなかったのではなかろうか．にもかかわらず風や天候に関して擬人化や神格化された伝承表現が残っているのは，さまざまな民族と交錯してきた歴史と無関係ではないだろう．ギリシャ・ローマ神話やスラブ神話などの混在したようすが窺えてこの分野の研究者にとっては興味深いテーマが散見される．門外漢の筆者にとっても現在でも擬人化表現や現象を神格化して伝承するというスタイルが巷間で残っていることに興味を覚える．クロアチアに隣接するセルビア神話「Stribogの物語」に伝承表現の類似を発見したときには推理小説の登場人物が新たに加わったような興奮を覚えるほどであった．

天気の変化を「正常」あるいは「奇妙」とみなす心象

定常的な毎日を正常，そこから外れた天候を奇妙と捉える伝承表現もアドリア海と日本海沿岸の人々の間に存在することが分かった．ただし，事例は*Šugavela*（シュガヴェーラ）と*Friškac*（フリシュカッツ）の２例にとどまり，しかも天気の急変に戸惑うという程度の表現で自然観を掘り下げることができるものではなさそうである．

「奇妙な一日」，「正常でない現象の生成・消滅」などは試論として提起した円環的時間感覚との関連で考察を進めていく余地がありそうである．

年中行事や宗教行事に因んだ伝承表現

この観点からは多くの伝承表現を得たとはいえない．その理由はアドリア海地域の宗教そのものに関する筆者の知識不足と聞き取り調査という手法では正確なものが得られないという調査そのものの限界がある．この

テーマはむしろ文献調査が適していると思われる．ただ，中・長期的な予測や教訓に関する伝承は数多く残されていることを窺わせる回答はいくつか得られる．

爾余

謎解きと発見の旅と称して縷々書き綴ってきたが，調査の前にいくつか確認してみたいと思っていたことがらの多くは事前の予想と期待以上に符合し，沿岸に住む人々の環境観（風土的環境観）の類似性が窺えた．その上で違いについても興味深い諸点が残されたように思う．筆者の謎解きの旅はまだ続くのかもしれない．

注 1）AMS Glossary of Meteorology, NOAA, National Weather Service.

注 2）The American Heritage Dictionary of the English Language, Fourth Edition copyright 2000 by Houghton Mifflin Company. Updated in 2009. Published by Houghton Mifflin Company.

注 3）Random House Kernerman Webster's College Dictionary, © 2010 K Dictionaries Ltd. Copyright 2005, 1997, 1991 by Random House, Inc.

注 4）『日本大百科全書』小学館，ボラ（根本順吉）より，1994 年．

注 5）Senj の Uskok 人…F. Braudel（1991）の『地中海』によるとセニのウスコク人はアドリア海でしばしば海賊行為をしていたという．

注 6）Krk 島から Primošten 岬までの海域…アドリア海北部の Rijeka の西 Krk 島から Split 西の岬までの海域とされるのでかなり広範囲が戦場だったため，無数の島々が存在したはずである．

注 7）鳴り聴き（鳴り利き）…かつての日本の漁村では翌日の出漁を判断するときに夜半の海岸近くの決まった場所で古老たちが星の瞬き，風のそよぎや湿り気，周囲の音，動植物の気配などに集中して翌日の天候を予測した．このときの経験豊かな人の所作をいう．

注 8）Bertoša, M., R. Matijašić, Istarska enciklopedija, 2005.

注 9）Dalmatinski tip obale: Geografija.hr.
http://www.geografija.hr/rječnik/dalmatinski-tip-obale/.

注 10）“世界イメージ”を加えたのは，自然科学楽観主義では自然科学の方法を発展させればやがて世界を理解できるとする考え方があることを意識した．

謝　辞

本書の中核をなす内容は，筆者が2013年4月から12014年3月まで学術連携を結んでいる武蔵野大学とクロアチアのザグレブ大学に派遣された1年間に各地を取材調査したものです．EUのEURAXESSに登録し，同大学のアンドレア・モホロビチッチ地球物理学研究所を紹介してくださったのは，村田恵美先生（武蔵野女子大学文学部卒業生，現ザグレブ大学日本語教育課程教員）とご主人のDavor Margetić博士です．

研究所では所長Zvjezdana Bencetić Klaić博士のもとで客員研究員として，公私にわたって大変お世話になり有意義な時間を過ごすことができました．

渡欧に先立つ前年の9月に留学生第一号としてMarcela Perićさん（当時，ザグレブ大学政治学部，現在慶応大学大学院法学研究科博士課程在学）が来日し，Marcelaさんから約半年間クロアチア語の手ほどきをしていただきました．また，現地の調査のために友人のMatea Kobešćakさんをご紹介いただきました．村田ご夫妻とこのお二人から調査協力の学生さんをえることができました．ダルマチア沿岸調査に協力いただいた学生の方々は，Antonija Magašさん，Mia Vulićさん，Velna Roncevićさん，Jelena Beželjさん，Nina Malčićさん，Iva Hreljaさん，Vlado Odribožićさん，そしてLamjana Jurčecさんらです．

イストラ半島の調査ではHazuki Mori博士およびEkiko Sasabuchiさんから親日派で仏教文化にも造詣が深いOgnjen škreblinさんおよびViktor Iglićさんをご紹介いただきました，Rijeka地域やBakar湾の調査にはOgnjen　さんとVladimir Gudac（Prof. the Academy of Applied

Arts, Rijeka Univ.）さんにご同行いただきました

Zadar 地域の調査で協力していただいた Velna さんは文化人類学を研究する大学院生でしたが，調査後も有益な情報をお寄せくださいました．さらに彼女のご母堂は Zadar 大学の言語学の教授ということもあり，地名学の第一人者 Vladimir Skračić 博士をご紹介いただきました．イタリアでは Giuseppe Bellanova さんご一家，Ottavio Guglielmini さんご一家にお世話になりました．

調査結果のレビューでは Branka Penzar 博士（元アンドレア・モホロビチッチ地球物理学研究所教授）から有意義なコメントを頂戴しました．また，研究所居室の斜め向かいにおられた海洋学者 Mirko Orlić 博士にはアドリア海の海況についてご教示いただきました．

このような地味な研究テーマを長く続けられたのは，武蔵野大学環境学部（現工学部）の諸先生方の多様性を認めてくださる自由な雰囲気とこのテーマを当初からご理解いただいていた小林俊一博士（元新潟大学教授）のお陰です．

本書の刊行は 2018 年度の武蔵野大学出版助成によるものです．特異な体裁の書籍ということもあり，編集にあたってはご担当の斎藤晃氏にご苦労をおかけしました．

以上の方々に心から感謝申し上げます．

最後に調査と研究の生活を息長く見守ってくれた妻博子に感謝します．

参考文献

Aristotle: Metereologica (Meteorology), Ed. and tr., H.D.P. Lee, Harvard Univ. Press, 1952.（アリストテレス『気象論』，アリストテレス全集5巻（気象論・宇宙論），泉治典訳，岩波書店，1976.）

Bajić, A. (1989) Olujna Bura na Sjevernom jadranu – Dio I: *Statistietn Analiza- Rasprave*, 24, 1-9.

Bajić, A. (2011) Spatial distribution of expected wind speed maxia in the complex terrain of Croatia as a basis for wind loads calculation, Doctral thesis, Univ. of Zagreb.

Beckersa,J.M. , et al. (2002) Model intercomparison in the Mediterranean: MEDMEX simulations of the seasonal cycle, *Journal of Marine Systems*, Volumes 33-34 , 215-251.

Belušić D. and Z.B. Klaić, (2006) Mesoscale dynamics, structure and predictability of a severe Adriatic bora case, *Meteorologische Zeitschrift*, Vol. 15, No. 2, 157-168.

Bolle, H-J. (Ed) (2003) Mediterranean Climate, Springer.

Božikov, A. (2005), Mare Nostrum, Jadranski godišnjak, Abel.

Braudel, F. (1966) La méditerranée et le monde méditerranéen à l'époque de philippe II, Armand Collin.（F. ブローデル：地中海 1，浜名優美訳，藤原書店，1991.）

C. Da Lio , et al. (2017) Computing the relative land subsidence at Venice, Italy, over the last fifty years, *22nd International Congress on Modelling and Simulation*, Hobart, Tasmania, Australia.

Camuffo, D.et al.(2000) Sea Storms in the Adriatic Sea and the Western Mediterranean during the Last Millennium, *Climatic Change*, 46(1):209-223.

Carr, D. (2005): Phenomenology of historical time, Södertörns högskola, 7-23.

Chopra, R. (2005) Encyclopaedic Dictionary of Religion, Gyan Publishing House, P257.

Colvan, A. and J. Lebrun (2001) L'homme dans le paysage, Textuel.（A. コルヴァン，J. レブルン著，『風景と人間』，小倉 孝誠訳，2002，藤原書店.）

Duško K., et al. (2005) Klimatska Monografija Zadra, Znanstvena Knjižnica Zadar, Zadiz.

Ernst, J.A. (1976) Pictures of the Mouth-SMS-1 Nighttime Infrared Imagery of Low-Level Mountain Waves-, *Monthly weather review*, Vol.104, 207-209.

Favro, S. et al. (2007) Natural Characteristics of Croatian Littoral Area as a Comparative Advantage for Natural Tourism Development, Geo *adria* ,59-81.

Gibson, J.J. : The ecological approach to visual world, Classic Edition, Psychology Press, 2015.

Grisogono, B. and Belušić, D. (2009) A review of recent advances in understanding the meso and microscale properties of the severe Bora wind, *Tellus*, 61A, 1–16.

Grubišić, V. and M. Orlić (2007) Early observations rotor clouds by Andrija Mohorovičić, *American Meteorological Society*, 693-700.

Hodžić, M. (2004) Marine meteorology and world weather, *Jadranska Meteorologija*, XLIX-8, 11-21.

Horvath, K. et al. (2008) Classification of Cyclone Tracks over the Apennines and the Adriatic Sea, *American Meteorological Society*, Vol. 136, Monthly Weather review, 2210-2227.

Husserl, E. (1936) Die Krisis der europäischen Wissenschaften und die transzendentale Phänomenologie, 1936.（E. フッサール,『ヨーロッパ諸学の危機と超越論敵現象学』, 細谷・木田訳, 中央公論社, 1974, p150.）

Jurić, Ž. M. (1972) Vidikovac na Veloj Glavi, Vjetar.

Klaić, Z. B., et al. (2003) Mesoscale airflow structure over the northern Croatian coast during MAP IOP 15 - a major bora event, *Geofizika*, Vol. 20, 23-61.

Klarić, D. (2013) Challenges and INSPIRE of marine weather and ocean services for small sea basins, Meteorological and hydrological service of Croatia report.

Klarin, M. et.al. (2003) Pomorsko-Meteorološki Uvjeti na Zadarskom Pomorskom Okružju i Njihov Utjecaj na Plovidbu, *Jadranska Meteorologika*, 48-6, 31-35.

Kovačevića V., et al. (2004) HF radar observations in the northern Adriatic: surface current field in front of the Venetian Lagoon, *Journal of Marine Systems*, Volume 51, Issues 1-4, 95-122.

Kursar, A. (1979) Čakavska rič : *Polugodišnjak za proučavanje čakavske riječi*, Vol.VIII No.2 Veljača, 95-140.

Lionello, P., et al. (2006) Mediterranean Climate Variability, Chapter6: Cyclones in the Mediterranean Region, Elsevier.

Lisac, I., et al. (1999) Wind Direction Frequency Analysis for the Jugo Wind in the Adriatic-Analiza čestina smjera vjetra za vrijeme juga na Jadranu-, *Hrvatski meteorološki časopis*, Vol.33/34 No.33/34, 19-37.

Malanotte-Rizzoli P, and Andrea Bergamasco (1991) The wind and thermally driven circulation of the eastern Mediterranean Sea. Part II: the Baroclinic case, *Dynamics of Atmospheres and Oceans*, Volume 15, Issues 3-5, 355-419.

Marini, R. (2006), Predviđene morske mijene za sjeverni Jadran Previsioni di marea nell'Adriatico settentrionale, Zajednica tekničke kulture.

Marki, M. (1950) Vrijeme -Praktična upua u upoznavanje i proricanje vremena bez upotrebe sprava, Pomorsko-brodarskisavez jugoslavije.

Mersmann, H. (1925) Zur Phänomenologie der Musik, *Zeitschrift*, Band 19, 372-388.

Penzar I.and B. Penzar, (1997) Weather and climate notes on the Adriatic up to the middle of the 19th century, *Geofizika*, Vol. 14, 47-82.

Penzar, B. et al. (2001) Vrijeme i Klima Hrvatskog Jadrana, Naklandna Kuća.

Poje, D. (1995) O Nazivlju Vjetrova na Jadranu, *Hrvatski meteorološki časopis*, 30, 55-62.

Prtenjak, M. T. et al. (2008) Rotation of sea/land breezes along the northeastern Adriatic coast, Ann. *Geophys.*, 26, 1711–1724.

Sijerković, M. (2001) Pučko vremenoslovlje, Pučko otovoreno učilište Zagreb.

Skračić, V. (2004) Nayivi Vjetrova I Strana Svijeta u Jadranskoj Toponimji, Folia

Onomastica Croatica, 12-13, 433–448.
Suzuki, K. and Y. Tanabe (2009) The Concepts of "Angle" and "Direction" in Schools of Surveying Method in Early Edo Period, *Bull. Natl. Mus. Nat. Sci.*, Ser. E, 32, 41–49.
Tommasi, M. (1998) Winds in the Mediterranean, Europäisches Segel-Informationssystem (ESYS).
Vidović, R. (1984) Pomorski Rječnik, Biblioteka Rječnici, Logos.
Vučetić, V. (1991) Statistical Analysis of Severe Adriatie Bora, *Hrvatski meteorološki časopis*, 26, 41-51.
Wakelin, S.L, et al. (2002) The impact of meteorology on modelling storm surges in the Adriatic Sea, *Global and Planetary Change*, Volume 34, Issues 1-2 , 97-119.
Watson, L. (1984) Heavens Breath, Hodder & Stoughton Ltd.（ライアル・ワトソン著,『風の風物誌』, 木幡和枝訳, 1996, 河出文庫.）
Wulf, A. (2015) The Invention of Nature: Alexander von Humboldt's New World, Alfred A.Knopf.
肝付兼行 (1895) 気象叢談話, 地学雑誌, 第 7 集, 第 77 巻, 260-266.
関口武,『風の事典』, 原書房, 1985.
斉藤和雄 (1994) 山越え気流について（おろし風を中心として), 天気, 気象学会誌, Vol. 41, No. 11, 1-22.
寺中平治 (1965) 言語と認識－経験的認識における言語の役割－, 科学基礎論研究, Vol.7, No.3, 107-112.
野田爲太郎 (1921)「ボラ」風に就いて , 氣象集誌 , Vol. 40, No. 8, 223-229.
松本正夫 (1976) 存在の時間か意識の時間か, 科学基礎論研究, Vol.12, No.4, 9-16.
村上陽一郎 (1974) 時間における学際的視点, 科学基礎論研究, Vol.12, No.1, 9-13.
矢内秋生 (1999) 日本海の自然現象に対する韓国の風土的環境観、環境情報科学センター, 環境情報科学, No.13, 1-6.
矢内秋生 (2000) 韓国東部漁村における風の呼称と認識, 環境情報科学センター, 環境情報科学, No.14, 165-170.
矢内秋生 (2005)『風土的環境観の調査研究とその理論』, 武蔵野大学出版会.
吉野正敏 (1969)：ユーゴースラヴィアの局地風「ボラ」に関する総観気候学的・局地気候学的調査 , 地理学評論 , 42-12, 747-761.
吉野正敏 (1989)『風の世界』, 東京大学出版会.
渡辺一夫 (1974) クロアチア共和国沿岸の地方風と住民の対応, 地理学評論 47-3, 202-208.

◉本書は、
「学校法人武蔵野大学学院特別研究費・武蔵野大学図書出版助成」
により刊行されたものである。

◉著者プロフィール

矢内 秋生(やない あきお)

東京理科大学理学部物理学科卒業
同大学院理学研究科物理学専攻修士課程修了, 同博士課程退学
理学修士(専門:地球物理学), 博士(学術)
日本大学商学部非常勤講師, 東京理科大学理学部非常勤講師等
目白大学短期大学部教授を経て
武蔵野女子大学短期大学部教授
武蔵野大学人間関係学部環境学科教授, 同大学院人間社会・文化研究科教授(兼任)
武蔵野大学環境学部環境学科教授, 同大学院環境学研究科教授(兼任)
武蔵野大学工学部環境システム学科教授

〔著書・編著・共著〕
『風土的環境観の調査研究とその理論』(単著, 武蔵野大学出版会, 2005年)
『環境文化の時代』(単著, 角川飛鳥企画, 2002年)
『ネットワーク生活情報論』(編・共著, 同文書院, 1999年)
他

アドリア海の風
風土的環境観の調査研究

発行日 2019年1月31日 初版第1刷

著者 矢内秋生

発行 武蔵野大学出版会
〒202-8585 東京都西東京市新町 1-1-20 武蔵野大学構内
Tel. 042-468-3003 Fax. 042-468-3004

印刷 株式会社 ルナテック

ISBN978-4-903281-40-7

武蔵野大学出版会ホームページ
http://mubs.jp/syuppan/